パーフェクト

【改訂2版】
Python

露木 誠／小田切 篤
大谷 弘喜　　著

技術評論社

はじめに

本書を手に取っていただきありがとうございます。

多くの読者に支えられたおかげで、2013年に第1版が出版されてから7年、今回第2版を出版できました。ありがとうございます。

Pythonは誕生から30年近く経過し、Python 3も最初のリリースから10年以上が経ちます。世界中に多くのファンをかかえ、機械学習で使われるプログラミング言語としての人気とととともに、日本での知名度も飛躍的に向上しました。

もちろん、Pythonは機械学習だけではなく、WebアプリケーションやWebクローリングなどのネットワークプログラミングはもちろんのこと、分析やテキスト処理、マルチメディアやGUIアプリケーション、システム管理と、利用範囲の広いプログラミング言語です。

Pythonは言語仕様が比較的小さいと言われていますが、その背景にある思想を重要視しています。本書は、そのようなPythonの特徴や思想、シンプルなのにおもしろい気付きを含む言語仕様をはじめ、実際に直面する問題の解決から幅広いサードパーティ製のライブラリの紹介を扱います。

第2版では新たに、型ヒントやasynioによるコルーチンを利用したプログラミングの解説、Webクローリング・スクレーピングのライブラリなどの紹介をしています。

本書は汎用プログラミング言語Python 3に関する専門書です。プログラミングの初学者向けの入門書ではありませんが、Pythonについての前知識は必要ありません。
本書を通じて1つのプログラミング言語で扱える領域の広さを感じとり、自身の領域も広げられれば幸いです。

2020年4月某日
著者一同

● **対象読者**
- 他のプログラミングを使いこなせ、新たにPythonを学んでみたい人
- 扱える領域を広げたい人
- Pythonでロジックを書く事はできるが、もう一歩踏み出したい人
- ハッカーになりたい人

Part 1 Python 〜 overview 21

Part 2 🦉 言語仕様　　53

4章　制御構文　　109

Contents

6章　クラス　　　162

9章 拡張モジュールと組み込み   219

10章 標準ライブラリ   230

Part 3 実践的な開発 255

11章 コマンドラインユーティリティ 256

13章 アプリケーション／ライブラリの配布 310

14章 テスト 320

15章　Webプログラミング　331

Part 4　外部ライブラリ　359

16章　学術／分析系ライブラリ　360

19章　ネットワーク　440

20章　データストア　460

21章　運用／監視　478

Appendix 付録 505

Appendix A 環境構築 506

Appendix B 標準ライブラリ 514

Part 1

Python
～overview

「どうあるべきか」「どう進めるべきか」、プログラミング言語の概要としては少し変わった側面からPythonの成り立ちや姿を見ていきます。こういった見方こそがPythonの大きな特徴の1つといえるでしょう。

1章 Pythonの概要

Pythonは、さまざまな要求を持った人々が段階に応じて利用できるように設計された、オープンソースのプログラミング言語です。コンピューターで何かをするためにプログラミングの必要が生じたとき、**Python**を選択肢として検討できないとしたら大きな損をすることになるかもしれません。本章では**Python**の成り立ちや特徴とともに、言語仕様の基礎となる思想について紹介します。

1-1　Python 3と本書

Pythonは、ながらく日本においてはメジャーなスクリプト言語の中でマイナーという微妙な立場に甘んじていましたが世界情勢は違いました。GoogleやAppleといった巨大IT企業ではもちろんのこと、コンピュータープログラミングを生業としていない事務職の人も、IT系ではない研究職の人も、多くの人が実際にPythonを使ってプログラミングをしています。

インターネットに特化したプログラミング言語でなく、幅広い領域で利用されてきたことからさまざまな専門的なライブラリが揃っています。深層学習のライブラリがPythonで多く登場したことから日本においてもマイナーな立場から脱却したのではないでしょうか。

あなたがLinuxを使うことがあれば知らないうちにPython製のソフトウェアを使っている可能性は非常に高いでしょうし、Linux/FreeBSDやmacOSには標準で含まれています。すでにコンピューターの世界ではPythonは標準としてとらえられているのです。

Pythonは、さまざまな要求を持った人々が段階に応じて利用できるように設計されています。数多くの環境で動作し、標準ライブラリが豊富に用意されており、ある程度の速度で動作します。ある程度の速度ではまずい部分に関して、C拡張を用いて問題を解決できる仕組みも用意されています。皆がレベルにあわせて使えるように作られているため、標準以外にも、いろいろな分野に特化したライブラリが充実していくのです。

本書の第1版執筆時にはまだPython 3よりもPython 2が使われることが多く、動作しないライブラリにPython 3の対応依頼を送ったりすることもありました。

当時すでにPythonのバージョンは3.3でしたが、Pythonには多くの人が使っているからこそのポリシーがあります。急激な変化で利用者を振り回さず、利用者が余裕を持ってバージョンアップの計画を立てられるような言語設計・運用のポリシーです。

そんなPythonが、2000年にリリースされた2系のしがらみを捨て、2008年の12月にリリースしたのがPython 3.0です。3.0のリリースに際しては、Pythonのバージョン2系から次世代へ

向かう決意をもってPython 3000という冗談のようなプロジェクト名で未来を見据えて整理をしました。現在のコンピューターや利用状況に合わせた仕様の変更を行いました。2019年10月にはバージョン3.8がリリースされています。

実は前バージョンの2.0がリリースされた後、実際に誰もが当然2系を使うようになるまで5年程度かかっています。各種サードパーティのライブラリが出そろうだけでも多くの時間を要します。Pythonの原作者であるGuido van Rossum氏は、今回の3系に関しても5年かかるだろう、と予測していました。2013年からPythonを新たに使うときはPython 3だったかと言われると微妙なところではありますが、今ではPython 2系のことは知らないPython利用者が多くなっている印象を受けます。

本書は第1版からPython 3時代のPythonの書籍として設計され、記述されています。

1-1-1 本書の構成

本書はプログラミング経験者向けにPython 3について解説したものです。大きく4つのPartに分けて構成されています。

- Part 1
  Pythonの特徴や成り立ちを紹介しています。
- Part 2
  Pythonの言語仕様を解説します。
- Part 3
  実際に対面することとなる局面に対してどのようにPythonで立ち向かうのかを解説します。
- Part 4
  サードパーティ製の有名ライブラリを用いて、特定の領域に特化した問題への対処を解説します。

説明に必要な場合を除き、各Partの流れが分断されないようにライブラリなどのインストールはAppendixでまとめて説明しています。

1-2 Pythonがどのように使われてきたか

Pythonは効率よく、素早く開発を行えるように設計された汎用プログラミング言語です。素早く開発できるだけでなく、Pythonは学びやすく、またメンテナンス性に優れた開発ができます。

その事実を裏付けるように、Pythonはさまざまな分野で利用されてきました。昨今のWebサービスやWebサービスの裏側を支えるだけではなく、深層学習など科学分野での研究の補助や映画制作、ゲーム開発といった分野まで幅広く利用されています。

1-2-1 利用分野

Python関連の書籍の中から、Pythonの言語自体の解説書籍以外でPythonをプログラミング言語として採用した専門書籍の一部を**表1.1**に示します[注1]。

幅の広さからPythonの学びやすさと支持の大きさが分かることでしょう。

表1.1　Python専門書

● コンピューターサイエンス

カテゴリ	書籍名	出版社	ISBN-13
基礎/設計	Practical Programming：An Introduction to Computer Science Using Python 3	Pragmatic Bookshelf社	978-1937785451
	Python Programming：An Introduction to Computer Science, 3rd Ed.	Franklin Beedle & Assoc社	978-1590282755
データ構造やアルゴリズム	Python Algorithms：Mastering Basic Algorithms in the Python Language	Apress社	978-1484200568
ネットワークプログラミング	Foundations of Python Network Programming：The comprehensive guide to building network applications with Python	Apress社	978-1430258544
システム管理	Pro Python System Administration	Apress社	978-1484202180
子ども向け	Hello World! Computer Programming for Kids and Other Beginners	Manning Publications社	978-1617290923
	Snake Wrangling for Kids - Learning to Program with Python 3	無料PDF[注1]	

● 科学技術分野

カテゴリ	書籍名	出版社	ISBN-13
数学	Numpy Beginner's Guide	Packt Publishing社	978-1785281969
	Matplotlib for Python Developers	Packt Publishing社	978-1788625173
自然言語処理	Natural Language Processing with TensorFlow	Packt Publishing社	978-1788478311
	Python 3 Text Processing With NLTK 3 Cookbook	Packt Publishing社	978-1782167853
生物学	Bioinformatics Programming Using Python：Practical Programming for Biological Data	O'Reilly Media社	978-0596154509
	Python For Bioinformatics	Jones & Bartlett Publishers社	978-1138035263
医療情報科学	Methods in Medical Informatics：Fundamentals of Healthcare Programming in Perl, Python, and Ruby	Chapman and Hall/CRC社	978-1439841822
データ可視化	Beginning Python Visualization：Crafting Visual Transformation Scripts	Apress社	978-1484200537
地理空間情報	Python Geospatial Development	Packt Publishing社	978-1782161523

（注1）　リストしている書籍には、一部Python 2に向けて書かれた書籍が含まれています。

● 制御システム

カテゴリ	書籍名	出版社	ISBN-13
制御システム	Real World Instrumentation with Python：Automated Data Acquisition and Control Systems	O'Reilly Media社	978-0596809560

● 作業効率化

カテゴリ	書籍名	出版社	ISBN-13
作業効率	Automate the Boring Stuff with Python	No Starch Press社	978-1593275990

● エンターテイメント

カテゴリ	書籍名	出版社	ISBN-13
ゲームプログラミング	Invent Your Own Computer Games with Python	Albert Sweigart社	978-1593277956
	Game Development Using Python	Mercury Learning & Information社	978-1683921806
	Python Game Programming by Example	Packt Publishing社	978-1785281532
コンピューターグラフィックス	The Blender Python API	Apress社	978-1484228012
	Practical Maya Programming with Python	Packt Publishing社	978-1849694728
	Maya Programming with Python Cookbook	Packt Publishing社	978-1785283987
マルチメディア	Getting Started with Processing.py	Maker Media社	978-1457186837
	Introduction to Computing：Making Music with Python	Chapman & Hall社	978-1439867914

※1　http://www.briggs.net.nz/log/writing/snake-wrangling-for-kids/

1-2-2　歴史

　Pythonは原作者Guido van Rossum氏が1989年のクリスマス休暇をつぶすホビープロジェクトとして開発を開始しました。オランダのStichting Mathematisch Centrum社[注2]に勤務していた頃の話だそうです（ABCという教育用言語を開発していた会社です）。

　その後、1991年2月にニュースグループ（alt.sources）で一般公開され、ユーザーの支持のもと着実にバージョンをあげてきています。Python 2.1以降は米国の非営利組織PSF（Python Software Foundation）が知的財産の管理や北米のPyCon（Python Conference）の運営などを行っています[注3]。

（注2）　Stichting Mathematisch Centrum 社　https://www.cwi.nl/
（注3）　PSF　https://www.python.org/psf/

表1.2　Pythonの歴史

年月	バージョン
1989/12	開発が開始
1991/02	0.9.0（alt.sourcesで一般公開）
1992/04	0.9.6
1993/07	0.9.9
1994/01	1.0.0
1994/10	1.1
1995/04	1.2
1995/10	1.3
1996/10	1.4
1998/01	1.5
2000/09	1.6
2000/10	2.0
2001/04	2.1
2001/12	2.2

年月	バージョン
2003/07	2.3
2004/11	2.4
2006/09	2.5
2008/10	2.6
2008/12	3.0
2009/06	3.1
2010/07	2.7 2系の最後
2011/02	3.2
2012/09	3.3
2014/03	3.4
2015/03	3.5
2016/12	3.6
2018/06	3.7
2019/10	3.8

C O L U M N

PyConJP

日本でも2011年からPythonのカンファレンスPyConJP（Python Conference Japan）が開催されています。

```
https://www.pycon.jp/
```

PyConJPは海外からゲストスピーカーを招き、国際的なカンファレンスを目指して開催されています。

2012年のPyConJPは英語トラックやPython系コミュニティの併設トラックなどが企画され、刺激的なカンファレンスとなりました。国内のPython熱の高まりとともに継続して開催されるでしょうから、参加してみてはいかがでしょうか。

2013年のPyConJPは、PyCon Asia Pacific（http://apac.pycon.org/）として日本で開催されることとなり、日本でPythonが盛り上がっていることが世界的に認識されつつあります。

2014年以降も毎年開催され、年々参加人数も増えています。また、PyConJPが開催している初心者向けPythonチュートリアルであるPython Boot Campは47都道府県のうち34道府県で開催の実績があります。他にも首都圏以外でのPyCon開催なども行われています。

1-2-3　ライセンス

　PSFL（Python Software Foundation License）で公開されています。

　PSFLは、GPL互換でありながら、改変したプログラムの配布時に改変部分を公開する必要がなく、また、PSFL以外のライセンスの配布物と一緒に配布できる柔軟なライセンスです。PSFLは、FSF（Free Software Foundation）によってFree Softwareとして、OSI（Open Source Initiative）にオープンソースライセンスとして認定されています。

　ただし、PSFLはPythonを配布するためのライセンスですから、Pythonで書いたライブラリなどに適用するのは誤りです。

1-2-4　位置づけ

　1993年にUnixユーザー向けに出された文書によれば、当時からUnix/Macintosh/DOSマシンで動作し、特にUnixのシステムコールやライブラリを呼べるラッパが存在するとされています。また、Perlに比べて簡潔で読みやすいコードになるので、大きく複雑なプログラムに向いているとしています。

　今では動作するプラットフォームや実装が増え、組み込みシステムやメジャーなOSでのソフトウェア開発、大量のアクセスをさばくWebシステムのほか、None Blocking Webでも利用が進んでいます。

　動作するプラットフォームが多く、リリース時に、Windows用、macOS用のインストーラーが用意されることから、事務作業用にデスクトップで使われることもよくあります。

　Pythonはいろいろな言語の影響を受けていますが、一番大きかったのはMODULAのモジュールという考え方だったようです（**図1.1**）。

図1.1　Pythonの位置づけ

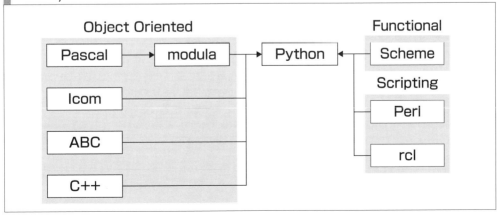

1-3　特徴

Pythonの特徴のおもだったところを紹介しましょう。

1-3-1　インデント

　Pythonをはじめて目にするあなたが最初に特徴として気づくのは、波括弧やセミコロンが見当たらない、というシンタックス上の特徴でしょう。

　つまり、次のようなコードです。

```python
def hello_world(night=False):
    if night:
        print('Good evening World!')
    else:
        print('Hello World!')
```

　波括弧やセミコロンの代わりに、コロンとインデントでブロックを表現します。同じインデントの深さの部分が同じブロックとして扱われます。タブは1個がスペース8個分に換算されますので、たいていの場合はスペースとタブを混ぜると大変なことになります。

　Pythonインタプリターの起動オプションで、タブとスペースが混在した場合にはウォーニングを出したり、エラーにしたりといったオプションもあります。

　文の終わりは改行で表されます。

C　O　L　U　M　N

インデントへのアレルギー

　本書を読み進めば明らかになりますが、このルールは引数を縦に並べたいなどのよくあるコーディングスタイルにも対応できるようになっていますので、毛嫌いする必要はありません。きれいに書かれた他のALGOL系言語のコードと同等の見た目を実現できると考えていて差し支えありません。

1-3-2　インタプリター

多くのコンピューターサイエンス以外の職種の人がPythonを使っている理由の1つが、コンパイルすることなく書いたプログラムをすぐに実行できるインタプリターであること、でしょう。

一度だけ簡単なテキスト処理をしたい場合に、「プログラムを書いて保存して、コンパイルして実行して、思ったのと少し違って、コードを修正して、コンパイルして実行して」、「Pythonはインタプリターですので、コンパイルの手間がありません」…というだけでは、IDEの発達した現在ではちっともおもしろくありません。

Pythonには、ファイルの保存さえ必要ないインタラクティブシェルが付属しています。

インタプリターであることを活かしたインタラクティブシェルは、プログラムを書きながら逐次実行して結果を確認できるツールです。標準で付属していることも大きな利点です。インタラクティブシェルはプログラムの実行だけでなく、現在フレームの名前空間に割り当てられている名前を参照したり、オブジェクトのドキュメントを確認したりできます。読み込まれているモジュールがファイルシステム上のどこにあるモノなのかを確認したりもできます。

一般にPythonの書籍などでサンプルコードを記述する際には、インタラクティブシェルのプロンプトを表現したりすることが多くあります。

```
>>> 1 + 1
2
>>>
```

左不等号が3つ続いたプロンプトが特徴です。余談ですがPythonを使う人にはひと目でアピールできるので、メールの署名や名刺などで見かけることもよくあります。

IDEの機能ではありませんので、GUIのないサーバー上でも同様にプログラムの動作を確かめたり、ドキュメントの参照をしたりできます。インタプリターは毎回プログラムの構文解析をして無駄が多いという問題も、中間コード（バイトコード）に変換した状態にコンパイルすることで解決できます。

1-3-3　マルチプラットフォーム

PythonはWindows/macOS/LinuxなどのメジャーOSで動作するのはもちろんのこと、かなり小さなシステム上でも動作します。ソースコードレベルの互換性の他、各プラットフォームのPython Virtual Machineが理解するバイトコードレベルで互換性があります。

同様にマルチプラットフォームで動作するプログラミング言語Javaと違い、動作するプラットフォームに特化したライブラリが存在することも特徴の1つです。マルチプラットフォームにこだわらず利便性を優先しています。

Part
1

Python 〜 overview

Part 1

Part 2

Part 3

Part 4

1-3-4　Python Enhancement Proposals（PEPs）

　PEPsは言語仕様に大きな変更を加える際のフローとして、Pythonの1.6から導入された仕組みです。Pythonの開発は主にPEPsを通じて行われます。

　PEPsは設計のプロセスを可視化しており、実装の前にコンセンサスを得ることや皆の意見をまとめることも目的となっています。

　この仕組みのおかげで、どこかで秘密裏に行われた改良案がいつの間にか実施され、なぜ？誰が？どのような目的で？そのような言語仕様にしたのかがわからなくなるといったことがありません。

　Pythonは実際に、長く多くの人に使われることを想定して設計され運営されています。Pythonが今後どのように進化していき、また過去に対してどのように対処するか、といったところまで含めてぶれが出ないように注意を払って開発・運営されています。

　Pythonがどのような言語か知る前段階として、主立ったPEPsを知っておくことは助けになることでしょう。

　PEPsのうち、Pythonの思想として重要なPEPを紹介します。

■ PEP 0（Index of Python Enhancement Proposals）

　PEPの一覧がステータスとともにリストされています。リジェクトされたPEPもリストされますので、状況を把握できます。

■ PEP 1（PEP Purpose and Guidelines）

　PEPについてのガイドラインが詳細に記述されています。

　PEPには次の3種類があります。

- Standards Track
  Pythonの新しい機能や実装の標準化の過程を保存するドキュメントです。
- Informational
  Pythonの設計の重要な点、ガイドライン、情報をコミュニティに伝える情報提供用のドキュメントです。
- Process
  Pythonを取り巻く過程の説明や、過程への移行を提案したりするドキュメントです。Standards Trackに似ていますが、言語自体でないような部分に適用されます。

　PEPを提出する場合のやりかたや、記述のフォーマット、含まなければいけない内容も記載されています。もし、Pythonに深くコミットしようというのであれば一読しておいてもよいかもしれません。日本人によるPEPも存在しています。

■ PEP 5〈Guidelines for Language Evolution〉

　言語仕様を変更する際のガイドラインです。後方互換性を崩す変更についての決めごとなどを定めています。

　後方互換性を崩すPEPには、後方互換性を崩す理由を説明する文章が必要であることや、代替の実装が提供されてから少なくとも1年間は移行期間を設けることが規定されています。

■ PEP 8〈Style Guide for Python Code〉

　記述の方法が書く人の癖で大きく異ならないようにコーディング規約を定めています。Guido van Rossum氏は、プログラムは書く時間よりも読む時間のほうが圧倒的に長いものである、という考えを持っています。

　import文の書き方や、長い行の折り返し方、その折り返した際のインデントの仕方など多くの記述方法が規定されています。

■ PEP 10〈Voting Guidelines〉

　新しいアイデアなどが発生した際にどのように投票するかを規定しています。

　また、オープンソースは民主主義に例えられることも多く、複数人のコミット権をもつ中心人物たちで合議制をとるコミュニティが多くあります。民主的であることは単純によいことのように思えますが、逆に民主的であるがゆえにプロジェクトの進みが遅くなったり、複数の思想が混ざり合って方向性がおかしくなってしまうことも多く見受けられます。

　Pythonも当然民主的に運営が行われていますが、BDFL（Benevolent Dictator For Life）と呼ばれる職にPython原作者のGuido van Rossum氏がつくことで、民主的であるが故の問題が発生しないようにしています。BDFLは慈悲深い終身独裁者という意味で、最終的な決定者です。実際はすべての場合においてBDFLをGuido van Rossum氏が務めるのではなく、意思決定しなければならない領域に詳しい開発者がDBFL-Delegateとして権限を委譲されることも多くありました。また、2018年の7月にGuido van Rossum氏はBDFLに関しては退く（長い休暇を取ると表現されています）ことになりました。

■ PEP 20〈The Zen of Python〉

　多くの人に使われるということは、いろんな考えの人々が実際に使い、プログラムの常として、より多くの人々が誰かが記述したプログラムに触れます。せっかく同じ言語で書かれているのですから、Pythonを学んだ誰もが読みやすいほうがよいでしょう。

　Pythonの禅（Zen of Python）はPython自体の設計方針を具現化したものであり、またPythonを使ったプログラムの記述に関しての指針ともなっています。

　このPEPの解釈については別項で後述します。

2章
3章
4章
5章
6章
7章
8章
9章
10章
11章
12章
13章
14章
15章
16章
17章
18章
19章
20章
21章

Part
1
Python ~ overview

Part 1

Part 2

Part 3

Part 4

■ PEP 257 (Docstring Conventions)

ドキュメンテーション文字列の決めごとです。

前述したとおりPythonは言語仕様に関してもプロポーザルによる文書化を要求する明文化主義です。ドキュメンテーション文字列はプログラムのすぐそばにある文書で、これを見逃すはずがありません。

Pythonのドキュメンテーション文字列は、単にソースコードに書いてあるドキュメントとしてだけの存在ではなく、インタラクティブシェルから内容の参照もできますし、ツールを使って文書として整形することもできます。本PEPではありませんが、ドキュメンテーション文字列に書いたコード片をテストコードとして実行することもできます。コード例がそのままテストとして使えますので、ドキュメントに書いてあるコード例が間違ったまま放置されることがありません。

■ PEP 3003 (Python Language Moratorium)

2009年の10月にGuidoから提案されたPEPです。Python 3.1以降、2年間はPythonのシンタックスとビルトイン関数については変更を加えないようにしようというものです。なぜ、2年間も変更を加えないモラトリアム期間をとったのでしょうか。

それは、PythonがCで実装されたCPython以外にも一般的に使われているメジャーな実装があるからです。ここ最近の新機能ラッシュに他の実装が追いついてこられず、CPythonだけが3系の実装となってしまっています。

また、多くのライブラリは2系をベースにして開発されており、OSにも2系が含まれてリリースされていました。

ここでいったん一息ついて、周りの状況が追いついてきやすいようにしようというのが本PEPの趣旨です。

とはいえ、ただのんびりしていた訳ではありません。シンタックスとビルトイン関数以外については変更を加えても影響は大きくないだろうという観点から標準ライブラリを磨き上げていました。さらに、2.7というバージョンに3系の機能をバックポートし、Python 3への移行をよりしやすくする施策もこのとき行われました。

モラトリアムが明けたバージョンが本書の第1版がターゲットにしていた3.3でした。

1-3-5 ライフサイクル

各バージョンに長めのサポート期間をもうけるだけでなく、今まで使えたモノが1つマイナーバージョンがあがったために動かなくなることがないように運用されています。

バージョン番号は、数値.数値.数値の3つの数値で表されます。

1つ目の数値は、後方互換性を完全に失うバージョン（メジャーバージョン）を表します。2系と3系のように、大きな痛みを伴います。ただし、頻度は高くなく2.0が出てから3.0が出るまで

には8年程度かかりました。

2つ目の数値は、マイナーバージョンを表します。大凡18か月ごとにマイナーバージョンがリリースされています。大きめの機能追加があることが多く、フィーチャーリリースと呼ばれることもあります。

3つ目の数値はバグフィックスリリースで用いられます。いくつかのバグが修正されるとリリースされ、3か月に1度程度リリースがあります。バグフィックスリリースについては、シンタックスの変更や生成済みの「.pyc」、「.pyo」[注4]を再生成する必要がないようにしなければなりません（PEP6で規定されています）。バグフィックスリリースについてはユーザーに痛みのないものでなければならないのです。

また、後方互換性を崩す変更は、代替手段をもったリリースがなされてから少なくとも1年間は期間が必要とされています（PEP5で規定されています）。

C O L U M N

Python 3への移行期にとられた施策

2系を使いながら3系への移行準備を行えるようになっていました。

- 3系で投入された機能を2系にバックポート
  3系の機能を、__future__というモジュールに含めて2系から呼び出せるようにしました。また、標準関数の記述方法が違う場合には、新しい書き方をできるようにしました。
- 2to3
  2系の記述方法を3系へコンバートする2to3というツールを用意しました。2系と3系の双方に対応したライブラリの中にはインストールスクリプトの実行中に2to3を用いているものも少なくありません。

1-3-6 Battery Included／PyPI

機械を買ってきて使おうと思ったら電池が入っていなかったことはありませんか？ 充電池を買ってきたら充電しなければならなくてすぐに使えなかったことはありませんか？ 最近はあらかじめある程度充電された状態で売られている充電池があり、非常に便利ですよね。

Pythonはインストールした時点で、たくさんの標準モジュールが付属していて、すぐに使えるようになっています。

（注4）　Python 3.5以降「.pyo」ではなく、optimizeのレベルによって「opt-1.pyc」「opt-2.pyc」になります。

Python ~ overview

たとえば、簡単なHTTPサーバーを作ろうと思ったときに、標準モジュールに含まれるHTTPサーバーをもとに、すぐにHTTPサーバーを書き出せるとしたらどうでしょう。あるとき社内でHTTPを使ってファイルを配信する必要が生じた際にはWebサーバーのインストールどころか、Pythonのコードを1行も書く必要だってありません。HTTPサーバーのモジュールを実行するだけで実行ディレクトリをドキュメントルートにしたWebサーバーを起動できてしまいます。

もちろん、このHTTPサーバーはほんの1例です。よく使われる問題に対するライブラリは広範囲に標準ライブラリに含まれ、Pythonをインストールしただけで使えるようになっています。これをバッテリーインクルードと表現することがあります。

バッテリーインクルードは単に便利だからという理由だけではなく、1つのことをやり遂げる方法は1つだけ、というPythonの思想の1つを体現したものであると筆者は考えています。

Pythonの言語仕様は小さくまとめられており、よく使われるライブラリはデファクトとして標準ライブラリに取り込まれることもあります。標準ライブラリに取り込むことで、実装者ごとに別のライブラリを使うことによる学習コストの増大を抑えられるのです。

標準ライブラリ以外のモジュールもPyPI（Python Package Index）と呼ばれるライブラリインデックスが公開されており、ライブラリを探しやすい環境が整えられています。PyPIへは誰でもライブラリを登録できます。

1-3-7　モジュールとパッケージ

モジュールとパッケージという2種類の大きな容れ物があります。モジュールやパッケージは名前があふれ出てしまうことによる間違いの発生を防いでいます。

モジュールは、物理的な1つのスクリプトファイルです。複数のクラスや関数を格納できます。パッケージは、複数のモジュールを格納したディレクトリです。

モジュールやパッケージから、「どの名前を、現在のネームスペースに割り当てるか」を指定できますので、ファイルを分割してモジュールやパッケージを利用したために名前が重複してひどい目に遭うことがありません。

もちろん、名前の衝突を避けるためにクラスに接頭文字列をつけておく必要もありません。

```
from some_package import some_module
from other_module import other_func

some_module.some_func('hello spam')
other_func('goodby!')
```

モジュールやパッケージ内のクラスや関数の名前が他の関数と名前が重複してしまっても別名で現在のネームスペースに割り当てられます。

```
from other_package.yet_another_module import other_func as yet_another_func

yet_another_func('adios!')
```

　ただし、トップレベルのパッケージ名やモジュール名が他と重複してしまうと最初に見つけたものが使われてしまいます。ライブラリの名前を決める際には世の中に同じ名前のライブラリがないことを確認したほうが無難でしょう。

　車輪の再発明を避ける意味でも、標準ライブラリ、PyPIを確認してからコードを書き始めましょう。

　今時のライブラリはソーシャルコーディングサービス上にあるかもしれません。特にDVCS (Distributed Version Control System) のMercurialが主にPythonで実装されていることもあり、Python使いはBitbucketにコードを置いてあることもあります。GitHubだけでなくBitbucketも確認するのを忘れないようにしましょう。他にもGitLabといったサービスもありますので、Googleなどの検索エンジンでWeb上も確認しましょう。

　トップレベルのパッケージ名に関する制限は名前空間パッケージという仕組みを使えば回避できることもあります。詳しくはモジュールとパッケージの章を参照してください。

1-3-8　実行速度

　実行速度に関しては残念ながらC言語やJavaで実装されたプログラムに劣ります。実行中にオブジェクトの型を変更できるといった利点のカウンターでもあります。

　プログラムで速度が必要となる箇所は、局所的なことが多いため、必要に応じてCでライブラリを作成してPythonコードの中から利用するのが一般的です。そのためのC拡張APIもPythonのオブジェクトの受け渡しなどが容易に行えるように定義されています。Cのライブラリを使いやすいことから、Pythonはグルー言語（糊付け言語）と呼ばれることもあります。

　また、rpython上にPythonで実装されたPyPyというPython実装はJITを搭載しており、場合によっては数十倍の速度を達成しています[注5]。Cで実装された標準のPythonにもその成果を取り込む動きがありますので、実行速度に関しても将来の伸びしろを持っているといえるでしょう。

　PyPyは、Python 2系のpypy2とPython 3系のpypy3があり、本稿執筆時点ではpypy3はPython 3.6の仕様に準拠したものがリリースされています[注6]。

（注5）　rpython　https://rpython.readthedocs.io/en/latest/
（注6）　PyPy　http://pypy.org/

1-3-9 Global Interpreter Lock (GIL)

Global Interpreter Lock (GIL) は、1つのインタプリター上で複数のPythonスレッドを同時に実行されないようにするためのものです。この制限があることを前提とすることで、メモリーへのアクセスをスレッドセーフに保つ必要がなく、通常の動作を高速に実行できます。また、C拡張やCのライブラリが通常スレッドセーフにできていないこともGILをもつ理由です。

しかし、複数のCPUを積んだマシンであっても、同時に実行できるスレッドは常に1つに制限されてしまうため、今の時代のマルチコア／マルチプロセッサを活かすことができません。この制限を回避するため、標準ライブラリにmultiprocessingというマルチプロセスを容易に扱うためのライブラリが導入されています。スレッドのライブラリとインターフェースをあわせてあり、スレッドを使ったプログラミングのように複数プロセスをスレッドのように扱うことでマルチコア／マルチプロセッサCPU時代に対応しています。

C O L U M N

CPython以外のPython

本編に登場したPyPyの他にも、JVM上で動作するJython、.NET上で動作するIronPythonはJavaや.NET上の言語をPythonで簡単に糊付けできます。インタラクティブシェルでJavaや。NETのクラスを逐次生成して利用できるので、日々の運用に利用してもよいでしょう。

今までにPythonが動作した実績のあるOSやハードの一部をリストします。他にも数十キロバイトしかない組み込み用途のPythonもあるようです。

AIX	BeOS	MorphOS	OS/390	PSP	RISC OS	VMS
AROS	iPod	MS-DOS	Palm OS	Psion	Series 60	Windows CE
AS/400	iPhone	OS/2	PlayStation	QNX	Solaris	Pocket PC

1-4 Pythonの禅

Pythonは、標準でインタラクティブシェルと呼ばれる逐次実行環境を備えています。インタラクティブシェルは考えたコードを簡単に試したり、ライブラリの動作がどうなっているのか、またドキュメントの参照をすることもできます。

Pythonには設計思想を出力するthisというモジュールが含まれています。

1章 Pythonの概要

1章
2章
3章
4章
5章
6章
7章
8章
9章
10章
11章
12章
13章
14章
15章
16章
17章
18章
19章
20章
21章

```
>>> import this
The Zen of Python, by Tim Peters

Beautiful is better than ugly.
Explicit is better than implicit.
Simple is better than complex.
Complex is better than complicated.
Flat is better than nested.
Sparse is better than dense.
Readability counts.
Special cases aren't special enough to break the rules.
Although practicality beats purity.
Errors should never pass silently.
Unless explicitly silenced.
In the face of ambiguity, refuse the temptation to guess.
There should be one-- and preferably only one --obvious way to do it.
Although that way may not be obvious at first unless you're Dutch.
Now is better than never.
Although never is often better than *right* now.
If the implementation is hard to explain, it's a bad idea.
If the implementation is easy to explain, it may be a good idea.
Namespaces are one honking great idea -- let's do more of those!
```

　Python自体の設計思想ですが、多くのサードパーティ製ライブラリやあなたが将来書くであろうプログラムにも重要な意味を持ちます。

　Pythonの禅に関して、公式の解釈はありません。禅ですから、読む人のおかれている環境によって感じ方は違ってくると思いますが、1つの解釈として筆者の見聞きしたことや感じていることを次に示します。

1-4-1　Beautiful is better than ugly.
── 醜悪より美しいほうがよい

　美しく、といきなり抽象的な言葉ですが、設計思想全体に影響を与えています。

　ハッカーと画家[注7]で有名なPaul GrahamはPythonのパラドックス[注8]という文書で次のように書いています。

　「メジャーな言語を殆どすべて知っていて、彼自身のプロジェクトにはPythonを使っている友人がいます。彼がPythonを選んだのはソースコードの見た目が理由だそうです」

（注7）　Hackers & Painters: Big Ideas from the Computer Age Oreilly & Associates社 ISBN-13: 978-1449389550
（注8）　http://www.paulgraham.com/pypar.html

　実際、プログラムは書く時間より読む時間が長いことが多くあります。また、読むのはプログラムを書いた本人でないことも多くあります。困ったことに、書いた本人でさえ数ヶ月前に記述したプログラムを読解するのに苦労する、という笑い話もプログラムを業務で書いている人間の間ではよくやり取りされるものです。

　美しく読みやすいソースコードは、メンテナンスコストを下げ、結果トータルコストを引き下げるメリットとなります。

　たとえば、記号の多用を避けて英語と同様の見た目に近づけることも美しさの1つとして取り上げられています。

　次のようなコードを見かけたことがありませんか？このようなコードに違和感を覚えないのはプログラマの慣習ではないでしょうか。

```
if(obj != null && obj.make_order(2,true) == true) {
    ...
}
```

　次のように書けるとしたらどうでしょう。より美しくはありませんか？

```
if obj is not None and obj.make_order(2,pay_now=True):
  ...
```

　記号が少ないのもPythonの特徴です。予約語の数が30個強と、他の言語に比べると少なめです。　Pythonのほか、PerlとRubyで正規表現を扱う際の違いを見てみましょう。

● Perlの場合

```
my $str;
$str = 'Lorem ipsum dolor sit amet, consectetur adipisicing elit.';
$str =~ s/(\w+it)/spam/g;
print "$str\n";
#（結果）Lorem ipsum dolor spam amet, consectetur adipisicing spam.
```

● Rubyの場合

```
>> str = "Lorem ipsum dolor sit amet, consectetur adipisicing elit."
>> str = str.gsub(/\w+it/, 'spam')
>> p str
"Lorem ipsum dolor spam amet, consectetur adipisicing spam."
```

●**Pythonの場合**

```
>>> import re
>>> s = 'Lorem ipsum dolor sit amet, consectetur adipisicing elit.'
>>> s = re.sub('\w+it', 'spam', s)
>>> print(s)
Lorem ipsum dolor spam amet, consectetur adipisicing spam.
```

　Perl、Rubyともに正規表現に特有の記述方法があります。正規表現といえばPerlというくらいですので、Perlには専用の記述方法があるほどです。

1-4-2　Explicit is better than implicit.
── 暗黙より明示するほうがよい

　暗黙的にすれば楽をできる場面でも、きちんと明示的にしないと後々のコストが上がってしまうことがあります。

　たとえば、Pythonのimport文は、モジュールからワイルドカードですべての名前をimportできますが、きちんとどこのモジュールからどの名前をimportしたのかを明示すべきです。

　ワイルドカードでperfect_python.partoneとparttwoの名前をすべて現在の名前空間にimportするには次のようにします。

```
from perfect_python.partone import *
from perfect_python.parttwo import *
```

　利用する名前だけを現在の名前空間にimportする

```
from perfect_python.partone import Zen, Pep
from perfect_python.parttwo import Loop, Indent
```

　こうしておけば、どの名前がどのモジュールに属しているものなのかがすぐにわかります。

　また、ソースコード上に登場するものは、プログラムの意図が読み取れるように、記述されなければなりません。

　海外の技術系ディスカッションを追っているとリーズナブルという表現に出会うことがよくあります。リーズナブルは日本語でいえば合理的ということになりますが、直訳すれば「理由のある」という言葉です。理由が読み取れるコードは目的に対して合理的であるといえるでしょう。

　たとえばPythonは動的に変数を生成できますが、一度もアサインされていない変数を利用することはできません。定義されていない変数を参照しようとするとNameErrorというエラーが発生します。

```
>>> print(spam)
Traceback (most recent call last):
  File "<stdin>", line 1, in <module>
NameError: name 'spam' is not defined
```

しかし、絶対に暗黙になされるものが悪かといえば、そうでもありません。インタラクティブシェルには、暗黙で割り当てられる「_」という変数があります。

```
>>> 1 + 2
3
>>> _
3
>>> 3 + 5
8
>>> _
8
```

この変数「_」は直前の実行結果を暗黙的に格納します。便利のほうが暗黙による危険を大きく上回ると判断した場合には許されるのです。

このような暗黙的な処理は、Magicと呼ばれることもあり、Pythonの世界ではNo Magicが基本の合い言葉となっています。まずはNo Magicでうまくいかないか検討をし、Magicを用いたほうが絶対によいという確信を得たときのみ採用されるといったパターンが多いようです。

1-4-3　Simple is better than complex.
── 組み合わせるよりはシンプルなほうがよい

コンピューターの都合で観念上は1つのものが複数に分割されていることもプログラミング言語の世界ではよくあります。

ある変数の値が、ある範囲内に収まっているか確認するためのコードを見てみましょう。通常、次のように書く言語が多いことでしょう。

```
>>> if people.count > 10 and people.count < 99:
```

Pythonでは、次のようにシンプルに書けます。

```
>>> if 10 < people.count < 99:
```

10人より多くて99人より少ないという条件を素直に考えれば、Pythonの記述と同じ思考をするのではありませんか？

1-4-4 Complex is better than complicated.
—— 複雑よりは組み合わせるほうがよい

　シンプルなほうがよいとはいえ、現実的にはそうはいかないことがあります。複雑すぎて将来のメンテナンス性がどんどん落ちると予測できるときには、複雑なものを作り込むのではなく、シンプルなものを複数組み合わせて代用できないかを考えてみましょう。

1-4-5 Flat is better than nested.
—— ネストしたものよりフラットなほうがよい

　強く親子関係を持たせるよりは、対等な関係に保ち、見通しを良くしましょう。
　Pythonの名前空間を作る仕組みのモジュールやパッケージに関しても、標準のものは深い階層にはなっていません。
　対極としてJavaのパッケージ階層がよく例に挙がります。例えば次のようなパッケージ名はJavaでは珍しくありません。世の中にはcomで始まるJavaのパッケージ名が無数にあることでしょう。

- Java
  com.tsuyukimakoto.eternity.blog.model
- Python
  eternity_blog.model

　Javaのパッケージもディレクトリでできていますので、展開された状態でおいてある場合にはクラスパス(名前を探す起点)からみると、comというディレクトリだけが見えることでしょう。Javaの場合には、jarというzipファイルにまとめることが多く、ライブラリをおくディレクトリに複数個のjarを配置することがよくあります。jarはライブラリを表す名前になっていることが多いのですから、同じディレクトリにおける時点で名前の衝突は起きていないことが多いのでしょう(ただし、jar自休にクラスパスを通すので、名前が重複したらjarの名前を変更してことなきを得ることもできます)。
　もちろん、複雑になりそうな場合にはある程度の階層を作るほうがよいでしょう。ただ多くとも2から3階層におさめるべきだという意見が多いようです。
　たとえば、次のような文はわかりやすいでしょうか。

AのBのCのDのあとでFの前のE

　また、プログラムのインデントが深くなることも良くありません。条件に合致した場合にのみ何か処理をしたい場合のプログラムを見てみましょう。

```
#インデントが深くなり、条件も追いにくいプログラム
def some_method(data):
    if data.attr1 in (1,2,3):
        if data.attr2 in (9,8,7):
            return data.attr1 * data.attr2
        else:
            return data.attr1 * (data.attr1 + 1)
    return 0

#インデントを1階層にし、条件と対になったプログラム
def some_method(data):
    if data.attr1 in (1,2,3) and data.attr2 in (9,8,7):
        return data.attr1 * data.attr2
    elif data.attr1 in (1,2,3):
        return data.attr1 * (data.attr1 + 1)
    else:
        return 0
```

効率が悪くなる場合には、この書き方は問題となることもあるでしょう。あくまで原則として、フラットで読みやすいほうがよいという例です。

1-4-6 Sparse is better than dense.
—— 密度は薄いほうがよい

密度が高いと感じるくらい多くを一カ所に集めるのは避けましょう。密度は意味的にも見た目的にも高くしないほうがよいでしょう。意味的に密度が高いというのは、1つのモジュールに数十ものクラスを詰め込んだ状態を想像してみてください。息が詰まってきますよね。素直に複数のモジュールに分けられないか検討しましょう。

見た目的に密度が高いというのは、たとえば、関数定義と関数定義の間に空の行がないソースコードを想像してみてください。なにか息が詰まりますよね。また、複数の値を引数とする場合にカンマの後に空白がないような場合にも同様です[注9]。

```
# BAD
def spam(egg,ham):
    return max(egg,ham)
def bacon(toast,cheese):
    return min(toast,cheese)

# GOOD
def spam(egg, ham):
```

（注9）　空白や空行についてはPythonのコーディング規約できちんと明文化もされています。

```
        return max(egg, ham)


    def bacon(toast, cheese):
        return min(toast, cheese)
```

　複数の目的の処理を1つにまとめてしまうのも良くないでしょう。たとえば、注文の集計処理と同時にメモも保存したいとします。その場合、集計処理の内側でメモを保存してしまうのではなく、集計処理とメモを保存するプログラムは分けて順番に呼びだすようにすべきです。同時に、集計処理を行うプログラムとメモを保存するプログラムは依存関係を持たせずに疎結合の状態であることが望ましいでしょう。シンプルな目的を達成するプログラムを組み合わせて実際の要求を満たしましょう。

1-4-7　Readability counts.
── 読みやすい分量にする

　自分以外の誰かに読まれることを常に意識して、1つのソースコードをどの程度の分量にすればよいかに気を配りましょう。あなた以外の誰かが数年後にメンテナンスをすることは容易に想像できるはずです。数千、数万行の1つのファイルを目にして唖然とする後任に恨まれてしまわないように注意しましょう。通常、関数は1画面に収まるようにするのが望ましいと言われています。
　また、密度は薄く、という禅がありますが、読みやすさという点で考えると薄すぎることも問題になりえます。
　たとえば、密度に関する禅のサンプルコードの空白を無駄に増やしてみると次のようなコードとなり、読みにくいと感じる人が増えることでしょう。

```
def spam ( egg , ham ) :
    return max ( egg , ham )




def bacon(toast, cheese):
    return min(toast, cheese)
```

　あなたが誰かの書いたソースコードを読まなければならなくなった際、関数の間に何行もの空の行があったら、なにか意味があると考え込んでしまうことでしょう。
　空白を適切な量に押さえることも読みやすさにとって重要なのです。

1-4-8 Special cases aren't special enough to break rules.
──── 特別だと思うものもルールを破るほど特別ではない

　特別な何かがあったからといって、ルールを破ってしまうと、全体の統一感もなくなり良くありません。

　Python 2.2でクラスメソッドとスタティックメソッドが導入されました。

```
class SomeClass(object):
    def some_class_method(cls):
        ... do something
    some_class_method = classmethod(some_class_method)
```

　この記法は、メソッド定義を軽くみていくだけでは見逃してしまうかもしれませんし、何度も同じメソッド名が登場してしまっています。なんとか解決を図ろうと議論が続けられましたが、クラスメソッドとスタティックメソッドという2つのものを解決するためだけに特殊なシンタックスを追加することはルールを破ることになります。

　クラスメソッドとスタティックメソッドは関数オブジェクトをラップするだけでしたので、他の関数もラップできるデコレータという仕組みを導入することで解決を図りました[注10]。

```
class SomeClass(object):
    @classmethod
    def some_class_method(cls):
        ... do something
```

　デコレータは関数をラップするだけではなく、同時に引数も渡せる汎用的に使えるものとして仕様が策定されました。何かを特別扱いすることもなく、実用に耐えるデコレータに昇華したのです。

1-4-9 Although practicality beats purity.
──── ただし、実用に耐えるようにする

　場合によって、各原則は守れないこともあります。たとえば、速度が要求される部分にはC言語を用いることがよくあります。これは可読性を高くするという原則からは外れてしまっていることになります。すべてがPythonで書かれていたほうが頭の切り替えもいりませんし、なによりソースコードがそのまま見えるのですから。

（注10）　クラスメソッド・デコレータについては言語仕様で詳しくふれます。

本当に必要なことであれば、原理主義になることはありません。実用に耐えなくなってしまっては本末転倒だからです。

1-4-10　Errors should never pass silently.
—— エラーを隠蔽しない

エラーとして扱われるべきものはきちんと報告をしましょう。何もせずに見逃してしまってはいけません。たとえば、整数値を受け取って計算をする関数があったとしましょう。

```python
def sumup_integer(a,b):
    if isinstance(a, int) and isinstance(b, int):
        return a + b
```

このように関数を実装してしまった場合に、もし間違って小数部をもつ値を渡してしまったらどうでしょう。

```python
>>> result = sumup_number(5, 2.0)
>>> type(result)
<class 'NoneType'>
```

実行結果がNoneになってしまいます。どこでNoneになったのかがわからないままこの先のどこかでエラーになってしまうことでしょう。本来エラーになる箇所でない場所でエラーになってしまい、該当箇所を見つけるまでに無駄な時間を使ってしまいます。

なにが起きたのか、次のようにきちんと呼び出し元へ情報を戻すべきです。

```python
def sumup_integer(a,b):
    # a と b が整数型であることを確認します
    if isinstance(a, int) and isinstance(b, int):
        return a + b
    else:
        # aとbに整数型でない値が渡された場合にはエラーとして呼び出し元へ報告します
        raise TypeError("整数以外は扱えません")
```

1-4-11　Unless explicitly silenced.
── エラーを明示的におとなしくさせることはできる

何でも通知すればよいというものでもありません。エラーが出ても継続できる論理エラーは普段は隠しておいてもよい場合があります。

```
try:
    import json
except ImportError as ie:
    try:
        import simplejson as json
    except ImportError as iee:
        print('''can't import json library''')
        raise
```

　Python 2系のときによく見られたコードです。あるバージョンから標準ライブラリに取り込まれたjsonライブラリをimportできた場合には標準のものを、取り込まれる前のバージョンのものは元の名前を用いてimportを試みるコードです。取り込まれた際に名前が変わりましたが、同じ名前でimportしてしまえば互換性がありましたのでいずれもエラーになった場合のみ問題としてレポートすればよいという例です。

1-4-12　In the face of ambiguity, refuse the temptation to guess.
── 曖昧なモノに出くわしたら、推測してはいけない

　言語によっては数値と文字列で表現された数字の足し算をしてしまうことがあります。あえて意図した場合には便利なこともあるでしょうが、他の人が見て意図がくみ取れなかったり、また処理系によって動作が異なってしまっても文句はいえないでしょう。

```
>>> 1 + '1'
Traceback (most recent call last):
  File "<stdin>", line 1, in <module>
TypeError: unsupported operand type(s) for +: 'int' and 'str'
```

　Pythonではそれっぽいものを暗黙のうちにいいようにしてしまうことは認められません。

1章

2章

3章

4章

5章

6章

7章

8章

9章

10章

11章

12章

13章

14章

15章

16章

17章

18章

19章

20章

21章

1-4-13 There should be one- and preferably only one -obvious way to do it. ── 1つのことをするのに、いろいろなやり方は好ましくない

　同じことをするのに、さまざまなやり方があると、人によって全然違うプログラムができ上がってしまいます。

　プログラムのアルゴリズム記述にはデザインパターンと呼ばれる定石があるくらいですから、ある程度の内容については同じような書き方や考え方をすることが多いはずです。いろいろなやり方がなければ面白くないという意見もありますが、やり方がいろいろあるということと、いろいろなアイデアを実現できることは違います。不思議な書き方で書かれたプログラムを他の人が見たらどう考えるか、想像してみてください。何かしらの意図があるはずだと思ってしまうと思いませんか？

　かつてPythonをWebのサービス構築に利用する場合にはApacheという世界一利用者の多いWebサーバーにmod_pythonというモジュールを導入するか、独自のWebサーバー機能を持った製品を導入するか、いろいろなやり方が氾濫していました。各Webサーバーでアプリケーションを動かすためには、それぞれのやり方に従った書き方をしなければなりませんでした。

　2003年にJavaのServletAPIを見習って、WSGI（Python Web Server Gateway Interface）という仕様が提案されました。普及まではしばらく時間がかかりましたが、Apacheのモジュールだけでなく複数のWebサーバーでWSGIという仕様の実装が動くようになり、Webアプリケーションを各環境専用に記述する必要がなくなりました。WSGIは、現在ではPerlのPSGI、RubyのRackにも思想が受け継がれています。

　WSGIという1つのやり方が普及したので、HTTPというプロトコルとPythonの世界のやり取りについて、動作環境を特定のWebサーバーに限定されずに済むようになりました。各Webサーバーがみないろいろなやり方でやっていては実現できなかったことでしょう。

1-4-14 Although that way may not be obvious at first unless you're Dutch. ── そのやりかたはGUIDOしかわからないかもしれないけれど…

　原文は「オランダ人以外には明確でないかもしれないけれど」とあります。Python原作者のGuido van Rossum氏はオランダ人なので、ここでいうオランダ人はGuidoのこととする説が有力です。ただのジョークのようですが、各仕様について、どう使われることを想定しているかについて意識してプログラムを書くのはよいことでしょう。

■ 名前の由来

　開発に際してうんうんと唸ってしまっては、面白くありません。そもそもPythonという言語

の名前は空飛ぶモンティ・パイソンというイギリスのコメディ番組に由来しています。あなたが今後Pythonのサンプルコードにspamとeggという変数を見かけたら、それは空飛ぶモンティ・パイソンをもじっていることを思い出してください :-)

1-4-15　Now is better than never
―― 後回しにしないで今やろう

あとでやればいいかな…、と先送りにしてしまうと結局やらないままになり、ずるずるとストレスを抱えることでしょう。今できることは今やってしまおうという思想です。傷が大きくなる前にやってしまいましょう。

1-4-16　Although never is often better than right now.
―― 今すぐ、よりは後回しにしたほうがよいこともあるのだけれど

性急に物ごとを決めすぎるのはよくないでしょう。とりあえずできた、というものはそれで終わりにするのではなく、よりよいプログラムにできないか確認しましょう。

1-4-17　If the implementation is hard to explain, it's a bad idea.　―― 実装の説明をするのが難しい？ そのアイデアは良くないのでしょう

どのようなものを作ろうとしているのか、説明をしてみましょう。説明するのが難しいようであれば、そもそもそれは複雑すぎる可能性が高いでしょう。いかにPythonの可読性が高くとも、複雑な仕組みになってしまうようではよいものができないでしょう。もっと、シンプルに問題が解決できないかよく考えてみましょう。

1-4-18　If the implementation is easy to explain, it may be a good idea.
―― 実装の説明が簡単？ そのアイデアはよいのでしょう

簡単に説明できるのであれば、それは程よくシンプルにできていることでしょう。おそらく、よいアイデアなのでしょう。

1章

2章

3章

4章

5章

6章

7章

8章

9章

10章

11章

12章

13章

14章

15章

16章

17章

18章

19章

20章

21章

1-4-19 Namespaces are one honking great idea - let's do more of those! ── ネームスペース（名前空間）はすごくよいアイデアの1つ。もっと考えよう！

ネームスペースという考えによって、ミスのおきにくいプログラムを書けるようになっています。プログラミング言語自身ではなく、解決しなければならない問題に集中できるように、より良くしていきましょう。あなたの書くプログラムも、よりメンテナンスのしやすいものにしてきましょう。

1-5 Pythonを使う準備

1-5-1 メジャープラットフォームへのインストール

Windows、macOSへは公式サイトにインストールパッケージが用意されています。Linux に関してもメジャーなディストリビューションはバイナリーパッケージを用意していますので、簡単にインストールできます。詳しくは Appendix A を参照してください。

1-5-2 IPython

インタラクティブシェルは、非常に便利ですがさらに便利機能を追加したIPythonをインストールしておくとより作業効率が上がります。

ドキュメントの参照のほか、ソースコードの参照、履歴の参照、実行結果の保存といった便利機能が追加されます。

また、Pythonの標準デバッガーであるpdbをアタッチしておき、例外が発生した時に自動でpdbモードへ遷移することもできます。インストール方法についてはAppendix Aを参照してください。

IPythonの便利な機能をいくつか紹介します。本書のコードを試しに実行してみる際にも便利な機能がたくさんあります。

■ オートコンプリート

オブジェクトの変数やメソッドといった名前を補完する機能です。Eclipseのような IDE を普段からお使いの場合には、この機能がないだけでやる気がそがれてしまうかもしれません。

オートコンプリートを利用するには、readline モジュールのインストールが必要です（IPythonの起動時にreadlineが見つからないと表示された場合にはインストールしましょう）。

オブジェクトの名前を1文字以上入力してタブキーを押すと、オブジェクト自体の補完を行い

ます。前方一致検索で複数個見つかった場合には候補の一覧が表示され、一意に特定できるところまでくると残りの文字が自動で入力されます。オブジェクトの持っている名前を補完する場合には、オブジェクト名＋ドットまで入力してタブキーを押します。同様に名前が複数個見つかった場合には候補が出ます。

```
[1]: o<TAB>
object or oct ord open
[1]: object_name.<TAB>
object_name.spam object_name.egg object_name.ham
```

　IPythonのプロンプトは通常のインタラクティブシェルとは少し見た目も違います。>>>のかわりに [1] といった感じに行数が表示されます。

■ 情報の参照

　名前の参照ができたら、次はその名前のものがどんなものなのかを知りたくなります。モジュールや関数の使い方を確認するためにブラウザーを開いて検索をするのは当然だと思っていますか？

　Pythonのインタラクティブシェルにはhelpという関数があり、オブジェクトやモジュールを引数に与えると、ドキュメントを参照できます。これは、IPythonの機能ではなく、Pythonのインタラクティブシェルに標準で備わっている機能です。

　ついドキュメントを書き損ねていたらどうでしょう？　もちろん、そんなことがあってはいけないのですが、文章から意味が汲み取れない場合や、自分が理解できない言語で記述されている可能性だってあります。そんな場合には、IPythonで「?」や「??」を使います。文字化けではありません。クエスチョンマークです。

```
In [1]: nihongo = '日本語の文字列です'

In [2]: nihongo?
Type:       str
Base Class: <class 'str'>
String Form:日本語の文字列です
Namespace:  Interactive
Length:     9
Docstring:
str(object='') -> str
str(bytes_or_buffer[, encoding[, errors]]) -> str

Create a new string object from the given object. If encoding or
errors is specified, then the object must expose a data buffer
that will be decoded using the given encoding and error handler.
Otherwise, returns the result of object.__str__() (if defined)
```

```
or repr(object).
encoding defaults to sys.getdefaultencoding().
errors defaults to 'strict'.

In [3]: import struct
In [4]: struct??
Type:         module
String form: <module 'struct' from '/Library/Frameworks/Python.framework/Versions/3.7/lib/
python3.7/struct.py'>                                                              実際は一行
File:         /Library/Frameworks/Python.framework/Versions/3.7/lib/python3.7/struct.py
Source:
__all__ = [
    # Functions
    'calcsize', 'pack', 'pack_into', 'unpack', 'unpack_from',
    'iter_unpack',

    # Classes
    'Struct',

    # Exceptions
    'error'
    ]

from _struct import *
from _struct import _clearcache
from _struct import __doc__
```

■ 履歴の参照

通常のインタラクティブシェルは動作確認には使えますが、実際に記述したコードを簡単に取りだすことができませんでした。ついインタラクティブシェルを終了してしまった場合には、慌てて起動し直しても履歴も失われてしまうものでした。

IPythonは終了してしまっても履歴が残されているだけでなく、マジックコマンドで指定することで任意のファイルへログを残せるようになっています。

```
[1]: %logstart filename.py
Activating auto-logging. Current session state plus future input saved.
Filename       : filename.py
Mode           : backup
Output logging : False
Raw input log  : False
Timestamping   : False
State          : active
```

上の例ではカレントディレクトリにfilename.pyというファイルが生成され、逐一入力したコードのログが残されます。%logoff %logon %logstopで動作を切り替えます。

また、インタラクティブシェルでは直前の実行結果を「_」で参照できましたが、IPythonは「__」で2つ前を、同様に「___」で3つ前の結果を参照できます。結果ではなく、入力したコードについても「_i _ii」で参照できます。

■ マジックコマンド

IPythonにさまざまな指令を出す「%」で始まるコマンド群です。%lsmagicを実行するとコマンドの一覧が表示されますので、「?」を使って説明を読んでどんどん使ってみましょう。

■ シェルコマンドの実行

インタラクティブシェルを操作中に、シェルコマンドを実行したくなった場合には、「!」をつけて実行をするとコマンドを実行できます。入力に使おうと思っているファイルの中身を確認したり、コードを試してみているときに作ってしまったファイルの削除など好きに使えます。

```
[1]: !cat ./ipython_log.py
# IPython log file

get_ipython().magic('logstart')
```

以上でPythonを学ぶ準備はできました。PART2から始まるPython 3の世界を片っ端から実行して動作を理解しながら読み進めてください。

Part 2

言語仕様

PythonはRuby、JavaScript、PHPなどと共にスクリプト言語と呼ばれます。スクリプト言語は開発効率を高めるため、柔軟さ、簡単さ、分かりやすさを大切にしています。言語仕様にはそれぞれのスクリプト言語の特徴が現れます。

2章　Pythonの基本

本章では、Pythonを使ったプログラムがどのような見た目になるのか、特徴としてどのようなものがあるのかについて見ていきます。変数のルールや予約語、Pythonの特徴としてよく語られるインデント、Pythonプログラムの実行方法など、この先を読み進めていくための第一歩です。必要に応じてサンプルコードを使って説明をします。

2-1　インデント（ブロック）

　現実的であること、わかりやすいこと、明示的であることをPythonのコミュニティは推奨しています。言語仕様にそれらの思想は現れています。他のプログラミング言語に慣れ親しんでいる場合、いつも見ている波括弧がPythonで書かれたプログラムにはほとんど見当たらないことに気づくかもしれません。

　プログラムのまとまりを波括弧などの記号を使って表すプログラミング言語が多いのですが、Pythonはこのまとまりをインデント（字下げ）を用いて表します。インデントのレベル（深さ）で、プログラムのブロック、スコープを表すのです。Pythonの作者は、どの言語でもブロックをインデントするのが通例であるし、ブロックの開始・終了の括弧をなくしてブロックのスコープをわかりやすく表せると考えて、インデントによるブロック、スコープの定義方法を導入しました。

　インデントではなく括弧でブロック・スコープの定義を表すプログラミング言語の場合はブロックをインデントしなくても問題になりません。誤ったインデントと誤った括弧の位置が組み合わさると、一見動作する誤ったプログラムができてしまいます。Pythonのインデント強制の仕様には、そういった問題の発生を防ごうとしていることが現れています。

2-1-1　サンプルプログラム

　Pythonの書き方、インデントの使い方をサンプルプログラムで見てみましょう（**リスト2.1**）。

リスト2.1　sample.py

```python
def main():                          # メインという関数を定義
    """サンプルプログラムのメイン関数。"""

    for i in range(1, 6):            # 1 から 5 までのループ処理
        if i % 2 == 0:               # 偶数かどうかのチェック
```

```
            print("%sは偶数です。" % i)      # 偶数の場合に出力
        else:
            print("%sは奇数です。" % i)      # 奇数の場合に出力

if __name__ == "__main__":                   # コマンドラインからの実行かどうかの制御
    main()                                   # main()関数を呼びだす
```

このプログラムをsample.pyというファイル名で保存します。保存したプログラムは、次のようにコマンドラインで実行できます。

```
$ python sample.py
```

次のようにプログラムの実行結果が出力されます。

```
1は奇数です。
2は偶数です。
3は奇数です。
4は偶数です。
5は奇数です。
```

Pythonのプログラムをコマンドラインから実行すると、__name__という特別な変数に「__main__」という値が設定されます。__name__変数の値から、コマンドラインから実行されているのか、他のモジュールからインポートされているのかを判断することで、main()関数の実行を制御できます。

他のPythonモジュールからインポートされる場合もありますので、ここで__name__をチェックするのがPythonのベストプラクティスの1つです。モジュールのインポートの仕方の詳細は「**7章 モジュールとパッケージ**」を参照してください。

2-2 入出力

Pythonは入力と出力を非常に簡単に扱えます。ユーザーからのデータを標準入力から読み込むために、input()というビルトイン関数が用意されています。この関数は、プロンプトを表示して、ユーザーの入力を取得できます。input()関数はユーザーがエンターキーを押すまでに入力したデータを文字列で返します。

出力にはprint()関数を使います。print()関数は、末尾に自動で改行を追加します（**リスト2.2**）。

リスト2.2　input.py

```
name = input("お名前は? ")
age = input("何歳ですか? ")
print("こんにちは、%sさん (%s歳)" % (name, age))
```

　この2つのビルトイン関数を組み合わせて、ユーザーからデータを入力してもらうコマンドラインツールを簡単に作れます。
　プログラムを実行してみましょう。

```
$ python input.py
お名前は? グイド
何歳ですか? 63
こんにちは、グイドさん（63歳）
```

2-3 コメント

　Pythonでコメントを書く方法は1つだけです。Pythonのコメントはハッシュ記号「#」から始まり、改行されるまでがコメントとみなされます。Pythonには複数行をコメントアウトできるブロックコメントがありません。

```
# これはコメントです。
print("コメントのテスト")  # これもコメントです。
```

COLUMN
複数行のコメントアウト

　仕様としてのコメントはハッシュ記号の1行コメントのみですが、実際には複数行を一気にコメントアウトしたいことがあります。そんな場合には、Pythonにおけるヒアドキュメントである3重クォートを利用することがよくあります。
　シングルクォートないしはダブルクォートを3重にした部分から同じクォーティング種が3重に登場するまでをヒアドキュメントとして扱います。後述するドキュメンテーション文字列で利用している複数行の文字列のことです。

2-4 ドキュメンテーション文字列とオンラインヘルプ

　関数やクラスの説明はドキュメンテーション文字列（ドックストリング/docstring）で記述します。JavaやPHPをご存知の方には馴染みがあるJavadoc、phpdocと同じような仕組みを用います。Javadocやphpdocはコメントブロックを利用しますが、Pythonのドキュメンテーション文字列は関数やクラスの定義で最初に記述された文字リテラルです。

　1行目の文末は半角記号のピリオド（ドット）で終わる、ドキュメンテーション文字列の前後には空行をいれない、シグネチャではなく説明を書くといった書き方についての規約がpep 0257で定義されています。ドキュメンテーション文字列が規約に沿っているかをチェックするpydocstyleというライブラリもあります。

2-4-1 1行のドキュメンテーション文字列

　多くの場合は関数やクラスの説明は複数行書かれます。一貫して見えるように1行の場合でも3重のダブルクォートを使うことが推奨されています。後から説明が膨らみ、行が増えた場合にも対応が容易です。

```
>>> def docstring_test():
...     """この関数はドキュメンテーション文字列のテスト。"""
...     return True
```

　ドキュメンテーション文字列に記述したテキストは定義した関数やクラスオブジェクトの特別なプロパティ（__doc__）に保存されます。

```
>>> docstring_test.__doc__
'この関数はドキュメンテーション文字列のテスト。'
```

　ドキュメンテーション文字列はPythonのオンラインヘルプ機能で見られます。オンラインヘルプ機能はインタラクティブシェル上でhelp( )というビルトイン関数を使って起動します。ドキュメントを参照したいクラスや関数などをhelp( )関数に指定します。

　次のコマンドを入力すると、オンラインヘルプがフルスクリーンで表示されます。

```
>>> help(docstring_test)

Help on function docstring_test in module __main__:

docstring_test()
    この関数はドキュメンテーション文字列のテスト。
```

オンラインヘルプを閉じるには⏎キーを押してください。

2-4-2　複数行のドキュメンテーション文字列

3重のダブルクォートを使いドキュメンテーション文字列を複数行にわたって書けます。1行目にサマリーを、1行空の行を入れます。閉じる3重クォートは文章に続かず行を変えます。2行目以降は開始のクォーティングとインデントを合わせることになっています。

```
>>> def docstring_test():
...     """この関数はドキュメンテーション文字列のテスト。
...
...     これは複数行のドキュメンテーション文字列
...     """
...     return True
...
>>> help(docstring_test)
Help on function docstring_test in module __main__:

docstring_test()
    この関数はドキュメンテーション文字列のテスト。

    これは複数行のドキュメンテーション文字列
```

2-5　識別子（名前）

識別子（名前）には、大文字・小文字のアルファベット、アンダースコア、数字のASCII文字のほか、日本語を含むASCII外の多くの文字を使えます。数字は識別子の先頭には使えません。ASCII以外の文字についての詳しくは、PEP-3131[注1]を参照してください。なお、識別子の長さに制限はありません。

2-5-1　特別な識別子（名前）

「_（アンダースコア）」で始まる識別子は、モジュールからワイルドカード「*」でインポートをした場合にインポートされません。また、インタラクティブシェルでは直前の結果を「_」に格納します。たとえば「1 + 1」を実行した場合には「_」には「2」が入ります。「x = 1 + 1」を実行した場合は「_」には何も格納されません。何も格納されないというのは、すでに何かが格納されてい

（注1）　PEP-3131　https://www.python.org/dev/peps/pep-3131/

た場合には影響を与えないということです。

　クラス内（クラスについては「**6章　クラス**」で説明します）に「**＿＿**」で始まる識別子を記述した場合は、クラス内のプライベートな識別子として特殊な扱いを受けます。クラスの継承を行った際に名前の衝突を避けるため、「**＿クラス名**」が識別子の先頭に実行時に追加されます。

2-6　変数

　変数はオブジェクトを一時的にしまっておくためのものです。Pythonの変数は識別子であればよく、型によって$や%を付けたりすることはありません。変数は、オブジェクトを割り当てると名前空間にバインディング（束縛）されます。

　未定義の変数を参照しようとするとNameErrorを送出します。

```
>>> spam = 'ham'
>>> spam
'ham'
>>> egg
Traceback (most recent call last):
  File "<stdin>", line 1, in <module>
NameError: name 'egg' is not defined
```

　変数の参照を削除する場合には、delキーワードを使います。名前空間にバインディングされていた変数の参照が削除されますので、未定義の変数に戻ります。

```
>>> spam = 'ham'
>>> spam
'ham'
>>> del spam
>>> spam
Traceback (most recent call last):
  File "<stdin>", line 1, in <module>
NameError: name 'spam' is not defined
```

2-6-1　グローバル変数

　グローバル変数は、プログラム全体から使える変数を言いますが、厳密にいえばPythonにはグローバル変数はありません。

　最大の変数スコープでもモジュールというファイル単位のものでしかありません。関数やクラスの中でglobalというキーワードを用いると、グローバル変数を用いるという指定になります。つまりglobal宣言をしたクラスや関数と同一のモジュール（ファイル）を変数スコープとする変

数を用いるという指定です。

```
>>> spam = 'ham'
>>> def egg():
...     spam = 'egg'
...     print(spam)
...
>>> egg()
egg
>>> spam
'ham'
```

global宣言を使うと、グローバル変数を利用できます。

```
>>> spam = 'ham'
>>> def egg():
...     global spam
...     spam = 'egg'
...     print(spam)
...
>>> egg()
egg
>>> spam
egg
```

　変数の定義なしに内側のスコープから参照した場合には、グローバル変数を参照できます。ただし、global宣言をせずに参照した変数を操作しようとすると例外が発生します。例外に関しては「**4-6　例外処理**」で触れます。ここでは操作不能なプログラムを実行したという程度に理解しておいてください。

```
>>> spam = 'ham'
>>> def egg():
...     print(spam)
...     spam = 'egg'
...
>>> egg()
Traceback (most recent call last):
  File "<stdin>", line 1, in <module>
  File "<stdin>", line 2, in egg
UnboundLocalError: local variable 'spam' referenced before assignment
```

2-6-2　ノンローカル変数

nonlocalキーワードを使うと、ローカルスコープではない一番近くの変数を利用できます。次の例は、関数を返す関数の定義です。関数については別途「**5章　関数**」で解説します。

```
>>> def counter():
...     count = 0
...     def _counter():
...         nonlocal count
...         count += 1
...         return count
...     return _counter
...
>>> c = counter()
>>> c()
1
>>> c()
2
```

counter関数にある**count**という変数を**_counter**のスコープから利用できます。

2-6-3　定数

Pythonに定数はありません。コーディング規約では定数的な意図を持って変数を定義する場合には、すべて大文字で書き、単語が連なる場合には単語をアンダースコアで区切ります。大文字の変数に出会った場合には値を書き換えないようにしたほうが無難でしょう。

2-7　予約語

表2.1のワードはPythonの予約語ですので、関数名やリテラル名として使えません。この予約語を使おうとすると構文エラー（SyntaxError）を送出します。

Pythonは予約語が少ないことで知られますが、それでも少しずつ増えています。2系では予約語でなかったものが新たに予約語になっていますので、Python 2で学んでいる人はここで改めて確認をしてください。

表2.1 Pythonの予約語一覧(※)

False	class	finally	is	return
None	continue	for	lambda	try
True	def	from	nonlocal	while
and	del	global	not	with
as	elif	if	or	yield
assert	else	import	pass	break
except	in	raise	async	await

※ Python 3.7でasyncとawaitの2つが新たに追加されました。

2-8 デバッグ・トレースバック

　例外が送出され、どこでも捕捉されなかった場合にはPythonのインタプリターがエラーのトレースバックを表示します。トレースバックというのはエラーが起こった時点のコールスタック情報です。エラーが起こった場所のファイルや、そのコードがどこから呼ばれたという情報がトレースバックからわかります。デバッグのためには非常に助かる情報です。

　たとえば、次のサンプルプログラムを見てみましょう（**リスト2.3**）。このプログラムにはバグがあります。

リスト2.3 sample_traceback.py

```python
def main():
    x = 123
    y = "ほげ"
    concat(x, y)

def concat(a, b):
    return a + b

if __name__ == '__main__':
    main()
```

　実際に実行してみると、次のようになります。

```
$ python sample_traceback.py
Traceback (most recent call last):
  File "sample_traceback.py", line 10, in <module>
    main()
  File "sample_traceback.py", line 4, in main
    concat(x, y)
  File "sample_traceback.py", line 7, in concat
    return a + b
TypeError: can only concatenate str (not "int") to str
```

トレースバックはプログラムの最初からエラーが起こった場所までプログラムの動作をトレースします。トレースバックは「遡る」という意味です。「遡る」ですので大抵の場合は下から読むとよいでしょう。

では実際にトレースバックを下から読んでみましょう。

まずは、Python の TypeError という例外が起こりました。"can only concatenate str (not "int") to str"という英語のエラーメッセージが出力されています。これで「str に連結できるのは str だけ（int ではなく）」ということがわかります。

```
TypeError: can only concatenate str (not "int") to str
```

次に、このトレースバックでエラーは sample_traceback.py の7行目、concat() 関数の中で起こったということがわかりました。

```
File "sample_traceback.py", line 7, in concat
```

さらに遡ると、concat() は4行目で main() 関数から呼ばれたということがわかります。

```
File "sample_traceback.py", line 4, in main
```

sample_traceback.py の concat() 関数は引数2つを足しているだけであって、その引数がどういう型であるかを確認する必要がありました。このトレースバックを見ると、concat() が main() から呼ばれて、main() で定義した変数に問題があったということがわかります。

Python は int と str を暗黙的に変換しないため、int + str という演算ができません。どのように変換するのか、明示的に変換しましょう。

```
def concat(a, b):
    return str(a) + str(b)
```

このトレースバックだけで、プログラムの動きが大凡わかりました。何か問題が起きた際にはこのトレースバックを参照するのが基本です。問題が解決できず誰かに助けてもらう際にもトレースバックがどうなっているかを必ず合わせて知らせましょう。

2-9 メモリー管理

他のスクリプト言語と同じように、利用されなくなったメモリーはガベージコレクタが検出して解放します。開発者はメモリーの割り当てや、解放について考える必要はありません。

Python のガベージコレクタはリファレンスカウンターを用いたガベージコレクタです。リファレンスカウンター方式は、あるオブジェクトを参照しているリファレンスの数を保持していて、リファレンス数がゼロになったオブジェクトが利用しているメモリーを解放します。参照がない

1章

2章

3章

4章

5章

6章

7章

8章

9章

10章

11章

12章

13章

14章

15章

16章

17章

18章

19章

20章

21章

オブジェクトは利用されなくなっているということを前提としています。

gcモジュールを使うと、ガベージコレクションを手動でも実施できます。

```
import gc

gc.collect()
```

　ただし、Pythonは自動的にメモリーを解放するので、通常はgcモジュールを明示的に使う必要はありません。リファレンス数がゼロの場合は間違いなく利用されていないため、メモリーを安全に解放できます。しかし、本来解放できるオブジェクトのすべてがリファレンス数ゼロというわけではありません。お互いに参照しているオブジェクト、いわゆるリファレンスループ（循環参照）の場合があります。その場合は、リファレンスはありますがそのオブジェクトの組は他のどこからも参照されておらず、実際は利用されていません。

　ガベージコレクタは到達不能なリファレンスループとなっているオブジェクトに関しても検出し、自動でメモリーを解放します。

　Python 3.4以降はファイナライザ（__del__メソッド）が定義されているオブジェクトに関してもリファレンスループとなっているオブジェクトを解放できるようになりました。

3章 型とリテラル

本章では型について見ていきます。数値やシーケンスなどいろいろな種類の型があります。さらにその数値やシーケンスについても用途に応じた型があります。正しい計算や効率のよいプログラムを記述するために、型の種類と特徴を把握することが重要です。本章で各型についてしっかり把握してください。

3-1 オブジェクトについて

　データとそのデータの操作を行う抽象的な固まりのことをオブジェクトと呼びます。Pythonプログラムはオブジェクトとオブジェクトの関係を操作して処理を行います。すべてのオブジェクトにはオブジェクトを識別するIDという情報を持っています。IDは生成されてから廃棄されるまで変わりません。このIDはオブジェクトの情報が格納されているメモリーの場所と考えればよいでしょう。事実CPython（C言語で記述されたPython）はIDにメモリーの場所を利用します。

　プログラムからはこのオブジェクトへのリファレンスを通じてオブジェクト自身を操作します。オブジェクトへのリファレンスは変数やリテラルといったものを利用します。

　Pythonの場合は、オブジェクトのリファレンスにあらかじめ型を指定する必要がありません。JavaやC言語などの静的型付け言語の場合は、リファレンスに型を指定して定義します。Pythonの場合はどんなオブジェクトでも同じリファレンスを使うことができます。

　C言語などの場合は利用しなくなったメモリーを明示的に解放しなくてはなりませんが、Pythonはガベージコレクタという機能で利用しなくなったメモリー領域を解放します。Pythonのメモリーコレクタは、各オブジェクトへのリファレンス数を管理して使用されなくなったメモリーを検出します。

3-2 論理型

　論理型にはboolという型を使います。boolはTrue（真）とFalse（偽）の2つの論理値を持ち、条件文などで利用できます。この論理値はand、or、notというキーワードとともに利用すると、論理値を変更できます。

　次の例でand、or、notの使い方を紹介します。

　インタラクティブシェルを開いて試してみましょう。

インタラクティブシェルを起動するには、Windowsの場合はスタートメニューからPythonを選択するかコマンドプロンプトから**py**というコマンドでPythonランチャーを利用します。

```
> py
Python 3.8.2 (tags/v3.8.2:7b3ab59, Feb 25 2020, 23:03:10) [MSC v.1916 64 bit (AMD64)] on win32
Type "help", "copyright", "credits" or "license" for more information.
>>>
```

macOSを含むUnix系のOSの場合にはターミナルで**python3**を実行します。

```
$ python3
Python 3.8.2 (v3.8.2:7b3ab5921f, Feb 24 2020, 17:52:18)
[Clang 6.0 (clang-600.0.57)] on darwin
Type "help", "copyright", "credits" or "license" for more information.
>>>
```

「**>>>**」が表示されたらプログラムを書いてエンターキーでプログラムを実行できます。

```
>>> True and False
False
>>> True and True
True
>>> True or False
True
>>> not True
False
>>> True and not False
True
```

and、or、notには制御のフローを変化させる要素があります。制御フローについては「**4章 制御構文**」で説明します。現時点では、この3つのキーワードは論理値の演算だと理解しておいてください。

■ boolの特徴

boolのおもしろい要素の1つは整数型のint型を継承していることです。intが持っているプロパティはboolオブジェクトでも使えます。int型は次のセクションで説明します。

3-3 数値型

数値型にはintとfloatとcomplexの3つがあります（論理型はintのサブクラスです）。Python 2系まではlongがありましたが、Python 3で廃止されています。

数値型は他の数値型と共に計算や算術的な処理ができます。この先の説明まで読み進めるとわかりますが、Pythonの数値型は非常に簡単に使えます。基本的な計算ができるのは当然として、拡張することで複雑な処理もできるように柔軟性も持っています。

数値型は**表3.1**に示すオペレーションに対応しています。ただし、complexは一部のオペレーションを利用できません。

表3.1　数値型のオペレーション

演算	結果
x + y	xとyの和
x - y	xとyの差
x * y	xとyの積
x / y	xとyの商
x // y	xとyの商（切り捨て）
-x	xの符号反転
+x	x符号不変
abs(x)	xの絶対値または大きさ
int(x)	xの整数への変換
float(x)	xの浮動小数点数への変換
complex(re,im)	実数部re、虚数部imの複素数。imのデフォルト値はゼロ
c.conjugate()	複素数cの共役複素数（実数部に依存する）
pow(x, y)	xのy乗
x ** y	xのy乗

Python 3.6から数値型の任意の箇所に_（アンダースコア）を使えるようになりました。アンダースコアは数値の評価の際には無視されます。また、アンダースコアを2つ続けたり、先頭や末尾に使うことはできません。

```
>>> 1_000_000
1000000
>>> 1_0000_0000
100000000
>>> 0.000_1
0.0001
```

3-3-1　int（整数型）

　int（整数型）は長整数で、精度の制限がありません。つまりPythonのintは精度を失わずにかなり大きな値が持てます（現実的にはメモリーに制限されることになるでしょう）。

　intは次のように変数の定義で作れます。

```
>>> mynum = 12
```

　先頭に「+」か「-」を付け、正と負の整数を定義できます。正数の符号（+）はもちろん省略可能です。

```
>>> posnum = +12
>>> negnum = -12
```

　負数の符号で正数の正負符号が変更できます。負数に負号を付けると、正数になります。

```
>>> posnum = 12
>>> negnum = -posnum
>>> negnum                # 負数
-12
>>> -negnum               # 正数
12
```

　intに16進数表記で値を代入できます。16進数を表す場合には、**0x**を先頭に付けます。

```
>>> 0x11
17
>>> 0xff
255
>>> 0xffff
65535
```

　同様に、2進数表記は**0b**を、8進数表記は**0o**を先頭に付けます。

```
>>> 0b01010
10
>>> 0o12
10
```

　10進数の数値を2進数表記、8進数表記、16進数表記の文字列にするには、それぞれ**bin**、**oct**、**hex**関数を使います。

```
>>> bin(10)
'0b01010'
>>> oct(10)
'0o12'
>>> hex(10)
'0xa'
```

　ビルトイン関数のint（関数）で整数を生成することもできます。このint関数は、引数を渡さない場合にはゼロの整数を作成します。int関数に引数を渡した場合は引数をintに変換します。文字列や、他の数値型からint（整数型）に変換できます。int関数は、渡された値をint（整数型）に変換できなかった場合に、ValueErrorを送出します。

```
>>> int()
0
>>> int('5')          # str から変換
5
>>> int('a')          # 'a' は整数に変換できないので、エラーが送出される
Traceback (most recent call last):
  File "<stdin>", line 1, in <module>
ValueError: invalid literal for int() with base 10: 'a'
```

　int関数は第2引数に基数を指定できます。たとえば、先ほどエラーになった'a'も基数を16に設定すればintに変換できます。基数は2から36まで指定できます。

```
>>> int('a', 16)
10
>>> int('z', 36)
35
>>> int('py', 36)
934
```

　16進数が0123456789abcdefの文字で表されることはご存知だと思いますが、36進数は続けて、zまでを利用します。

■ intオブジェクトの違い（Python 2.xとPython 3）

　intオブジェクトはPython 2.xと大きく変わってきます。

　Python 2.xにはintとlongがありsys.maxintを超えるとlongが利用されていました。Python 3では、intがPython 2.xのlongと同等の性質をもつようになりました。

　また、Python 2.xは整数の除算を行うと結果も整数でしたが、Python 3では必要に応じて浮動小数点を使うようになりました。除算でPython 2と同じ結果を得る場合には「/」ではなく「//」

を使います。

```
# Python2.x
>>> 3/2
1

# Python3
>>> 3/2
1.5
>>> 3//2
1
```

Python 2.xの性質を前提にしているプログラムは結果が異なりますので、特に注意が必要です。

3-3-2　float（浮動小数点数型）

float（浮動小数点数型）は簡易に浮動小数点のある数字を扱う場合の型です。大抵はCの
double型を使って実装されています。Pythonのfloatは、近代的なコンピューターの場合53ビッ
トの精度です。

プログラムを動作させるマシンでのfloatの精度と内部表現は**sys.float_info**で確認できます。
精度のビット数はsys.float_infoの**mant_dig**プロパティで確認できます。

```
>>> import sys
>>> sys.float_info.max        # 浮動小数点数型の最大値
1.7976931348623157e+308
>>> sys.float_info.min        # 浮動小数点数型の最低値
2.2250738585072014e-308
>>> sys.float_info.dig        # 精度
15
>>> sys.float_info.mant_dig   # 精度のビット数
53
```

floatの変数は1つの小数点を含む実数で表現します。また、指数表記でも初期化できます。

```
>>> mynum = 3.14    # 小数点を含む実数
>>> 1e2             # 指数表記
100.0
```

プログラミングの初学者はこの浮動小数点数型につまずくことがよくあります。浮動小数点数
型を使うと、なぜ簡単な計算でも予想外の値が出てくるのでしょうか。
たとえば、この例の計算結果はどうでしょう。

```
>>> 0.1 + 0.1 + 0.1
0.30000000000000004
```

　結果の最後に4が付いているのは、浮動小数点数をコンピューターが簡単に処理できるバイナリー（2進数）で保存しているからです。人間は10進数の数字をよく使いますので、結果を出力するときに2進数を10進数に変換しています。ですが、10進数の数値は必ずしも2進数でうまく表現できるわけでありません。
　たとえば、0.1を2進数で表現すると次の循環2進数になります。

0.0001100110011001100110011001100110011001100110011001100110011...

　0.1は無限に右に続きますので、コンピューターは完璧な精度で保存することができません。そのため、浮動小数点数を加算すると予想外なことが起こります。

```
>>> 0.1 + 0.1 + 0.1 == 0.3
False
```

　これはPythonのバグでもなく、自分のコードのバグでもなく、コンピューターで小数を保存する方法の根本的な問題です。この問題はどの言語でも起こります。もちろんRubyでも同じ問題が起こります。

```
~$ irb
irb(main):003:0> 0.1 + 0.1 + 0.1 == 0.3
=> false
```

　Javaで行った場合は次のようになります。

```
public class Test extends Object {
    public static void main(String args[]) {
        System.out.println(0.1 + 0.1 + 0.1 == 0.3);
    }
}
```

```
~$ javac Test.java
~$ java Test
false
```

3-3-3　complex（複素数型）

　complex（複素数型）は実数と虚数を含む複素数を表現できます。実数と虚数は浮動小数点です。実数はrealというプロパティでアクセスでき、虚数はimageというプロパティでアクセスできま

す。実数の虚数は次の数式を表現します。

```
a + bi
```

　複素数は、実数部と虚数部を用いて生成します。直に記述する方法と、complex関数を使用する方法の2種類があります。

```
>>> 1 + 5j
(1+5j)
>>> complex(1.3, 0.5)
(1.3+0.5j)
```

　四則演算もできます。

```
>>> (1 + 5j) + (2 + 1j)
(3+6j)
>>> (1 + 5j) - (2 + 1j)
(-1+4j)
>>> (1 + 5j) * 2
(2+10j)
>>> (1+5j) / 2
(0.5+2.5j)
```

3-3-4　mathモジュール

　int（整数型）とfloat（浮動小数点数型）の数学関数計算はmathモジュールを利用します。

　mathモジュールはC言語で記述された数学関数へのアクセスを提供します。たとえば、よく利用される数学の定数πとeもmathモジュールは提供しますが、これらの数学定数は本来は無限小数です。しかしmathモジュールが提供するのはコンピューターが表現できる近似値です。

　それではmathモジュールを使ってみましょう。次の値はmathモジュールの関数で想定する値が返ってきます。

```
>>> import math
>>> math.pi
3.141592653589793
>>> math.e
2.718281828459045
>>> math.cos(math.pi)
-1.0
>>> math.log(math.e)
1.0
```

ですが、次のような場合は、`math.pi`は近似値であることがわかります。

```
>>> math.sin(0)
0.0
>>> math.sin(math.pi)
1.2246063538223773e-16
>>> math.tan(math.pi)
-1.2246467991473532e-16
```

最大公約数を計算する gcd 関数も提供します。gcd は整数が扱えます（Python 3.4 までは fractions モジュールにあります）。

```
>>> from math import gcd
>>> gcd(64,24)
8
```

Python 3.5 以降には2つの値が近似として等しいか判定する isclose 関数が追加されました。
比較対象の2つの値と、許容する誤差を相対許容差か絶対許容差で指定します。絶対許容差は負の数は指定できません。

```
>>> math.isclose(3.0, 2.9999, rel_tol=1e-4)  # 相対許容差はrel_tolで指定します
True
>>> math.isclose(3.0, 2.9999, rel_tol=1e-5)
False
>>> math.isclose(3.0, 2.9998, abs_tol=0.0002)  # 絶対許容差はabs_tolで指定します
True
>>> math.isclose(3.0, 2.9998, abs_tol=0.0001)
False
```

`rel_tol` のデフォルト値には1e-9が指定されているため、先ほどの浮動小数点誤差の例は次のように近似として等しいと判定できます。

```
>>> math.isclose(0.3, 0.1 * 3)
True
```

$\sin(\pi)$ と $\tan(\pi)$ は本来の戻り値は0ですが、Pythonは π の近似値で計算した0に近い返り値を出力します。**表3.2**に math モジュールでよく使う関数をまとめます。

表3.2　mathモジュールのよく使う関数

関数	説明
ceil(x)	xの天井値（ceil）。x以上のもっとも小さい整数をint型で返します
floor(x)	xの床値（floor）。x以下のもっとも大きい整数をint型で返します
factorial(x)	xの階乗を返します
exp(x)	e**xを返します
log(x,[base])	baseを底としたxの対数を返します。baseが指定されてない場合は、底がeになります
sqrt(x)	xの平方根を返します
cos(x)	xの余弦を返します
sin(x)	xの正弦を返します
tan(x)	xの正接を返します

3-3-5　cmathモジュール

complex（複素数型）の演算はcmathモジュールを利用します。intやfloatにはmathモジュール、complexにはcmathモジュールを用います。

mathモジュールの関数はintやfloatを返しますが、cmathモジュールのすべての関数はcomplexを返します。結果が実数で表現できる値でも、複虚数部が0の複素数を返すようになっています。cmathモジュールは極座標変換もできます。表3.3にcmathモジュールでよく使う関数をまとめます。

表3.3　cmathモジュールのよく使う関数

関数	説明
phase(x)	xの位相（xの偏角とも呼びます）を浮動小数点数で返します
polar(x)	xの極座標表現を返します
rect(r,phi)	極座標r、phiをもつ複素数xを返します
exp(x)	e**xを返します
isclose(x, y, rel_tol=1e-09, abs_tol=0.0)	xとyが指定の許容差で近似かどうかを返します
log(x,[base])	baseを底としたxの対数を返します。 baseが指定されてない場合は、底がeになります
sqrt(x)	xの平方根を返します
cos(x)	xの余弦を返します
sin(x)	xの正弦を返します
tan(x)	xの正接を返します

3-3-6　numbersモジュール

numbersモジュールは数値型の抽象的ベースクラスを定義しています。このクラスは数値型のオブジェクトのプロパティと演算を定義します。

あるオブジェクトが整数なのかを確認する場合、isinstance(obj, numbers.Number)で確認できます。さらに、実数なのか、複素数なのかを確認する場合はそれぞれisinstance(obj, numbers.Real)、isinstance(obj, numbers.Complex)で確認できます。

整数の場合を見てみます。実数も複素数として扱うことができますので、`isinstance(obj, numbers.Complex)`はTrueを返します。

```
>>> import numbers
>>> obj = 1
>>> isinstance(obj, numbers.Real)
True
>>> isinstance(obj, numbers.Complex)
True
>>> isinstance(obj, numbers.Rational)
True
```

複素数の場合はnumbers.Complexのインスタンスですが、有理数（numbers.Rational）や実数としては扱えないので、`isinstance(obj, numbers.Real)`はFalseになります。

```
>>> obj = complex(1,1)
>>> obj
(1+1j)
>>> isinstance(obj, numbers.Complex)
True
>>> isinstance(obj, numbers.Rational)
False
>>> isinstance(obj, numbers.Real)
False
```

3-3-7　fractionsモジュール

fractionsモジュールはFractionという有理数を表現するクラスを提供します。Fractionクラスは自動的に有理数を約分します。Fractionクラスはnumbers.Rationalの実数クラスを継承し、他の数値型と同じように計算ができます。

fractionモジュールを使ってみましょう。

```
>>> from fractions import Fraction
>>> Fraction(16, -10)
Fraction(-8, 5)
>>> Fraction('3/7')
Fraction(3, 7)
>>> Fraction(16,-10) + Fraction(4,20)
Fraction(-7, 5)
>>> Fraction(1, 3) ** 2
Fraction(1, 9)
```

3-3-8　decimalモジュール

　数値を扱うモジュールの中で一番よく利用されているのはdecimalモジュールでしょう。decimalモジュールは10進数の固定および浮動小数点数に対応しています。decimalは人間と同じような現実世界の数値の使い方を実現するためのモジュールです。decimalはfloat（浮動小数点数型）と比べて、多くのメリットがあります。会計や帳簿などお金に関わるようなアプリケーションを作るときにはdecimalを使う必要があります。

　floatに関して説明したとおり、Pythonのfloatはバイナリー算術を使うため10進数の数値を厳密に示すことができません。このDecimalは10進の数値を正確に扱えます。floatは0.1のような10進数有理数をバイナリーで厳密表現できませんが、Decimalは表現できるのです。

　floatの0.1は循環バイナリー数ですので、Decimalの0.1とfloatの0.1を正しく比較できません。

```
>>> from decimal import Decimal
>>> 0.1 == Decimal("0.1")
False
```

　floatのバイナリー数値の表現については「**3-3-2　float（浮動小数点数型）**」のセクションを見てください。float（浮動小数点数型）のセクションではPythonの浮動小数点数型を使うと、厳密に表現できない数字があると説明しました。その場合、10進数の数値を足しても、10進数の結果にはズレが出てきます。

```
>>> 0.1 + 0.1 + 0.1
0.30000000000000004
>>> 0.1 + 0.1 + 0.1 == 0.3
False
```

　decimalモジュールは10進数算術をサポートするDecimalというクラスを提供します。Decimal型を使うと、0.1 + 0.1 + 0.1は厳密に0.3になります。正確に比較することもできます。

```
>>> from decimal import Decimal
>>> Decimal("0.1") + Decimal("0.1") + Decimal("0.1")
Decimal('0.3')
>>> Decimal("0.1") + Decimal("0.1") + Decimal("0.1") == Decimal("0.3")
True
```

　Decimalには有効桁数も扱えるようになっており、有効桁数を省略せずに表すこともできます。

```
>>> Decimal("1.50") + Decimal("2.50")
Decimal('4.00')
```

```
>>> Decimal("1.50") * Decimal("2.50")
Decimal('3.7500')
```

　加算の場合、演算数の有効数字の最低数をそのまま保持するので、末尾の「00」は有効数字を表しています。乗算の場合、有効数字が増えて、末尾の「7500」が有効数字を表しています。

3-4　シーケンス (Sequence)

　シーケンス型はオブジェクトをシーケンシャル(順番)に処理するためのデータ構造です。シーケンス型にはコンテナ、イテレータ、ジェネレータといった種類があり、イテレート処理や順序の添字でインデックスアクセスできるものです。

　シーケンスがサポートしている操作の一覧を**表3.4**に示します。

表3.4　シーケンスがサポートしている操作の一覧

演算	説明
x in s	sの要素にxと同じものがあればTrueを返します。ない場合にはFalseを返します
x not in s	sの要素にxと同じものがあればFalseを返します。ない場合にはTrueを返します
s + t	sとtを連結します
s * n, n * s	sをn回連結します。シャローコピー (参照のコピー) です
s[i]	sのi番目の要素を取り出します。ゼロオリジンです
s[i:j]	sのi番目からj番目の前までの要素を取り出します
s[i:j:k]	sのi番目からj番目の前までの要素をk個ごとに取り出します
len(s)	sの要素数を取り出します
min(s)	sの要素のうち一番小さいものを取り出します
max(s)	sの要素のうち一番大きいものを取り出します
s.index(i)	sの要素の中にiと同じのもが最初にあったインデックスを返します
s.count(i)	sの要素の中にiと同じものがいくつあるか返します

3-4-1　文字列／バイト列

　文字列型にはstrを用います。strはデータをUnicodeで保持しています。スクリプトファイル中のテキスト文字列はファイルのエンコーディングにしたがってUnicodeに変換されます。

　スクリプトファイルのデフォルトエンコーディングはPython 2ではASCII文字種、Python 3ではUTF-8です。デフォルトエンコーディングと別のエンコーディングでスクリプトファイルを記述する場合には、ファイルの1行目か2行目で、次の正規表現と一致する方法でエンコーディング名を指定します。

```
coding[:=]\s*([-\w.]+)
```

このファイルの文字コードの設定の仕方はPEP 263で定義されています。たとえば、ShiftJIS
で記述したファイルには次のように文字コードを設定します。そのファイルに書いた文字列は実
行時にShiftJISからUnicodeに変換されます（cp932はWindows ShiftJISのこと）。

```
#:coding=cp932:

x = "このテキストは実行時にShiftJISから Unicode に変換されます"
```

符号化されたテキストデータを扱うにはbytes型を使います。bytesはバイナリーデータの列
ですが、テキストデータを扱う際に便利な演算ができます。次のようにbytes型は「b」文字をテ
キストの先頭に付けて生成します。

```
x = b"These are some bytes."
```

bytesのテキストはASCII文字種で書かないといけません。ASCII文字種で書けない文字は先
頭に\x付けてエスケープをします。\xを先頭にし、その後の文字はバイト値の16進数の文字に
なります。

次の例は「テスト」というテキストをShiftJISで符号化したbytesです。

```
# テストを cp932 で符号化した bytes 型
x = b'\x83e\x83X\x83g'
```

コンストラクタや、encodeとdecodeメソッドで、bytesとstrのテキストは符号化したり復号
したりすることができます。

エンコーディングを指定しなければ、設定されている文字コードが使われます。

```
x = 'テスト'.encode()
print(x.decode())

x = 'テスト'.encode('utf8')
print(x.decode('utf8')) #'テスト'が出力されます。
```

str（Unicode）を符号化した文字コードと別の文字コードでstrに復号化しようとすると、変換
できずにUnicodeDecodeErrorを送出します。

```
>>> x = 'テスト'.encode('utf8')
>>> x.decode('cp932')
Traceback (most recent call last):
  File "<stdin>", line 1, in <module>
UnicodeDecodeError: 'cp932' codec can't decode byte 0x86 in position 2: illegal multi
byte sequence
```

■ 文字列の連結

文字列はシーケンス型の連結操作で連結できます。文字列と文字列が格納された変数の連結は
+記号で行えます。

```
>>> name = 'Taro'
>>> 'hello ' + name + ' san'
'hello Taro san'
```

しかし、文字列と数値を連結しようとすると例外が発生します。例外というのは本来想定して
いる処理から外れることを表すものです。

```
>>> times = 3
>>> 'shout ' + times + ' times'
Traceback (most recent call last):
  File "<stdin>", line 1, in <module>
TypeError: can only concatenate str (not "int") to str
```

この例の場合は、times変数には数値が格納されています。times変数を明示的に数値から文
字列に変換すれば文字列通しの連結として処理ができます。

■ 文字列のフォーマット

文字列どうしの連結以外にも、文字リテラルや変数などを複数を組み合わせて文字列を作る方
法があります。

文字列のフォーマットを行おうと考えた際に複数のやり方があるのはPython的ではないので
すが、Python 3.6以降には以下の3種類のやり方があります。

- 以前からPythonの文字列フォーマットに利用されていた % 演算子を使うもの
- Python 3から導入されたformatメソッド
- Python 3.6からより簡易に扱えるように導入されたフォーマット済み文字列（f文字列）

単純な文字列ではなくstring.Templateという簡易テンプレートライブラリもあります。以前
からPythonを使っている人が書いたプログラムには%演算子を用いた文字列フォーマットが多
く登場するかもしれません。+演算子による文字列連結よりは見通がよい記述方法です。また、
文字列と一部の数値型を扱え、文字列フォーマットの面倒な処理を簡潔に指示できます。

■ %演算子による文字列のフォーマット

最初に以前よりPythonの文字列フォーマットに利用されていた % 演算子を使うものを見てい
きます。

```
>>> '%s %s!' % ('hello', 'world',)
'hello world!'
```

　%演算子の後に続く引数はタプルやマップを指定します。タプルやマップについては後ほど本章で触れます。タプルは複数の要素を扱うもの、マップは名前と値の組合せなのだとだけ考えておいてください。タプルの場合、文字列中の%の数と引数のタプルに割り当てられた要素数が一致している必要があり、左から順にあてはめられます。

　%sは文字列を表します。引数として数値や数値の変数などを渡したには対象がstr()関数で文字列に変換されます。

```
>>> a = 2
>>> b = 3
>>> '%s * %d = %d' % (a, b, a * b,)
'2 * 3 = 6'
```

　%dは符号付き10進数を表します。浮動小数点の場合にはfを使います。他にも文字列の幅や数値の場合はゼロ詰などのオプションがあります。%自体を出力したい場合には%%と%を%でエスケープします。

```
>>> '%03d' % 1
'001'
>>> '%10.3f' % 2.1
'     2.100'
>>> '%d%%' % 100
'100%'
```

　引数にマップを指定すると文字列の構成が後から変わったり、置き換える要素の数が多い場合にも間違いが起きにくくなります。文字列中の%とフォーマットを表すsやdなどの間に()でマップのキー名を指定します。

```
>>> '%(name)sは%(year)d歳です。' % {'name': 'Tom', 'year': 20}
'Tomは20歳です。'
```

■ formatメソッドによる文字列のフォーマット

　次にPython 3.0から導入されたformatメソッドについて見ていきます。

　%演算子での対象の指定方法はタプルの順番か、マップのキー名かの2通りでした。formatメソッドは順序の指定もできます。formatメソッドを呼びだす文字列内の対象は波括弧で指定します。

```
>>> '{} {}!'.format('hello', 'world')
'hello world!'
>>> '{0} {1}!'.format('hello', 'world')
'hello world!'
```

波括弧の中に順序を指定しなければ引数の順番で置換されます。波括弧の中に数字で順序を指定すれば引数の順番と対応させられます。引数の順番と数値が順序とおりでないのはミスの元なので、実際は同じ順番のものを複数箇所で使うような用途となるでしょう。

formatメソッドは位置指定の他にもキーワード引数という方式でも置換箇所を指定できます。キーワード引数については関数定義などで改めて触れます。

```
>>> '{name} is {year} years old.'.format(name='Okuizumi', year=38)
'Okuizumi is 38 years old.'
```

波括弧の中はここまで見てきたように、順序(数値かないしは省略)かキー名の指定ができます。加えて置換対象のオブジェクトをどのように文字列に変換するかについての指定ができます。フォーマット方式の指定は、

- **オブジェクトの文字列表現の種類を指定する方式**
- **どのような書式で変換するかを指定する方式**

の2通りがあります。

方式の1つ目、オブジェクトの文字列表現の指定は!で区切り、続いて文字列表現の種類ををを指定します。文字列表現の種類は**r/s/a**の3種類があります。**r**はrepr関数を通じて対象のオブジェクトの__repr__メソッドが呼び出されます。__repr__はオブジェクト自身を識別できる情報を返すためのメソッドです。**s**はstr関数を通じて対象のオブジェクトの__str__メソッドが呼び出されます。__str__はオブジェクトの人間向け文字列表現を返すためのメソッドです。**a**はascii関数を通じて対象のオブジェクトの__repr__メソッドが呼び出されます。ascii関数はascii以外の文字をエスケープします。

```
>>> '{!a}'.format('非ascii文字なのでescape')
"'\\u975eascii\\u6587\\u5b57\\u306a\\u306e\\u3067escape'"
```

方式の2つ目、書式の指定は%演算子と同様にゼロ詰や小数点の桁数などの指定ができます。また、左詰め(<)、中央揃え(^)、右詰め(>)などや日付のフォーマットなどさまざまなフォーマットを指定できます。

波括弧の中に:(コロン)を置くと:の後は書式の指定になります。たとえば20文字分の文字列に中央揃えで文字を入れたい場合には中央揃えの指定^と文字数の20を指定します。

```
>>> '{:^20}'.format('123456789')
'     123456789      '
```

半角スペースではなく任意の文字も詰められます。右詰めで残りには*を詰めたい場合には次のようにします。

```
>>> '{:*>20}'.format('123456789')
'***********123456789'
```

引数の数値に対してフォーマットに,(カンマ)を指定すると数値の3桁ごとにカンマが入ります。

```
>>> '{:,}'.format(123456789)
'123,456,789'
```

　%演算子による文字列フォーマットはフォーマット形式sでstr()による変換、rでrepr()による変換が行われるだけでした。formatメソッドによる文字列フォーマットは、独自に定義したクラスに関してもフォーマットを表す文字列と合わせて変換を細かく制御できるようになりました。独自のフォーマットについてはクラスなどの説明を終えた後、「**11章　コマンドラインユーティリティ**」でも触れます。

■f文字列による文字列のフォーマット

　Python 3.6からはf文字列（フォーマット済み文字列）という方法が使えるようになりました。
　f文字列は文字列の前にf（ないしはF）をつけてf文字列であることを指定します。f文字列はformatメソッドと同様、文字列のフォーマットの指定もできます。

```
>>> name = 'Ooe'
>>> age = 23
>>> f'名前: {name:>10}'
'名前:        Ooe'
>>> f'年齢: {age:>10}'
'年齢:         23'
```

　また、f文字列は式を書けます。

```
>>> boy = 18
>>> girl = 22
>>> f'{boy} + {girl} = {boy + girl}'
'18 + 22 = 40'
```

■ イミュータブル

str型とbytes型は共にイミュータブル（変更不能）オブジェクトです。イミュータブルとは、オブジェクト自身の状態を変更できない性質のものです。

変数に割り当ててあるイミュータブルなオブジェクトの状態を変える場合には、新しいオブジェクトを生成して変数の指し示す先を新しいオブジェクトに変えています。

```
>>> s = 'spam'
>>> id(s)
4302164912
>>> s = 'egg'
>>> id(s)
4302165024
```

idという関数は、オブジェクトの固有番号を返す関数です。CPythonの場合は、ポインター（メモリーの位置）を返します。

---

ucs2とucs4

Python 3.2までは、ucs2とucs4のどちらでPythonをコンパイルするかによって、unicodeの文字列長に対する結果が異なりました。sys.maxunicodeの値が65535であればucs2、1114111であればucs4でビルドされています。デフォルトはucs2です。

ucs2でコンパイルされたPythonでのlen('𠀋')は2をかえしますが、ucs4でコンパイルされたPythonは1を返します。これは、𠀋が16bitで表せるコードポイントを超えた部分に定義されているため、ucs2の文字2つ分としてカウントされているためです。

Python 3.3以降は文字列に含まれる文字によって裏側で適切な構造体を使うようになったため、効率を失わずに人間が認識しているのと同じ数値を返すようになりました。len('𠀋')がどのビルドでも1を返します。詳しくはPEP 393（Flexible String Representation）を確認してください。

Python 2系でucs4でコンパイルするには、configureのオプションに--enable-unicode=ucs4を指定します。

Python 3系はconfigureのオプションに--with-wide-unicodeを指定します。

Python 3.2まではUbuntuなどのパッケージディストリビューションが配布しているPythonはucs4であることが多く、WindowsやmacOSの場合はデフォルトのucs2でバイナリーが配布されていました。

C O L U M N

インターン(sys.intern)

　str型はイミュータブルですので、ある内容の文字列が生成された後に中身が変更されることはありません。その場合、同じ内容の文字列は同じメモリーの内容を使えば生成にかかるコストや、文字列の比較にかかるコストを削減できます。

　str型は同じ文字列の生成時に、可能であればメモリー上の文字列が使い回されます。

```
>>> a = 'spam'
>>> b = 'spam'
>>> c = 'spam'
>>> id(a), id(b), id(c)
(4302164632, 4302164632, 4302164632)
```

　ただし、必ずしも同じメモリー上のデータが使われるとは限りません(isは左辺と右辺が同じものか否かを判定する制御に使います)。そのため、同じ文字列を使うための仕組み(sys.intern)も用意されています。

```
>>> 'spam'.lower() is 'spam'.lower() #idが返す値が同じであればTrueになるが…
False
>>> import sys
#sys.internに文字列を渡すと同じ内容であれば同じメモリー上のデータが使われます。
>>> sys.intern('spam'.lower()) is sys.intern('spam'.lower())
True
```

3-4-2　バイト配列型

　bytes型はイミュータブルであるため要素の変更ができませんでしたが、bytearray(バイト配列型)はミュータブルなバイト列です。

　ミュータブルという特徴以外はbytes型と同じ機能を持っています。

　bytearrayはbytearrayコンストラクタで生成します。要素1つ1つは0から255までの数値です。

　空っぽのbytearrayを生成して、要素を追加してみましょう。

```
>>> ba1 = bytearray()
>>> ba1.append(115)
>>> ba1.append(112)
>>> ba1.append(97)
>>> ba1.append(109)
```

```
>>> ba1
bytearray(b'spam')
```

bytearrayの生成は他にも、いくつかの生成方法があります。

```
# 整数のiterableを渡す方法
>>> ba2 = bytearray([115,112,97,109])
>>> ba2
bytearray(b'spam')

#文字列とそのエンコーディングを渡す方法
>>> ba3 = bytearray('日本語', 'utf8')

#bytes（ないしは buffer）を渡す方法
>>> ba4 = bytearray(b'egg')

#整数でサイズを指定して生成する方法（すべての要素が0で初期化されます）
>>> ba5 = bytearray(128)
```

strを引数にbytearrayを生成する場合と、bytearrayをstrに変換する場合には文字列のエンコーディングが関わってきます。生成する際に利用するコンストラクタの定義はbytearray(string, encoding[, errors])、bytearrayをstrに変換するメソッドの定義はdecode(encoding='utf-8', errors='strict')です。

bytearrayの要素は0から255までの整数です。次の例では3文字の日本語が要素数9のbytearrayになっています。

```
>>> ba_nihongo = bytearray('スパム', 'utf8')
>>> ba_nihongo
bytearray(b'\xe3\x82\xb9\xe3\x83\x91\xe3\x83\xa0')
>>> len(ba_nihongo)
9
>>> ba_nihongo.decode()
'スパム'
```

errorsに指定可能なオプションは3種類があります（表3.5）。

表3.5 errorsのオプション

オプション	説明
strict	変換に失敗した際にUnicodeDecodeErrorを送出する
ignore	問題のあるデータを無視します
replace	問題のあるデータを「?」などの安全な文字に置換します

生成したbytearrayは要素を指定して値を変更できます。

```
>>> ba = bytearray('spam', 'utf8')
>>> ba[1] = 104
>>> ba
bytearray(b'sham')
```

3-4-3　リスト (lists)

　プログラミングでは複数個のデータを処理することがよくあります。そういった場合はオブジェクトをリスト（一覧）として扱います。1週間の売り上げを格納したリストのように、オブジェクトをリストに格納しておき、あとでリストに格納されているオブジェクトすべてをたどることもできます。リストは、売り上げ順に並び替えられたり、2番目に売り上げの多い金額を、全部の要素を総当たりすることなく、素早く確認できたりします。

　順序を保ちながらオブジェクトをリストする場合にはlist型を使います。list型はビルトイン型で、種類を問わずオブジェクトを格納できます。数値でも、文字列でも、オブジェクトのインスタンスでも、Noneでも何でも1つのlistに格納できます。多次元リストを表現するために、listにlistを格納することもできます。

　JavaやC++といった多くの型付けプログラミング言語には配列という仕様があります。大抵の型付けプログラミング言語の配列は、格納するデータの型を定義しなければなりません。Pythonのlistは、そういった格納する型の定義が必要ありません。また、JavaやC++は格納するオブジェクトのベースとなっている型のオブジェクトとして（の振りをして）リストに格納できることもありますが、その場合もオブジェクトを取りだす際には元の型へキャスト（型変換）して取り出さなければなりません。リストに格納されているオブジェクトの型を把握しておくのは面倒が伴いますし、別の種類のオブジェクトをリストに追加する場合にリストを処理する既存のコードを修正しなければならないこともあります。

　Pythonのlistは操作のしやすいミュータブル（変更可能）で、いろいろな目的に使えます。先頭や末尾にオブジェクトを追加することもできますし、格納されているオブジェクトを順に取りだすのも容易です。listの一部をスライスして別のlistに追加したりもできます。

　listは次のように生成します。

```
>>> x = [1, 2, 3.0, "a", "b", "c"]
```

　これがlistです。【と】で始まりと終わりを示します。各要素は半角のカンマ「,」で区切ります。この例ではint（整数型）、float（浮動小数点数型）、str（文字列型）の3種類の型の違うオブジェクトを1つのlistに格納しています。

■ インデックシング（シーケンス番号を使ったアクセス）

続いてlistの使い方について見ていきましょう。まずはインデックス（シーケンス番号）を使った一番シンプルなアクセス方法です。

```
>>> x = [1, 2, 3.0, "a", "b", "c"]
>>> x[0]
1
>>> x[1]
2
>>> x[5]
'c'
>>> x[6]
Traceback (most recent call last):
  File "<stdin>", line 1, in <module>
IndexError: list index out of range
```

listをインデックスを使ってアクセスしています。他の多くのプログラミング言語と同様にシーケンス番号は0で始まります。つまり、「listの最初の1つは0のインデックスで、次の1つは1のインデックスで、次の1つは…」といったようにアクセスします。listに存在しないインデックスを用いると、インデックスが範囲外であることを知らせるIndexErrorが送出されます。

では、listの最初の要素にアクセスしたいのではなく、最後の要素にアクセスしたい場合にはどうでしょう。最初の要素はインデックスを0にしてアクセスできました。

最後の要素にアクセスする場合は、Pythonではネガティブインデックスと呼ばれる方法を提供しています。次のようにlistの最後から順に、負のインデックスでアクセスできます。

```
>>> x = [1, 2, 3.0, "a", "b", "c"]
>>> x[-1] # 最後の要素
'c'
>>> x[-2]
'b'
>>> x[-4]
3.0
>>> x[-6]
1
>>> x[-7]
Traceback (most recent call last):
  File "<stdin>", line 1, in <module>
IndexError: list index out of range
```

これでlistから要素を逆順に取り出せました。通常のインデックシングと同様、範囲を超えるとIndexErrorが送出されます。

■ スライス

スライスと呼ばれるアクセスの仕方を見ていきましょう。

スライスというのは、listからサブリストを得るためのシンタックスです。サブリストはlistの開始位置と終了位置までの要素のリストです。スライスには、前項のインデックス・ネガティブインデックスともに利用できます。スライス記法は、インデックスと似ています。【 と 】の中に開始インデックスと終了インデックスをコロン「:」で区切って指定します。

```
>>> x[1:2]
[2]
>>> x[1:4]
[2, 3.0, 'a']
>>> x[2:-1]
[3.0, 'a', 'b']
>>> x[-3:-1]
['a', 'b']
>>> x[-1:-3]
[]
>>> x[-3:-7]
[]
```

これが実際のスライスの使い方です。最初のx[1:2]は1つだけ要素を含んだリストを取り出しています。他の例を見ると、ネガティブインデックスが使えることも解ってもらえることでしょう。注意が必要なのは、間違った順序を指定すると空のlistが返ってくることです。スライスの指定がマッチしなかった場合には空のlistが返ります。

スライスは1つ目や2つ目のインデックスを省略できます。省略された場合には先頭と末尾が自動で適用されます。先頭のインデックスの場合は0、末尾のインデックスは -1 です。両方のインデックスを省略すると全要素を含んだlistが返ります。

実はこのインデックスを省略して新しいlistを生成する方法はlistを効率的にコピーする方法でもあります。

```
>>> x[1:]
[2, 3.0, 'a', 'b', 'c']
>>> x[:3]
[1, 2, 3.0]
>>> x[:-2]
[1, 2, 3.0, 'a']
>>> x[:]
[1, 2, 3.0, 'a', 'b', 'c']
```

■ イテレーション

listに対する処理で良く使うのは、リスト内の全要素に対して、順に何らかの処理をすることでしょう。単にカウンターを増やしたり、要素を出力したり、はたまた非常に複雑な処理かも知れません。for inシンタックスを使ってlistの全要素へ順にアクセスできます。

```
>>> for item in x:
...     print(item)
...
1
2
3.0
a
b
c
```

for inシンタックスのループ対象xは、シーケンス型になればよいため、いろいろな書き方ができます。自由度高く簡潔にプログラムを書けます。

```
>>> x = [1, 2, 3.0, 'abc']
>>> for c in x[3]:
...     print(c)
...
a
b
c
>>> for item in [1, 2, 3, 4]:
...     print(item)
...
1
2
3
4
```

■ リストの更新

Pythonのlistはミュータブル（変更可能）な型です。listの先頭や末尾に要素の追加、特定の要素の入れ替え、要素の削除などが行えます。スライスで範囲を指定して入れ替えることもできます。

まずは単純なlistの変更から見ていきましょう。要素をlistの末尾に追加するにはlistのappendメソッドを使います。

```
>>> x = []
>>> x.append("spam")
>>> x
['spam']
>>> x.append("eggs")
>>> x
['spam', 'eggs']
```

　例では最初に空っぽのlistを生成しています。その後、2つの文字列をlistに追加しています。次に削除の仕方を見ていきましょう。removeメソッドを使います。

```
>>> x = ["spam", "eggs"]
>>> x.remove("eggs")
>>> x
['spam']
>>> x.remove("spam")
>>> x
[]
>>> x.remove("abc")
Traceback (most recent call last):
  File "<stdin>", line 1, in <module>
ValueError: list.remove(x): x not in list
```

　削除したい要素をremoveメソッドに渡しています。要素がlistにない場合にはValueErrorを送出します。
　インデックスを使って指定の要素を変更することもできます。listの2番目の要素を変更してみましょう。

```
>>> x = ["spam", "eggs"]
>>> x[1] = "hoge"
>>> x
['spam', 'hoge']
```

　listの変更にスライスも使えます。最初は少し難しいかもしれませんが、スライスの範囲へ右辺に与えられた要素を割り当てると理解してください。

```
>>> x = [1, 2, 3, 4, 5]
>>> x[1:4]
[2, 3, 4]
>>> x[1:4] = ["spam", "eggs"]
>>> x
[1, 'spam', 'eggs', 5]
```

このスライスの例では[2, 3, 4]を["spam", "eggs"]で置き換えています。スライスの置き換えは要素数が違っても構いません。元のlistは5つの要素を持っていましたが、新しいlistは4つに減っています。

listの要素はreverseメソッドを使って順序を反対に並び替えられます。reverseメソッドはlist自体の並び順を変更します。新しいコピーができるのではないことに注意してください。

```
>>> x = [1, 2, 3]
>>> x.reverse()
>>> x
[3, 2, 1]
```

listのソートにはsortメソッドを使います。このソートのアルゴリズムには「TimSort」が使われています。「TimSort」は安定して速いことが多いと言われているアルゴリズムです。

```
>>> x = [1, 0, 1, 7, 4, 1, 4, 7, 3, 3]
>>> x.sort()
>>> x
[0, 1, 1, 1, 3, 3, 4, 4, 7, 7]
```

■ リスト内包表記（リストコンプリヘンション）

リスト内包表記はループと条件を使って新しいlistを生成する特別なシンタックスです。次の例を見てください。

```
>>> [i for i in range(10) if i % 2 == 0]
[0, 2, 4, 6, 8]
```

0から9までの数字から偶数の数字だけのlistを生成しています。ビルトイン関数のrangeの結果をループして2で割り切れる数字だけをlistに追加しています。range関数はゼロから指定した数字-1までの整数を1ずつ増やしたシーケンスのデータを返すと思っておいてください。実際はジェネレータと呼ばれる仕組みを用いるため指定した要素数のlistができるわけではありません。

リスト内包表記の一番左の「i」は新しいlistに追加される値です。この例の場合は単純にループで定義したiをそのまま追加しています。一番左のiに対して何か処理を加えることで、listに追加する値を変化させることもできます。

```
>>> [str(i) for i in range(10) if i % 2 == 0]
['0', '2', '4', '6', '8']
```

このリスト内包表記による記述は、通常のfor inループを用いるよりも高速に動作することを期待できます。

3-4-4　タプル（tuples）

Pythonにはtupleというlistと別のシーケンス型があります。tupleはlistとは違いイミュータ
ブル（不変）です。つまり、tupleにはlistのように内容を変更するメソッドはありません。格納
する値の型が自由であることはlistと同様です。

tupleは**（　と　）**で始まりと終わりを示します。各要素は半角のカンマ「**,**」で区切ります。

要素が1つの場合にはtupleであることが解らなくならないように、**（1,）**のように末尾にカン
マを記述します。最後の要素の次にカンマを用いることで要素数が増えてしまうことはありませ
ん。最後の要素の後ろにカンマが打てるのはlistや後述するdictも同様です。

```
>>> x = (1, 2, 3, "a", "b", "c")
>>> x[0]
1
>>> x[3]
'a'
>>> x[3] = "z"
Traceback (most recent call last):
  File "<stdin>", line 1, in <module>
TypeError: 'tuple' object does not support item assignment
>>> y = (1)
>>> type(y)
<class 'int'>
>>> y = (1,)
>>> type(y)
<class 'tuple'>
```

tupleもインデックスで要素を取り出せますが、tupleへの要素の割当はサポートされていません。

■ tupleの利点

listもtupleも同じように使えるのに、tupleはイミュータブルだとすると、あえてtupleを使
う利点は何なのか不思議に思うことでしょう。

利点の1つはスピードが少しだけ速いことです。tupleは変更ができないために、listよりも最
適化に関するテクニックを使いやすいのです。リストを使いたい場合に、一度作ったら内容に変
更が必要なく何度も使うという場合には、tupleを使うのがよいでしょう。

もう1つの利点は、tupleがイミュータブルであるために、ハッシュ化可能であることです。ハッ
シュ化可能であると、後述する辞書型のキーに利用できます（ただし、tupleの要素にミュータ
ブルなオブジェクトがある場合にはキーにできません）。

例として、緯度経度のtupleをキーとして訪れたことのある名所を格納してみましょう。

```
>>> places = {
...    (35.312656, 139.533062): '鎌倉 長谷寺',
...    (51.500485, -0.124342): 'London Palace of Westminster',
... }
```

辞書については「**3-6 辞書型（Dictionaries）**」で後述します。

3-5　set（セット）

多くのアプリケーションが、ユーザーのユニークidリストだったり、ユニークなカテゴリの
リストであったりといったようなユニークなオブジェクトの集合を扱います。setはユニークな
オブジェクトの集合を保持するシーケンスです。

listやtupleは同じオブジェクトを何回も追加でき、順番に保持します。対してsetは順序は保
持せずに、ユニークなオブジェクトのグループを保持します。setに何度も同じオブジェクトを
登録しても無視されます。

setの要素はユニークなため、保持している要素に対する処理を最適化できます。

setの使い方を見ていきましょう。setは{ と }を使ったシンタックスで生成できます。

```
>>> x = {1, 2, "a", "b"}
```

listからset関数を用いても生成できます。

```
>>> x = set([1, 2, "a", "b"])
```

listやtupleと同様、格納するオブジェクトの種類は問いません。ただし、setはユニークなオ
ブジェクトの判別にハッシュ値を利用することに注意が必要です。ハッシュ値を利用して判別す
るため、格納するオブジェクトはハッシュ化可能でなければなりません。ハッシュ化できない
listのようなオブジェクトはsetに追加できません。

```
>>> x = {[1, 2, 3], "abc"}
Traceback (most recent call last):
  File "<stdin>", line 1, in <module>
TypeError: unhashable type: 'list'
```

3-5-1　セットの操作

setには更新用のシンプルなメソッドがあります。要素を追加するためのaddと要素を取り除
くためのremoveメソッドです。removeメソッドは指定されたオブジェクトがあればsetから取
り除き、なければKeyErrorを送出します。

```
>>> x = {1, 3, "abc"}
>>> x.add(2)
>>> x
set([3, 1, 2, 'abc'])
>>> x.remove(3)
>>> x
set([1, 2, 'abc'])
>>> x.remove(5)
Traceback (most recent call last):
  File "<stdin>", line 1, in <module>
KeyError: 5
```

discardメソッドを使えば、要素があった場合にだけ取り除けます。要素がなくてもKeyError
を送出しません。

```
>>> x = {1, 2, 3, "abc"}
>>> x.discard(3)
>>> x
set([1, 2, 'abc'])
>>> x.discard(5)
>>> x
set([1, 2, 'abc'])
```

3-5-2 イテレーション

setはシーケンス型なので、イテレート処理をサポートしています。ループを使って、listや
tupleのように要素をイテレートできます。ただし、set内のオブジェクトの順序は保証されませ
ん。つまり、どの順番でイテレートされるかは決まっていません。

```
>>> x = {"abc", 1, 2, 3}
>>> for y in x:
...     print(y)
...
1
2
3
abc
```

■ setの利点

setはユニークなリストですが、順序が保持されません。listやtupleと比べて利点は何でしょう。
実はsetには後述するlistやtupleにない便利な機能があります。

setに含めることのできるオブジェクトに関する制約のおかげで、そういった操作を非常に速

く処理できます。listやtupleに対してユニオン（合併）やインターセクション（積集合）、ディファ
レンス（差集合）といった集合の処理を行おうとすると、全データに対してチェックをしなけれ
ばなりません。

またlistは同じオブジェクトを何度も保持できますので、ユニオンなどの集合操作は要領を得
ませんし、曖昧になってしまいます。

3-5-3　ユニオン（Union 合併）

要素のリスト2つから重複した要素を省いて1つのリストにしたいことはよくあることでしょ
う。2つのsetをユニオンすると、両方のsetからすべてのユニークな要素を持った新しいsetを
生成できます。

たとえば、2カ所にあるお店の顧客IDを2つのsetにそれぞれ格納しているとしましょう。少
なくともいずれかの一方のお店の顧客である顧客IDを抽出したいと考えるかもしれません。そ
の場合、2つのsetをユニオンすれば抽出できます。

次のようにユニオンします。

```
>>> store1 = {7, 9, 2}
>>> store2 = {18, 22, 3, 7, 12}
>>> store1.union(store2)
{2, 3, 7, 9, 12, 18, 22}
```

顧客7は、store1とstore2ともに含まれています。ユニオンした後のsetには顧客7は1回し
か登場しません。

3つ以上のお店の顧客をユニオンする場合は、引数を増やします。

```
>>> store1 = {7, 9, 2}
>>> store2 = {18, 22, 3, 7, 12}
>>> store3 = {11, 6, 9, 15}
>>> store1.union(store2, store3)
{2, 3, 6, 7, 9, 11, 12, 15, 18, 22}
```

3-5-4　インターセクション（Intersection 交差・共通集合）

2つのsetの双方に重複して入っている要素を抽出することもよく取り扱う問題でしょう。ユ
ニオンで用いた例を再び使ってみてみましょう。両方のお店に行っている顧客を抽出したいとし
ます。

次の例では、両方のお店の顧客であるのは顧客7ですので、インターセクションを使えば顧客
7が抽出されるはずです。

```
>>> store1 = {7, 9, 2}
>>> store2 = {18, 22, 3, 7, 12}
>>> store1.intersection(store2)
{7}
```

予想通りの結果が出力されます。

ユニオンの操作と同様に、インターセクションメソッドにも複数のsetを渡せます。

```
>>> store1 = {7, 9, 2}
>>> store2 = {18, 22, 3, 7, 12, 9}
>>> store3 = {11, 7, 3, 6, 9, 15}
>>> store1.intersection(store2, store3)
{9, 7}
```

顧客3は店舗2と店舗3の顧客ですが、店舗1には見当たりません。そのため、顧客3は結果には含まれません。インターセクションすると、すべてのsetに含まれているものだけが残ります。

3-5-5　ディファレンス（Difference 差集合）

集合に対してよく使われる操作の残る1つは、ディファレンスです。ディファレンスは元の集合にのみ存在し、別の集合には存在しない部分を言います。先ほどまでの例に則ると、どの顧客が特定の店舗にだけ行っているかを抽出する方法です。

```
>>> store1 = {7, 9, 2}
>>> store2 = {18, 22, 3, 7, 12, 9}
>>> store1.difference(store2)
{2}
```

店舗1だけの顧客は、顧客2です。ユニオンやインターセクションと違い、元となる集合が意味を持ちます。順番を逆にしてみましょう。

```
>>> store2.difference(store1)
{18, 3, 12, 22}
```

店舗2だけの顧客を抽出しています。

ユニオンやインターセクションメソッドのように、複数の集合を渡すことはできます。

```
>>> store1 = {18, 22, 3, 7, 12, 9}
>>> store2 = {7, 9, 2}
```

```
>>> store3 = {11, 7, 3, 6, 9, 15}
>>> store1.difference(store2, store3)
{18, 12, 22}
```

顧客7と顧客9はすべての集合に含まれていますので、ディファレンスの結果から省かれます。顧客3は店舗2にはいませんが、店舗3にいるので結果からは省かれています。

ディファレンスの抽出は順番が重要であることを見てきました。

セットはどちらかの集合にだけ、つまり両方には含まれていない要素を探し出すこともできます。シンメトリックディファレンスと呼ばれるものです。名前のとおり結果は対称です。シンメトリックディファレンスの場合は順序は関係ありません。シンメトリックディファレンスの抽出はsymmetric_differenceメソッドで行います。

```
>>> store1 = {18, 22, 3, 7, 12, 9}
>>> store2 = {7, 9, 2}
>>> store1.symmetric_difference(store2)
{2, 3, 12, 18, 22}
>>> store2.symmetric_difference(store1)
{18, 3, 22, 12, 2}
>>> (store1.symmetric_difference(store2) == store2.symmetric_difference(store1))
True
```

どちらの集合のメソッドを使っても結果は同じです。

3-5-6　サブセット・スーパーセットとディスジョイントセット（素集合）

セットは要素のユニークな集合です。セットBのすべての要素がセットAに入っているか判別可能なのではないかと感づいていることでしょう。セットBのすべての要素がセットAに含まれることを、「セットBはセットAのサブセットである」と言います。その場合、「セットAはセットBのスーパーセットである」ともいえます。サブセットとスーパーセットは多くのアプリケーションで便利に使えます。

```
>>> colors = {"red", "blue", "green", "yellow", "purple", "orange"}
>>> subset = {"purple", "green"}
>>> subset.issubset(colors)
True
>>> colors.issuperset(subset)
True
>>> {"black", "green", "red"}.issubset(colors)
False
```

最後のセットにはcolorsというセットに含まれる要素の大部分が含まれますが、blackはcolorsというセットに含まれていないため、サブセットではありません。

反対に全く同じ要素が含まれないセットを見てみましょう。1つも共通の要素がないセットのことをディスジョイント（素集合）と言います。2つのセットがディスジョイントかどうかはisdisjointメソッドを用いて確認できます。

```
>>> primary = {"red", "blue", "green"}
>>> art_primary = {"magenta", "cyan", "yellow"}
>>> primary.isdisjoint(art_primary)
True
```

3-6 辞書型（Dictionaries）

よく使いたくなるデータ構造として、キーと値を対応させたデータ構造があることでしょう。キーと値を対応させたデータ型はPythonではマップ型と呼びます。Javaなどの他の言語ではハッシュマップや単にマップと呼ばれるものです。

Pythonでマップ型として使われるものに辞書型があります。辞書はシンプルなマップ型で、次の特別なシンタックスで簡単に定義できるようになっています。

```
>>> d = {
...        'key1': 'Value1',
...        'key2': 'Value2',
...        'key3': 'Value3',
... }
```

他の型と同様、値には文字列、リスト、タプル、クラスのインスタンスや他の辞書型オブジェクトといった具合に、Pythonのオブジェクトならどんなものでも格納できます。辞書のキーはハッシュ化が可能なものであれば何でも使えます。一番使われるのは文字列ですが、数値でもタプルでもイミュータブルなものであれば何でもよいのです。

リストやタプルといったシーケンス型のオブジェクトは数値の添字で値にアクセスできましたが、辞書は似たシンタックスでキーを用いて要素にアクセスできます。

3-6-1 インデックスアクセス

前述の例で見たように、キーと値を対応させて辞書を定義しました。そのキーを使って割り当てられた値を取り出せます。これが一番簡単な辞書の使い方です。もし、辞書に登録していないキーを使うとKeyErrorが送出されます。

```
>>> d['key1']
'Value1'
>>> d['key2']
'Value2'
>>> d['key4']
Traceback (most recent call last):
  File "<stdin>", line 1, in <module>
KeyError: 'key4'
```

Pythonのin構文を使って、辞書にキーが登録されているか確認できます。

```
>>> 'key1' in d
True
>>> 'key4' in d
False
```

　こうして辞書に特定のキーが登録されているかを確認すれば、KeyErrorを発生させることなく辞書にアクセスできます。また、getメソッドを使って、キーが登録されていない場合にはデフォルト値を使うようにできます。getメソッドの第二引数にデフォルト値を指定しない場合にはNoneが返ります。Noneについては「3-7　None型」で触れます。

```
>>> d.get('key1')
'Value1'
>>> d.get('key4')
>>> d.get('key4', 'default')
'default'
```

　getメソッドを使うとわかりやすく書けます。

```
>>> value = d.get('key4')
>>> if value:
...     print(value)
... else:
...     print("key4 does not exist!")
key4 does not exist!
```

3-6-2　イテレーションアクセス

　辞書のすべての要素をイテレーションするには、inのシンタックスでfor x in yのようにすると、すべてのキーをイテレートできます。

99

```
>>> for key in d:
...     print(key)
key1
key2
key3
```

valuesメソッドを使うと、キーではなく値をイテレートすることもできます。

```
>>> for value in d.values():
...     print(value)
Value1
Value2
Value3
```

itemsメソッドはキーと値のイテレートに利用します。

```
>>> for key, value in d.items():
...     print(key, value)
key1 Value1
key2 Value2
key3 Value3
```

3-6-3　辞書の更新

辞書型は個々の要素をインデックシングとアサインのシンタックスを組み合わせて更新できます。

```
>>> d['key1'] = 'NewValue1'
>>> d['key1']
'NewValue1'
```

新しいキーと値の追加は同じシンタックスでできます。

```
>>> d['newkey'] = 'NewValue'
>>> d
{'key1': 'NewValue1', 'key2': 'Value2', 'key3': 'Value3', 'newkey': 'NewValue'}
```

キーと値の設定はdel文を使うことで削除できます。popメソッドを使うと値を取り出しつつ辞書からキーの削除ができます。

```
>>> del d['newkey']
>>> d.pop('key2')
```

```
Value2
>>> d
{'key1': 'NewValue1', 'key3': 'Value3'}
```

どちらの方法を使った場合も、辞書に存在しないキーを指定するとKeyErrorを送出します。

```
>>> del d['key2']
Traceback (most recent call last):
  File "<stdin>", line 1, in <module>
KeyError: 'key2'
```

popメソッドにデフォルト値を指定するとKeyErrorの送出なく処理できます。キーが設定されないことが想定される場合には、あえてtry/exceptを使うまでもなく処理できますので、非常に便利です。

```
>>> d.pop('key2', 'default')
'default'
```

3-6-4　辞書の順序

Python 3.5までの辞書型は順序が保証されないという特徴があります。Python 3.6のCで実装されたCPythonでは順序が維持されるようになり、Python 3.7以降はPythonの仕様として順序が保証されるようになりました。

```
>>> # Python 3.5まで
>>> a = {}
>>> a['b'] = 1
>>> a['1'] = 2
>>> a['a'] = 3
>>> for k,v in a.items():
...     print('{}:{}'.format(k,v))
...
1:2
b:1
a:3
>>> # Python 3.6以降 (3.6はCPythonのみ保証)
>>> a = {}
>>> a['b'] = 1
>>> a['1'] = 2
>>> a['a'] = 3
>>> for k,v in a.items():
```

```
...     print('{}:{}'.format(k,v))
...
b:1
1:2
a:3
```

　Python 3.5までを利用していて辞書への登録順が重要な場合には、別に順序の保証されるコンテナにキーを保持しておくという方法もありますが、Python 3.1から使えるOrderedDictという順序が保証される辞書型を利用する手段もあります。

　OrderedDictはdictのサブクラスですので、通常のdictとほぼ同様に使えます。

```
>>> from collections import OrderedDict
>>> od = OrderedDict()
>>> od['b'] = 1
>>> od['1'] = 2
>>> od['a'] = 3
>>> for k,v in od.items():
...     print('{}:{}'.format(k,v))
...
b:1
1:2
a:3
```

3-7 None型

　Noneは値が存在しないことを表す特別な値です。JavaやCではnull、Rubyではnilのように各言語に同様のものがあります。値が存在しない場合やアンセットしたことを明示する場合によく利用します。

　次のようにユーザーからの入力を受けて、入力値が辞書に設定されていなかった場合に使ったりします。値が存在しない場合の例です。

```
>>> d = {'key1': 'Value1', 'key2': 'Value2'}
>>> user_key = input("Key: ")
Key: spam
>>> value = d.get(user_key, None)
>>> print(value)
None
```

ユーザーからの入力が辞書にあった場合には値を出力しなかった場合にはNoneを出力しています。

Noneを評価すると常に偽として評価されます。

```
>>> if None:
...     print('None is true!')
... else:
...     print('None is false')
...
None is false
```

Noneなのか偽の値なのかを確認したい場合には、isを使います。

```
>>> y = None
>>> if y is None:
...     print("y is None")
...
y is None
```

「False」の値はNoneではなく偽なので、isを使うとNoneではないことがわかります。

```
>>> y = False
>>> if y is None:
...     print("y is None")
... else:
...     print("y is not None")
...
y is not None
```

3-8 列挙型（Enum）

列挙型は複数の定数を1つにまとめられる型です。列挙型はEnumを継承してclass構文で定義します。

アンダースコア1つで始まりアンダースコア1つで終わるメンバー名は使えないという制限があります。この制限はEnumにはこのフォーマットの特殊な名前や関数などが定義されているためです。詳しくはドキュメントを参照してください。

103

```
>>> from enum import Enum
>>> class UserType(Enum):
...     GUEST = 1
...     MEMBER = 2
...     ADMIN = 3
...
>>> UserType.GUEST
<UserType.GUEST: 1>
```

列挙型のメンバーはnameとvalueを持っています。

```
>>> UserType.GUEST.name
'GUEST'
>>> UserType.GUEST.value
1
```

値は数値以外に文字列やタプルなどを指定できます。

```
>>> class Color(Enum):
...     RED = (255, 0, 0)
...     GREEN = (0, 255, 0)
...     BLUE = (0, 0, 255)
```

nameやvalueを指定してメンバーを取り出せます。valueを指定する場合には引数に、value
を指定する場合には添え字として指定します。

```
>>> Color((255, 0, 0))
<Color.RED: (255, 0, 0)>
>>> Color['RED']
<Color.RED: (255, 0, 0)>
```

比較はメンバー同士を比較します。列挙型のメンバーは変数に格納したり引数でわたしたりで
きます。

```
>>> color = Color.RED
>>> color == Color.RED
True
```

nameやvalueを直接比較することはできません。一致しないためFalseと判定されます。

```
>>> 'GUEST' == UserType.GUEST
False
```

```
>>> 1 == UserType.GUEST
False
```

名前や値との比較はnameとvalueを使えば可能です。

```
>>> 'GUEST' == UserType.GUEST.name
True
>>> 1 == UserType.GUEST.value
True
```

通常は予期せぬ数値との比較などを行わないよう列挙型のメンバー同士を比較するのがよいでしょう。

3-8-1　メンバーの列挙とエイリアス

列挙型はメンバーの一覧をイテレータとして順に取り出せます。

```
>>> for color in Color:
...     print(color)
...
Color.RED
Color.GREEN
Color.BLUE
```

列挙型のメンバーに同じ値を指定するとエイリアスになります。Color列挙型を定義し直してみます。

```
>>> class Color(Enum):
...     RED = (255, 0, 0)
...     AKA = (255, 0, 0)
...     GREEN = (0, 255, 0)
...     MIDORI = (0, 255, 0)
...     BLUE = (0, 0, 255)
...     AO = (0, 0, 255)
```

同じ値のメンバーは最初に登場したメンバーが有効となり、後に登場したメンバーはエイリアスになります。

```
>>> Color.AKA
<Color.RED: (255, 0, 0)>
>>> Color((255, 0, 0))
<Color.RED: (255, 0, 0)>
```

また、エイリアスはイテレート処理にも登場しません。

```
>>> for color in Color:
...     print(color)
...
Color.RED
Color.GREEN
Color.BLUE
```

エイリアエスを制限したい場合にはuniqueデコレータをつけます。値が重複すると
ValueErrorが送出されます。

```
>>> from enum import unique
>>> @unique
... class Color(Enum):
...     RED = (255, 0, 0)
...     AKA = (255, 0, 0)
...
Traceback (most recent call last):
（省略）
ValueError: duplicate values found in <enum 'Color'>: AKA -> RED
```

3-8-2　メソッドとクラスメソッド

列挙型にはメソッドやクラスメソッドを定義できます。

```
>>> class Color(Enum):
...     RED = (255, 0, 0)
...     GREEN = (0, 255, 0)
...     BLUE = (0, 0, 255)
...     ORANGE = (255,165,0)
...     @classmethod
...     def default_color(cls):
...         return cls.BLUE
...     def is_mixed_color(self):
...         return len([v for v in self.value if v > 0]) > 1
...
```

クラスメソッド（上記ではdefault_color）は列挙型に対して、メソッド（上記ではis_mixed_color）はメンバーに対して呼び出せます。

```
>>> Color.default_color()
<Color.BLUE: (0, 0, 255)>
>>> Color.RED.is_mixed_color()
False
>>> Color.ORANGE.is_mixed_color()
True
```

3-8-3　Flag型とauto

ここで紹介するFlag型とauto()はPython 3.6以降で利用可能です。Flag型はメンバー同士をビット演算（&、|、^、~）で組み合わせられる列挙型です。

Flag型を使う場合には、メンバーの値を直接指定せずにauto()を使い適切な値を設定することが推奨されています。

```
>>> from enum import Flag, auto
>>> class UserType(Flag):
...     GUEST = auto()
...     MEMBER = auto()
...     ADMIN = auto()
...     WRITABLE = MEMBER | ADMIN
...
>>> UserType.MEMBER in UserType.WRITABLE
```

auto()はFlag型でなくEnum型でも利用でき、それぞれに指定の値が必要でない場合にも利用します。autoの返す値は_generate_next_value_メソッドを定義することで変更できます。詳しくはドキュメントを参照してください。

3-8-4　IntEnumとIntFlag

整数としての性格を併せもつIntEnumとIntFlagもあります。通常の整数としての演算が行えるほか、整数との比較も行えます。

```
>>> from enum import IntEnum, IntFlag
>>> class IntUserType(IntEnum):
...     GUEST = 1
...     MEMBER = 2
...     ADMIN = 3
```

```
...
>>> class IntFlagUserType(IntFlag):
...     GUEST = auto()
...     MEMBER = auto()
...     ADMIN = auto()
...
```

IntEnum と IntFlag は整数と比較ができます。

```
>>> 1 == IntUserType.GUEST
True
```

整数としての演算もできます。演算した時点で整数となります。ただし、IntFlagへのビット演算はその限りではありません。

```
>>> IntUserType.GUEST * 2
2
```

別の列挙型通しの比較も可能です。そのため、EnumやFlagの利用が推奨されています。IntEnumやIntFlagを使う必要があるのかよく考えましょう。

```
>>> IntUserType.GUEST == IntFlagUserType.GUEST
True
```

4章  制御構文

本章では、プログラムの流れを制御する方法について説明します。条件分岐や繰り返しのほか、例外を用いた制御フローについても見ていきます。適切な条件文の記述や制御構文の選択はプログラムの読みやすさに直結しますので、しっかり特徴をおさえましょう。

4-1 条件文

　プログラムのフローを制御する構文の1つにifステートメントがあります。ifステートメントは渡された値の真偽を評価し、フロー制御を行います。Pythonで偽として扱われる値は次のものです。

- None
- False
- ゼロとして認識できる数値型（0や0.0や0j）
- 空のシーケンス（""や()や[]）
- 空のマップ型（{}）
- 空のセット（set()）
- __bool__メソッドが定義されているクラスで、Falseを返すもの
- __len__メソッドが定義されているクラスで、0を返すもの

上記以外の値は真として扱われます。

　ifステートメントは次のように記述します。ifキーワードからコロン「:」の手前までが評価されます。

```
>>> if True:
...     print("True")
...
True
>>> if 1:
...     print("True")
...
True
>>> if []:
...     print("True")
...
```

3つ目の例では先に説明したとおり空のシーケンスの評価が偽となるため、続くブロックは実行されていません。

ifのブロックではelifとelseキーワードでフローの制御を変えられます。elifは他の言語ではelse ifと表現されることもある制御キーワードで、前の条件文が偽と評価された後に別の条件を評価できます。elseは前の条件文が偽だった場合に通る制御キーワードです。

```
>>> if False:
...     print("False")
... elif 1:
...     print("1")
...
1
```

この例ではFalseは偽の値ですから最初のブロックは通らず、1は真の値ですので"1"が出力されます。

elifブロックは好きなだけ記述できます。真として評価されたifかelifが実行されます。

```
>>> if False:
...     print("False")
... elif 1:
...     print("1")
... elif 0:
...     print("0")
... elif True:
...     print("True")
...
1
```

ifとelifがすべて偽として評価された場合に実行するコードをelseのキーワードに記述します。

```
>>> if False:
...     print("False")
... elif 0:
...     print("0")
... else:
...     print("default")
...
default
```

ifとelifともに偽として評価されるため、elseブロックが実行されます。

4-1-1 andとorとnot

条件式に複数の条件を指定したい場合には、andやorを用います。

```
>>> if True and False:
...     print('false')
...
>>> if True or False:
...     print('True')
...
True
```

andでつながれた条件は、左から順に評価し、すべてが真だった場合にその条件式のブロックが実行されます。

```
>>> def get_true():
...     print('call get_true')
...     return True
...
>>> def get_false():
...     print('call get_false')
...     return False
...
>>> if get_true() and get_true():
...     print('True')
...
call get_true
call get_true
True
```

orでつながれた条件は、左から順に評価し最初に真のものが見つかった時点でその条件式のブロックが実行されます。それ以降のorでつながれた式は評価しません。

```
>>> if get_true() or get_false():
...     print('True')
...
call get_true
True
>>> if get_false() or get_true():
...     print('True')
...
call get_false
call get_true
True
```

条件式を否定したい場合にはnotを使います。

```
>>> if not 0:
...     print('True')
...
True
>>> if not 1:
...     print('False')
...
>>>
```

andやorはTrueやFalseそのものを返すのではなくて、少しおもしろい動きをしています。

```
>>> 1 and 2
2
>>> 0 and 1
0
>>> 1 or 2
1
>>> 0 or 1
1
```

式x and yはxが真だった場合にはyを返し、xが偽だった場合にはxを返します。式x or yは
xが真だった場合xを返し、xが偽だった場合にはyを返します。

4-2 | 比較演算子

比較演算子<、>で値の大小を比較できます。ifやwhileのループの条件としてよく使われます。

```
>>> 1 > 0
True
>>> 1 > 1
False
>>> 1.0 > 1
False
>>> 'b' > 'a'
True
```

各オブジェクトは表4.1のような方式で大小を比較します。

表4.1　大小の比較

数値	数学的に比較し大小を判断
bytes	辞書順に比較し大小を判断
文字列	各文字をordし、順に比較し大小を判断
リスト	各要素を順に比較し要素について大小を判断。要素数が違い、存在する要素に関しては同じだった場合には要素数の少ないほうが小さいものとして扱われる
map型	比較演算はTypeErrorを送出します
set	大小ではなく、スーパーセットやサブセットの判断に利用します

比較演算子は、次のように同時に書けます。

```
>>> 0 < 1 < 2 < 3
True
```

通常、他の言語の場合には次のように書くことが多いでしょう。

```
>>> 0 < 1 and 1 < 2 and 2 < 3
True
```

同時に複数の比較演算を行える書き方は、人間の考えるとおりに書けるというメリットの他にも、効率のために書き方を工夫する必要も省けます。

```
>>> def get_one():
...     print('get_one')
...     return 1
...
>>> def get_two():
...     print('get_two')
...     return 2
...
>>> def get_three():
...     print('get_three')
...     return 3
...
>>> get_one() < get_two() < get_three()
get_one
get_two
get_three
True
>>> get_one() < get_two() and get_two() < get_three()
get_one
get_two
get_two
get_three
True
```

通常、最後のように (つまり、他の言語のように) 同じ式を2度呼びだす場合には、実行結果を一時的に変数に格納する方法で同じ処理が2度実行されるのを避けることがあります。Pythonの書き方が可能であればそのような無駄なロジックを記述する必要はありません。

4-2-1　等価演算子

等価をテストするオペレータは「==」です。オブジェクトが同じ値であるといえる場合に等価と言います。数値の場合には数値として同じ値であれば等価です。文字列も同様に同じ文字列であれば等価です。リストやタプルは含んでいるオブジェクトが順序も含めて等価であれば等価、map型 (辞書) は含んでいるキーと値のセットがすべて同じであれば等価です。

つまり、次のようになります。

```
>>> "hoge" == "hoge"
True
>>> "hoge" == "egoh"
False
>>> 1 == 1
True
>>> [1, 2, 3] == [1, 2, 3]
True
```

オブジェクトの値が同じであれば等価とはいえ、型をまたがった比較は等価とはなりません。オブジェクトの型が違うものを自動であわせて比較することはありません。

```
>>> 1 == "1"
False
>>> 0 == None
False
>>> False == None
False
```

数値同士であれば、整数と浮動小数点数のように型が違っても思った通りの比較ができます。

```
>>> 1.0 == 1
True
>>> 1.1 == 1
False
```

オブジェクトの値が同じであれば、メモリー上のインスタンスが別でも等価です。等価なオブジェクトは同一のオブジェクトという意味ではありません。どういうことか見ていきましょう。

```
>>> x = [1,2,3]
>>> y = [1,2,3]
>>> id(x)
4515864088
>>> id(y)
4515766216
>>> x == y
True
```

xとyの2つのオブジェクトはメモリー上では別のものとして認識されています。それでも含んでいるデータの値が等価なため、2つのオブジェクトは等価です。ここで使ったidについてこの後みていきましょう。

4-2-2　オブジェクトID

各オブジェクトはメモリー上に自身の場所を持っています。インタプリターがオブジェクトを管理できるようにidがあります。これをオブジェクトのID（Identity）と呼びます。

2つのオブジェクトが同一かどうかはisキーワードで確認できます。つまり同じidかどうかをテストできます。isキーワードは2つのオブジェクトが完全に同一かどうかを判断します。次の例ではオブジェクトは別であることがわかります。

```
>>> x = [1,2,3]
>>> y = [1,2,3]
>>> x is y
False
```

「**3章　型とリテラル**」で学んだイミュータブルなオブジェクトについては少し違います。stringやintegerのようなイミュータブル型に関してはシングルトンでオブジェクトが生成されてメモリー上に保持されます。

```
>>> x = "hoge"
>>> y = "hoge"
>>> x is y
True
>>> "hoge" is "hoge"
True
>>> 1 is 1
True
```

Noneもシングルトンで生成され、どこでも同じIDです。

```
>>> None is None
True
```

4-3 ループ

大抵のプログラミング言語で制御構文の基本はループです。ループは複数回同じコードを実行するための制御文です。たとえば、リストの各要素に同じ処理をしたいときに利用します。

4-3-1 for

for文はシーケンス型オブジェクトの各要素に同じ処理を実行できます。記述方法は非常に簡単で、次のように記述します。

```
for ループ内変数名 in コンテナ
```

使用例を次に示します。

```
>>> for i in ["apple", "orange", "lemon"]:
...     print(i)
...
apple
orange
lemon
```

フルーツの含まれたリストがコンテナで、含まれる要素が順にループ内変数「i」に格納されてループします。

forループで任意の回数処理を繰り返したい場合には、range()ビルトイン関数で繰り返したい回数を指定するとよいでしょう。

```
>>> for i in range(5):
...     print(i)
...
0
1
2
3
4
```

range関数は指定した数値の範囲内のitarableなオブジェクトを生成します。インデックス番号を認識しながらループしたい場合によいでしょう。

リストの要素を順に処理しつつ、インデックス番号も知りたい場合にはenumerate()ビルトイン関数を使います。同時にインデックスと要素を使ってループできます。

```
>>> for index, name in enumerate(["apple", "orange", "lemon"]):
...     print(index, name)
...
(0, 'apple')
(1, 'orange')
(2, 'lemon')
```

ループが終わった後に実行したいプログラムがある場合には、elseを使います。

```
>>> for i in range(3):
...     print(i)
... else:
...     print("done")
...
0
1
2
done
```

elseブロックは、forループをしなかった場合にも実行されます。勘違いをして思わぬ事態を引き起こさないように注意してください。

```
>>> for i in range(0):
...     print(i)
... else:
...     print("done")
...
done
```

ただし、ループを途中で中断するbreakを使った場合には、elseブロックが実行されません。

```
>>> for i in range(1,4):
...     print(i)
...     if i == 2:
...         break
... else:
```

```
...       print('loop finished')
...
1
2
```

ループ内のブロックを途中で終了し、次のループへ処理を飛ばす場合にはcontinueを使います。

```
>>> for i in range(1,4):
...     print(i)
...     if i == 2:
...         continue
...     print(i)
...
1
1
2
3
3
```

4-3-2　while

　条件が真の間ループし続け、条件が変わったときに終了したい場合もあるでしょう。その場合にはwhileループを使います。

　whileはifと同様に評価される式をとります。whileは、続くブロックを実行する前に毎回条件を評価し、条件が真の場合にのみループを続けます。

　ユーザーが終了を意図するまでループを続けるサンプルコードです。

```
>>> done = False
>>> while not done:
...     echo_text = input("echo > ")
...     if echo_text == "bye":
...         done = True
...         print("さようなら")
...     elif echo_text == "done":
...         done = True
...     else:
...         print(echo_text)
...
echo > こんにちは
こんにちは
echo > どうもです
どうもです
echo > bye
さようなら
```

　for文と同様、ループの終了時にコードを実行できます。上の例ではユーザーが"bye"と入力した場合にメッセージを表示しています。whileループにもelseを書けばループの最後に続くブロックが実行されます。このelseは、ループの終了ポイントが複数あり、最後に必ず実行したいコードがある場合に有用です。同じコードを複数回書かずに済みます。

　先ほどの例を改造してみましょう。この例ではwhileループの終了条件としてユーザーは"bye"か"done"と入力した場合の2カ所あります。さようならというメッセージは、ユーザーの入力を受けた場所ではなく、ループの最後で出力します。

```
>>> done = False
>>> while not done:
...     echo_text = input("echo > ")
...     if echo_text == "bye":
...         done = True
...     elif echo_text == "done":
...         done = True
...     else:
...         print(echo_text)
... else:
...     print("さようなら")
...
echo > こんにちは
こんにちは
echo > どうもです
どうもです
echo > done
さようなら
```

　for文のelseと同様、whileのelseも、whileのループが回らなかったときにも実行されるので注意が必要です。

```
>>> while False:
...     print("False")
... else:
...     print("done")
...
done
```

　for文と同様に、breakでループを抜けた場合にはelseブロックは実行されません。

```
>>> i = 0
>>> while 1:
...     i += 1
...     if i == 3:
...         break
...     print(i)
... else:
...     print('finished')
...
1
2
```

for文と同様に、continueでブロック内の処理を途中で終了して次のループへ処理を進められます。

4-4 リスト内包表記

リスト内包表記(List Comprehensions)は既存のリストやジェネレータから新しいリストを作るものです。

たとえば、1から10までの数値をそれぞれ2乗した数値のリストを作る場合はリスト内包表記では次のように書けます。

```
>>> result = [x**2 for x in range(1,11)]
>>> print(result)
[1, 4, 9, 16, 25, 36, 49, 64, 81, 100]
```

通常のforループでは次のように書けます。

```
>>> result = []
>>> for i in range(1,11):
...     result.append(i**2)
...
>>> print(result)
[1, 4, 9, 16, 25, 36, 49, 64, 81, 100]
```

リスト内包表記は、既存のリストから取り出した要素に対して処理をするだけでなく、条件にマッチした場合にだけ新しいリストに追加したい場合にも使えます。例として、偶数の数字だけ2乗した数値のリストを作ってみましょう。

```
>>> result = [x**2 for x in range(1,11) if x % 2 == 0]
>>> print(result)
[4, 16, 36, 64, 100]
```

forを続けて2重ループと同じこともできます。

```
>>> vec = [[1,2,3], [4,5,6], [7,8,9]]
>>> [num for elem in vec for num in elem]
[1, 2, 3, 4, 5, 6, 7, 8, 9]
>>>
>>> result = []
>>> for elem in vec:
...     for num in elem:
...         result.append(num)
...
>>> print(result)
[1, 2, 3, 4, 5, 6, 7, 8, 9]
```

■ 内包表記のメリット

内包表記は処理を簡潔に書けるほかに、新しいリストなどへの追加メソッドの呼び出しにかかるコストを軽減できるメリットもあります。

リストのサイズが大きく、処理に時間がかかり困ってしまった場合には内包表記の利用でコストを削減できるかもしれません。

4-5 その他の内包表記

リスト内包表記のほか、セットと辞書を生成する内包表記があります。セット内包表記の書き方は、リスト内包表記の[]の替わりに{}を使います。

```
>>> {x**2 for x in range(1,11)}
{64, 1, 36, 100, 81, 9, 16, 49, 25, 4}
```

辞書内包表記の書き方は、キーと値をコロン「:」で区切り、セット内包表記と同様に{}を使います。

```
>>> {x*2:x**2 for x in range(1,11)}
{2: 1, 4: 4, 6: 9, 8: 16, 10: 25, 12: 36, 14: 49, 16: 64, 18: 81, 20: 100}
```

リスト内包表記をジェネレータとして処理を遅延することもできます。リスト内包表記の[]の替わりに()を使います(ジェネレータに関しては「**5章 関数**」で扱います)。

```
>>> res = (x**2 for x in range(1,11))
>>> next(res)
1
>>> next(res)
4
>>> next(res)
9
```

4-6 | 例外処理

　制御フローの1つに、例外処理があります。例外処理はエラー処理ととらえられがちですが、必ずしもすべてエラーに対する処理とは限りません。

　まずは例外処理の基本を見ていきましょう。

　例外処理は、例外が発生する可能性のある箇所をtryのブロックに記述し、exceptで例外を捕捉します。

```
>>> try:
...     10/0
... except ZeroDivisionError:
...     print('ZeroDivisionError occured')
...
ZeroDivisionError occured
```

　ゼロ除算のエラーZeroDivisionErrorが発生し、except節で捕捉しています。

　当然ですが別のエラーで待ち構えている場合には例外は捕捉されず、インタラクティブシェルの例外処理まで例外がとんでいってしまいます。インタプリターで実行している場合はTracebackを出力して終了します。

```
>>> try:
...     10/0
... except ValueError:
...     print('ValueError occured')
...
Traceback (most recent call last):
  File "<stdin>", line 2, in <module>
ZeroDivisionError: division by zero
```

1章
2章
3章
4章
5章
6章
7章
8章
9章
10章
11章
12章
13章
14章
15章
16章
17章
18章
19章
20章
21章

4-6-1　例外オブジェクトを捕捉して利用する

例外に関する情報は次の形式で受け取れます。

```
as 一時変数名
```

使用例を次に示します。

```
>>> try:
...     10/0
... except ZeroDivisionError as e:
...     print(type(e))
...
<class 'ZeroDivisionError'>
```

　捕捉した例外オブジェクトには例外発生時のtracebackやメッセージが保持されています。た とえば、tracebackは__traceback__に格納されています。tracebackモジュールのformat_tb関 数を用いて参照してみましょう。
　例外クラスによって、保持している変数が異なることが分かるでしょう。

```
>>> from traceback import format_tb
>>> try:
...     10/0
... except ZeroDivisionError as e:
...     print(format_tb(e.__traceback__))
...     print('メッセージ:{0}'.format(e.args))
...
['  File "<stdin>", line 2, in <module>\n']
メッセージ:('division by zero',)
```

4-6-2　基底クラスで例外を捕捉する

　ZeroDivisionErrorの基底クラス（祖先にあたる例外クラス）で待ち受ければ、基底クラスの子 孫にあたるクラスの例外が飛んできた際に捕捉できます（クラスの継承については「**6章　クラ ス**」で扱います）。
　基底クラスで捕捉した場合も、基底クラスに型変換されることなく、一時変数には実際の例外 クラスのインスタンスが格納されます。

ArithmeticErrorというZeroDivisionErrorの基底クラスで待ち受けてみましょう。Arithmetic
Errorは通常、数学的な例外の基底クラスとして利用されます。

```
>>> try:
...     10/0
... except ArithmeticError as e:
...     print('{0}: {1}'.format(type(e),e))
...
<class 'ZeroDivisionError'>: division by zero
```

4-6-3   複数の例外を捕捉する

例外は、複数の種類を1カ所で捕捉できる他、複数のexcept節を用いて発生した例外に応じ
た処理をすることもできます。

例外に対して同じ処理をする場合には、exceptに**(例外クラス1, 例外クラス2)** と書くことで、
両方の例外を捕捉できます。また、except節に捕捉する例外クラスを省略すると、すべての例
外を捕捉します。ただし、例外は適切な粒度で捕捉し、何が起きているのか、何が問題なのかを
ユーザーに通知すべきです。

```
>>> def write(file_name, dict_input):
...     f = None
...     try:
...         f = open(file_name, 'w')
...         data = dict_input['data']
...         f.write(data)
...         f.close()
...     except KeyError as e:
...         print('エラー種別: {0}'.format(type(e)))
...         print(e)
...         print('キーが見つかりませんでした:{0}'.format(str(dict_input)))
...     except (FileNotFoundError, TypeError) as e:
...         print('エラー種別: {0}'.format(type(e)))
...         print(e)
...         print('ファイルが開けませんでした:{0}'.format(file_name))
...     except:
...         print('何かのエラーが発生（困ります）')
...
```

辞書から値を取りだすときにキーが存在していない場合に発生する例外と、ファイルの操作で
発生する例外をそれぞれ捕捉するように記述しました。ファイルの操作で発生するFileNot
FoundErrorとTypeErrorはまとめて捕捉しています。

最後のexceptは、何のエラーが発生したのかがはっきりしません。sysモジュールのexc_info関数を用いれば現在起こっている例外についての情報を取り出せます。

4-6-4　else／finally

forやwhileと同様に、tryブロックが例外を発生せずに最後まで処理が進んだ場合、elseブロックが実行されます。tryブロックが例外を発生してもしなくても、実行されるfinallyブロックも定義できます。

```
>>> def write(file_name, dict_input):
...     f = None
...     try:
...         f = open(file_name, 'w')
...         data = dict_input['data']
...         f.write(data)
...     except KeyError as e:
...         print('エラー種別: {0}'.format(type(e)))
...         print(e)
...         print('キーが見つかりませんでした:{0}'.format(str(dict_input)))
...     except (FileNotFoundError, TypeError) as e:
...         print('エラー種別: {0}'.format(type(e)))
...         print(e)
...         print('ファイルが開けませんでした:{0}'.format(file_name))
...     else:
...         print('問題なく処理が終了しました')
...     finally:
...         if f is not None:
...             print('ファイルを閉じます')
...             f.close()
...
```

正しいファイル名と正しいデータでwrite関数を呼び出します。指定したファイルを開いてtryのブロックをすべて実行できたので、続いてelseのブロックを実行します。最後にfinallyのブロックへ入り、ファイルが開かれているのでファイルを閉じます。

```
>>> d = {'meta': '寿限無', 'data': 'すりきれ'}
>>> write('test.txt', d)
問題なく処理が終了しました
ファイルを閉じます
```

ファイル名にNoneを渡してみます。open関数にNoneを渡すと、TypeErrorが送出されます。ファイルを開くのに失敗し、TypeErrorで待ち受けているexcept節へ処理が移ります。

tryのブロックで例外が発生しましたので、elseのブロックは実行されません。finallyのブロックへ処理が移りますが、ファイルが開けなかったのでファイルのクローズ操作は行われません。

```
>>> write(None, d)
エラー種別: <class 'TypeError'>
expected str, bytes or os.PathLike object, not NoneType
ファイルが開けませんでした:None
```

　ファイル名に空文字を渡してみます。open関数に空文字を渡すと、FileNotFoundErrorが送出されます。ファイルを開くのに失敗し、FileNotFoundErrorで待ち受けているexcept節へ処理が移ります。続きはNoneを渡したときと同様です。

```
>>> write('', d)
エラー種別: <class 'FileNotFoundError'>
[Errno 2] No such file or directory: ''
ファイルが開けませんでした:
```

　次はwrite関数の中で必要とされている辞書の**data**というキーを削除して渡してみます。ファイル名は本来であれば問題のない名前にしています。ファイルは開けるのですが、必要なデータを辞書から取り出そうとしてKeyErrorが発生します。
　KeyErrorで待ち受けているexcept節へ処理が移ります。tryのブロックで例外が発生しましたので、やはりelseのブロックは実行されません。finallyのブロックへ移り、開いてしまったファイルを閉じます。

```
>>> del d['data']
>>> write('test2.txt', d)
エラー種別: <class 'KeyError'>
'data'
キーが見つかりませんでした:{'meta': '寿限無'}
ファイルを閉じます
```

4-6-5　例外を送出する

　例外を送出する場合は、raiseキーワードを使います。

```
>>> raise ValueError
```

　メッセージを設定したい場合には、引数に文字列をセットします。引数はいくつでも設定でき、例外オブジェクトのargsアトリビュートにタプルで設定されます。

```
>>> raise ValueError('理由やメッセージ')
>>> raise ValueError('メッセージ', object, etc..)
```

IOErrorは引数にエラー番号と、エラーメッセージを設定することになっています。

```
>>> raise IOError(errorno, strerror)
```

また、AssertionErrorに関しては、特殊な記法で送出できるシンタックスassert文があります。

```
assert 条件テスト, メッセージ
```

AssertionErrorは状態の確認テストに失敗した際に送出する例外です。

```
>>> left = 3
>>> right = 2
>>> assert left < right, 'left must be smaller then right'
Traceback (most recent call last):
  File "<stdin>", line 1, in <module>
AssertionError: left must be smaller then right
```

■ 例外をチェーンする

例外を捕捉したexcept節で例外が発生することがあります。そんなときには元々の例外をたどれたほうが便利です。例外発生中に例外が発生した場合、その例外オブジェクトの__context__に元々の例外オブジェクトが格納されます。

```
>>> try:
...     f = open(None, 'w')
... except TypeError as e:
...     try:
...         f = open('', 'r')
...     except IOError as e:
...         print('直近のエラー: {0}'.format(e))
...         print('チェーンしてきたエラー: {0}'.format(e.__context__))
...
直近のエラー: [Errno 2] No such file or directory: ''
チェーンしてきたエラー: expected str, bytes or os.PathLike object, not NoneType
```

また、捕捉した例外を敢えて別の例外にして送出し直したいことがあります。そんな場合には、例外送出時にもとの例外を指定して送出できます。

自分の開発アプリケーション用の独自の例外を定義していて、その例外として捕捉したいとし

ましょう（独自の例外の定義についてはすぐ後で触れます）。

　PerfectPythonErrorという独自例外を定義して、発生したTypeErrorを捕捉して独自例外として送出し直します。

```
>>> class PerfectPythonError(Exception):
...     pass
...
>>> try:
...     try:
...         f = open(None, 'w')
...     except TypeError as e:
...         raise PerfectPythonError('ファイルが開けませんでした') from e #chain
... except PerfectPythonError as e:
...     print('元々の例外: {0} - {1}'.format(type(e.__cause__), e.__cause__.args))
...
元々の例外: <class 'TypeError'> - ('expected str, bytes or os.PathLike object, not NoneType',)
```

　元の例外オブジェクトは、

```
例外オブジェクト.__cause__
```

で参照できます。

　__cause__には明示的に、

```
raise 例外 from 元の例外オブジェクト
```

とした場合にだけ、元の例外オブジェクトが設定されます。その場合にも、前述の__context__には元の例外オブジェクトが暗黙的に入ります。

　passはPythonの構文の決まりとして文を書かなければいけないけれど、動作が必要ない場合に使います。

■ 4-6-6　独自の例外を定義する

　ビルトインの例外クラスは基本的なもののみです。実際のアプリケーションの問題を取り扱う例外クラスは別途例外クラスを定義して利用します。

　クラスの継承に関しては、「**6章　クラス**」で取り扱いますが、ここでは例外クラスの定義の仕方を紹介します。

例外クラスは、BaseExceptionのサブクラスとして定義しなければなりませんが、直接BaseExceptionを継承するのではなく、ExceptionというBaseExceptionのサブクラスを継承して例外を定義します。

簡単な独自例外クラスは、単にExceptionクラスを継承するだけです。通常、名前はErrorで終わるものにします。

```
>>> class YourError(Exception):
...     pass
```

実際にはあるプロジェクト、アプリケーション、ライブラリなどの単位にたいして独自の基底例外クラスを定義していくとよいでしょう。属性を持たせたければ持たせればよいですし、メソッドの定義をしても構いません。クラスとしての定義は好きにできます。

```
>>> class NetworkConnectionError(YourError):
...     def __init__(self, address, port, message):
...         self.address, self.port = address, port
...         self.message = message
...
>>> raise NetworkConnectionError('python.org', 443, 'connection timeout')
```

4-7 　with

例外に関する解説で見てきたファイルのopenとcloseのように、開始と終了の処理といった問題はプログラミングをしているとよく出てきます。こういった問題にはwithを使うとより見やすい簡潔なプログラミングができます。

withの実例を見てみましょう。

```
>>> with open('test.txt', 'a') as f:
...     f.write('テスト')
```

実は、これだけでファイルのクローズ処理が適切に行われます。これは何でしょう。

withはwithのブロックに入るときと出るとき、それぞれ__enter__メソッドと__exit__メソッドを呼びだす仕組みです。

withは続く式を評価した結果をコンテキストマネージャー（ContextManager）として利用します。実際にコンテキストマネージャーになれるクラスを定義してみましょう。クラスの定義については、「**6章 クラス**」で紹介しますのでここでは、WriteFileというクラスに、**__init__(self, file_name)**と**__enter__(self)**と**__exit__(self, type, value, traceback)**という3つのメソッド（クラスの関数）が定義されているという理解をしておいてください。

1章
2章
3章
4章
5章
6章
7章
8章
9章
10章
11章
12章
13章
14章
15章
16章
17章
18章
19章
20章
21章

```
>>> class WriteFile:
...     def __init__(self, file_name):
...         print('__init__が呼ばれました')
...         self.file_name = file_name
...     def __enter__(self):
...         print('__enter__が呼ばれました')
...         self.f = open(self.file_name, 'w')
...         print('ファイルを開きました')
...         return self.f
...     def __exit__(self, type, value, traceback):
...         print('__exit__が呼ばれました')
...         self.f.close()
...         print('ファイルを閉じました')
...
```

　使うときは、withに続けてクラスを生成します。クラスの仕組みにより__init__が自動で呼ばれ、引数のファイル名を表す文字列が渡されています。withはコンテキストマネージャーを得ると、コンテキストマネージャーの__enter__を呼び出します。__enter__は初期化コードを記述し、必要に応じて値を返します。この返したオブジェクトをwithはasに続けた一時変数に格納します。値は複数個返すこともできます。

　__enter__で問題がない場合、withのブロックへ処理は移ります。__enter__が正常に終了した時点で、withのブロックから出る際に__exit__が呼び出されることが保証されます。

　実際に利用すると次のように動作します。

```
>>> with WriteFile('test3.txt') as f:
...     print('withのブロックに入りました')
...     f.write('寿限無寿限無…')
...     print('withのブロックから出ます')
...
__init__が呼ばれました
__enter__が呼ばれました
ファイルを開きました
withのブロックに入りました
7
withのブロックから出ます
__exit__が呼ばれました
ファイルを閉じました
```

　__exit__は__enter__が正常に処理された場合には必ず呼び出されますが、何ごともなくwithのブロックから出る場合と、例外が発生してwithのブロックから出ようとしている場合で、呼び出され方に差異があります。

　何ごともなかった場合には、type、value、tracebackにはNoneが設定されて呼び出されます。

例外が発生してブロックから出ようとしている場合には、例外の種類がtypeに、例外のインスタンスがvalueに、トレースバックがtracebackに設定されて呼び出されます。

例外が発生していた場合には、__exit__の処理が終了した後に発生した例外がwithによって呼び出し側へ伝搬されます。例外の伝搬を抑制したい場合には、__exit__からTrueを返す必要があります。

4-7-1　closeする何かを簡単に扱う

ファイルのように何かをcloseして終了したいものが多くあるため、あらかじめclosingというコンテキストマネージャーが用意されています。このclosingを使うと先ほどの例は簡単に次のように記述できます。

```
>>> from contextlib import closing
>>> with closing(open('test3.txt', 'w')) as f:
...     f.write('寿限無寿限無…')
...
```

もちろん、open自体がコンテキストマネージャーとして使えますので、この例と同じことをしたい場合にはclosingは必要ありません。

4-7-2　ジェネレータを使うプログラムを簡単に扱う

closingと同様に、ジェネレータを扱うブロックをコンテキストマネージャーにするために便利なcontextmanagerというデコレータが用意されています。ジェネレータとデコレータについては「**5章　関数**」で紹介します。必要に応じて先に確認してもよいでしょう。

次のサンプルのようにcontextmanagerデコレータは使います。range(max)の部分を実際に必要なジェネレータに差し替えます。あえてコンテキストマネージャーのクラスを定義しなくても簡単にコンテキストマネージャーとして利用できます。

```
>>> from contextlib import contextmanager
>>> @contextmanager
... def range_generator(max):
...     print('初期化コード')
...     try:
...         yield range(max)
...     finally:
...         print('終了コード')
...
>>> with range_generator(5) as g:
```

```
...     for i in g:
...         print(i)
...
初期化コード
0
1
2
3
4
終了コード
```

4-8 代入式

Python 3.8以降は、代入を式として扱えるようになりました。代入式は「`:=`」を用います。

式は評価すると結果の値を得られます。演算やリテラル自身も式です。通常の代入文で変数に値を代入する場合は次のようになりますが、右辺の1が式です。

```
>>> x = 1
>>>
```

代入文は値を返しませんので、代入した後に出力がありません。

```
>>> (x := 1)
1
>>> x
1
```

代入式は値を返します。同時に変数に値が代入されています。トップレベルにそのまま代入式を書くと構文エラーになりますのでカッコを用いています。実際には文を書ける箇所で代入式を使うことはありません。

代入を式で扱えるようになったことで得られるメリットを見ていきましょう。

4-8-1 条件式で代入式を使う

条件式で代入式を使うとシンプルに書けるようになります。

if文は次のような構造をしています。

```
if 条件式:
    # 条件式が真のときに行う処理
```

Python 3.7までは代入を式として扱えませんでした。ifステートメントの条件式部分に代入文を定義しようとしても構文エラーとなります。

```
>>> if x = 1:
  File "<stdin>", line 1
    if x = 1:
         ^
SyntaxError: invalid syntax
```

代入式を使ってifステートメントの条件式で代入を行うと次のように書けます。`os.environ.get`は指定の環境変数を取得するものです。

```
>>> import os
>>> if filename := os.environ.get("FILENAME", None):
...     pass # 環境変数から得たFILENAMEを使う処理
... elif username := os.environ.get("USERNAME", None):
...     pass # 環境変数から得たUSERNAMEを使う処理
```

この例の場合、代入式が使えないと次のように書かなければなりません。

```
>>> filename = os.environ.get("FILENAME", None)
>>> if filename:
...     pass # 環境変数から得たFILENAMEを使う処理
... else:
...     username = os.environ.get("USERNAME", None)
...     if username:
...         pass # 環境変数から得たUSERNAMEを使う処理
```

変数への代入を事前に行い、条件式が深くネストしていきます。あるいは、次のように書くかもしれません。

```
>>> if os.environ.get("FILENAME", None):
...     filename = os.environ.get("FILENAME", None)
...     # 環境変数から得たFILENAMEを使う処理
... elif os.environ.get("USERNAME", None):
...     username = os.environ.get("USERNAME", None)
...     # 環境変数から得たUSERNAMEを使う処理
```

　条件式で呼び出した処理を、条件に合致した場合に再度呼びだすことでネストが深くならないようにする書き方です。または条件判定を行う前にひととおりの処理を変数に代入したから条件判定に入るように書くかもしれません。

```
>>> filename = os.environ.get("FILENAME", None)
>>> username = os.environ.get("USERNAME", None)
>>> if filename:
...     pass # 環境変数から得たFILENAMEを使う処理
... elif username:
...     pass # 環境変数から得たUSERNAMEを使う処理
```

　どの方式にしても代入式を用いた記述に比べると冗長な部分があります。
　while文の条件式もシンプルにかけるようになります。Python 3.7まではファイルから1行ずつデータを読み込んで処理するには、whileの条件式で評価する変数へ次のように一度変数に代入しておいて処理を書いていました。

```
>>> with open('data.txt') as f:
...     line = f.readline()
...     while line:
...         # 読み取った1行を使う処理
...         line = f.readline()
```

　代入式を利用するとシンプルに記述できます。

```
>>> with open('data.txt') as f:
...     while line := f.readline():
...         # 読み取った1行を使う処理
```

4-8-2　代入文と代入式の違い

　便利なこともある代入式ですが、代入文と振る舞いの違う点や使えない機能などがあります。たとえばカンマに関して次のような違いがあります。

```
>>> x = 1, 2
>>> x
(1, 2)
>>> (y := 1, 2)
(1, 2)
>>> y
1
```

　代入文の場合は、カンマを含む1, 2が(1, 2)というタプルとして評価されてxに代入されます。対して代入式の場合にはカンマの左側の1がyに代入されています。結果として(y, 2)が(1, 2)として出力されていますがyの中身を確認すると1しか含まれていません。

```
>>> (y := 1), 2
(1, 2)
>>> y
1
```

　実際にはこのような使い方をすることはないかもしれませんが、代入文を利用する際には正しい範囲をカッコで括るようにするなどの注意が必要でしょう。

```
>>> (y := (1, 2))
(1, 2)
>>> y
(1, 2)
```

　他にも代入文と代入式には違いがあります。詳しくはドキュメントを参照してください。

5章　関数

Pythonの関数はそれ自体もオブジェクトです。Pythonの関数は処理をブロックにまとめるだけではなく、関数を関数の引数として渡して使うこともできます。本章ではシンプルな関数の説明以外にも、いろいろな関数の使い方について説明します。

5-1　関数の定義

関数の定義は、def文で行います。

```
def 関数名(引数1, 引数2, 引数3, ...):
    ステートメント1
    ステートメント2
    ...
```

def文の最後はコロン「:」で終わり、次の行で一段階インデントして処理内容を記述します。定義した関数は、関数名に小カッコをつけて呼び出します。シンプルな関数の例を次に示します。

```
def simple_func(arg1, arg2):
    print("simple_func", arg1, arg2)


simple_func("引数1", "引数2")
```

何も処理をしない、空っぽの関数を書く場合には、処理内容のブロックにpassと記述します。

```
def spam():
    pass
```

内容が単純なステートメントだけなら、まとめてdef文の行に書いてしまうこともできます。

```
def spam(): return "ham"
```

文法的には可能ですがあまり好まれませんので、特別な事情がない限りは避けた方がよいでしょう。

5-2 引数の指定

関数を呼びだす際の引数の指定方法には、位置による指定と仮引数の名前を使ったキーワードによる指定があります。位置による指定はC言語などで一般的に使われる指定方法で、関数定義の仮引数定義順と呼び出し時の実引数順を対応させて値を割り当てる方法です。キーワードによる指定とは、「引数名＝値」の形式で、関数定義と呼び出し時の引数位置に関係なく指定する方式です。

```
def spam(arg1, arg2, arg3, arg4):
    pass

spam(1, 2, arg3=3, arg4=4)    # arg1, arg2は位置による指定、arg3, arg4は
                              # キーワードによる指定で引数を渡す
```

引数を1つずつ記述するのではなく、位置指定引数をシーケンスオブジェクト、キーワード引数を辞書オブジェクトにまとめて呼びだす方法もあります。この場合、位置指定引数のシーケンスは「*」、キーワード引数の辞書は「**」をつけて指定します。

```
def spam(arg1, arg2, arg3, arg4, arg5):
    pass

spam(1, 2, 3, arg4=4, arg5=5)

args = (2, 3)
kwargs = {'arg4': 4, 'arg5': 5}

spam(1, *args, **kwargs)        # spam(1, 2, 3, arg4=4, arg5=5) と同じ
```

Python 3.5以降は、「*」や「**」の使い方が少し自由になります。今までは、複数のシーケンス型オブジェクトや辞書型オブジェクトをそれぞれ展開して関数の引数に渡したい場合にはシーケンス型オブジェクトや辞書型オブジェクトをそれぞれ1つにマージしてから「*」や「**」を使って展開する必要がありました。Python 3.5以降は「*」や「**」を複数回使えるようになりましたので、複数のシーケンス型オブジェクトや辞書型オブジェクトを使えるようになりました。

1章
2章
3章
4章
5章
6章
7章
8章
9章
10章
11章
12章
13章
14章
15章
16章
17章
18章
19章
20章
21章

```
>>> def spam(arg1, arg2, arg3, arg4):
...     print(arg1, arg2, arg3, arg4)
...
>>> spam(*[1, 2], *[3, 4])
1 2 3 4
>>> spam(**{'arg1': 1, 'arg2': 2}, **{'arg3': 3, 'arg4': 4})
1 2 3 4
```

また、「*」や「**」は引数として使うときだけでなく展開したものをマージできるようになりました。

```
>>> [*[1, 2], 3, 4]
[1, 2, 3, 4]
>>> {**{'x': 1, 'y': 2}, 'z': 3}
{'x': 1, 'y': 2, 'z': 3}
```

5-2-1　位置引数の強制

Python 3.8以降は、位置指定引数をより厳密に位置指定に強制できるようになりました。「/」だけを指定するとそれより前の引数はキーワードでは渡せずに位置指定引数として渡さねばならないという指定になります。

「/」を指定するとキーワード引数としての呼び出しがエラーになります。

```
>>> def spam(arg1, /, arg2, arg3=None):
...     print(arg1, arg2, arg3)
...
>>> spam(arg2=2, arg1=1, arg3=3)
Traceback (most recent call last):
  File "<stdin>", line 1, in <module>
TypeError: spam() got some positional-only arguments passed as keyword arguments: 'arg1'==
```

つまり「/」を指定しなければ位置指定引数もキーワード引数として呼び出しが可能です。

```
>>> def spam(arg1, arg2, arg3=None):
...     print(arg1, arg2, arg3)
...
>>> spam(arg2=2, arg1=1, arg3=3)
1 2 3
```

実はPython 3.8になる前から標準関数などでは同様の仕組みになっているものがありました。Python 3.7でもhelp関数でpow関数のドキュメントを参照するとpowはpow(x, y, z=None, /)

という定義の関数であることがわかります。キーワード引数で呼び出してみると、キーワード引数は1つも受け取りません、というエラーが送出されます。

```
>>> pow(x=2, y=3, z=5)
Traceback (most recent call last):
  File "<stdin>", line 1, in <module>
TypeError: pow() takes no keyword arguments
```

Pythonの利用者も位置引数の強制を指定できるようになり、定義した関数などがどのように利用されるかについて強制ができるようになり、引数名の変更を容易にできます。

5-3 | デフォルト引数

関数定義のキーワード引数にデフォルト値を設定すると、その引数を省略可能にできます。

```
def 関数名(引数1, 省略可能引数2=デフォルト値, 省略可能引数3=デフォルト値):
    ステートメント
```

引数を省略した関数の呼び出しは次のように記述できます。

```
>>> def spam(arg1, arg2="arg2が省略されました"):
...     print(arg1, arg2)
...
>>> spam(1, 2)     # arg1, arg2 両方を指定
1 2
>>> spam(1)        # arg2 を省略
1 arg2が省略されました
```

デフォルト引数を使う場合、次のようなケースに注意してください。

```
>>> def append_number(items=[]):
...     items.append(1)
...     return items
...
>>> append_number()
[1]
>>> append_number()
[1, 1]
>>> append_number()
[1, 1, 1]
```

　関数append_numberを引数を省略して呼びだすと、呼びだすたびに戻り値のリストに要素が追加されています。

　itemsのデフォルト値のリストオブジェクトは、append_number()が呼び出されるたびに新しく作られるのではなく、関数の作成時に一度だけ作成して、その後このリストオブジェクトがずっと再利用されます。このため、デフォルト引数に変更を加えてしまうと、その後の関数の呼び出しでもその変更は取り消されずに、蓄積してしまいます。

　特に引数を省略したり渡したりと呼び出し方が複数あると想像しない動作をしてしまいます。

```
>>> append_number()
[1, 1, 1, 1]
>>> append_number(items=[2])
[2, 1]
>>> append_number()
[1, 1, 1, 1, 1]
>>> append_number(items=[2])
[2, 1]
>>> append_number()
[1, 1, 1, 1, 1, 1]
```

　このようなケースでは、直接デフォルト引数にリストオブジェクトを指定するのではなく、引数が省略されたときだけ新しいリストオブジェクトを作成するようにします。

```
>>> def append_number(items=None):
...     if items is None:  # itemsが省略された場合
...         items = []
...     items.append(1)
...     return items
...
>>> append_number()
[1]
>>> append_number()
[1]
>>> append_number()
[1]
```

5-4 可変長引数

引数の数を事前に決めずに、任意の数の引数を指定できる関数も定義できます。

```
def 関数名(引数1, 引数2, *引数シーケンス, **引数辞書):
    ステートメント
```

引数シーケンスには、呼びだすときに指定された引数のリストが渡され、引数辞書には、呼びだすときに「引数名=値」の形式で指定したキーワード引数の辞書が渡されます。

可変長引数の例を次に示します。

```
>>> def spam(arg1, *args, **kwargs):
...     print(arg1, args, kwargs)
...
>>> spam('arg1', 2, 3, arg4=4, arg5=5)
arg1 (2, 3) {'arg4': 4, 'arg5': 5}    # arg2, arg3は引数シーケンスに、
                                       # arg4, arg5は引数辞書に格納されている
```

Python 2.xは可変長引数の後には他の変数を指定することができませんが、Python 3.0以降はキーワード引数を指定できます。

```
def spam(*args, default_arg="省略時の値"):
    ...
```

このように指定しておけば、呼びだす側では、次のように可変長引数の後ろにキーワード引数を書けるようになります。

```
spam(1, 2, 3, 4, default_arg="値を指定")
```

5-4-1 キーワード引数の強制

「*」だけを記述すると、この後の引数はすべてdefaultarg="value"のようなキーワード形式で渡さなければならないという指定になります。

```
>>> def spam(arg1, *, keywordarg="default"):
...     print(arg1, keywordarg)
...
>>> spam(1)          # keywordarg を省略して呼び出し
1 default
>>> spam(1, 2)                              # 位置引数でkeywordargを指定するとエラー
Traceback (most recent call last):
  File "<stdin>", line 1, in <module>
TypeError: spam() takes 1 positional argument but 2 were given
>>> spam(1, keywordarg=2)                   # キーワード引数でkeywordargを指定
1 2
>>>
```

5-5 return文

関数の戻り値は、return文で指定します。

```
return 【戻り値】
```

return文を実行すると、関数を終了して呼び出し元に戻ります。

戻り値を省略した場合、Noneが戻り値となります。また、関数内でreturnが実行されない場合も、戻り値はNoneとなります。

5-6 global宣言

関数定義の内部で定義した変数をローカル変数、関数定義の外側で定義した変数をグローバル変数と言います。グローバル変数は、関数の中でもそのまま参照できます（**リスト5.1**）。

▎リスト5.1 global1.py

```
var1 = 'グローバル'       # グローバル変数

def spam():
    var2 = 'ローカル'      # ローカル変数
    return (var1, var2)
```

関数内でグローバル変数に値を代入してもグローバル変数は変更されず新しくローカル変数ができてしまいます。グローバル変数の値を変更するなら、global文を使って変数がグローバル変

数であると宣言してから、値を設定します。

```
global 変数名1, 変数名2, ...
```

関数内でグローバル変数の値を変更する例を**リスト5.2**に示します。

リスト5.2　global2.py

```
var1 = 'グローバル'        # グローバル変数

def spam():
    global var1            # var1をグローバル変数と宣言し、
                           # 値を変更できるようにする
    var1 = 'ローカルで変更'      # グローバル変数を更新
    var2 = 'ローカル'          # ローカル変数
    return (var1, var2)
```

5-7　nonlocal宣言

　関数内に別の関数を書くこともできます。関数内で定義した関数で外側の関数のローカル変数を参照できます。

　外側にあるローカル変数の参照例を**リスト5.3**に示します。

リスト5.3　nonlocal1.py

```
def outer():
    var1 = '外側の変数'

    def inner():
        var2 = '内側の変数'
        return (var1, var2)

    return inner()
```

　グローバル変数と同様に、内側の関数で外側にあるローカル変数の変更が必要な場合はnonlocal文を用います。nonlocal文で変数が外側の関数で定義されたローカル変数であると宣言してから、値を設定します。

```
nonlocal 変数名1, 変数名2, ...
```

外側にあるローカル変数の変更例を**リスト5.4**に示します。

リスト5.4　nonlocal2.py

```
def outer():
    var1 = '外側の変数'
    var2 = 'これも外側の変数'

    def inner():
        nonlocal var1          # var1を外側の関数の変数と宣言し、
                               # 値を変更できるようにする
        var1 = '内側で変更'      # outer()のvar1を更新
        var3 = '内側の変数'
        return (var1, var2, var3)

    return inner()
```

5-7-1　クロージャ

　nonlocalの例で示した**リスト5.4**のように、関数の内部で定義され、かつ外側の関数のローカル変数を参照している関数のことをクロージャと呼ぶことがあります。outer()は戻り値として inner()を返して処理を終了しますが、終了してしまったあとでも、クロージャである inner() は outer() のローカル変数である var1 や var2 を参照できることに注意してください。

5-8　ジェネレータ関数

　ジェネレータ関数はジェネレータオブジェクトを作成する関数です。ジェネレータオブジェクトはイテレータの一種です。ジェネレータ関数は yield 式を含み、ジェネレータオブジェクトの __next__() メソッドが呼び出されるたびに yield 式までが実行され、yield 式で指定された値を返します。

　たとえば、フィボナッチ数列を返すジェネレータ関数は、**リスト5.5**のようになります。

リスト5.5　genefib.py

```
def fib():
    a, b = 0, 1
    while True:
        yield a
        a, b = b, a + b
```

この関数を使って、フィボナッチ数列から最初の10要素を取得する処理は**リスト5.6**のようになります。

リスト5.6 genefib.py
```
items = []
for v in fib():
    items.append(v)
    if len(items) > 10:
        break
```

ジェネレータオブジェクトは、__next__()メソッド以外にも次のようなメソッドをサポートしています。

- send()メソッド
- throw()メソッド
- close()メソッド

5-8-1　send()メソッド

再開待ちのジェネレータに、値を送出します。send()メソッドで指定した値は、yield式の値となります。

```
>>> def gen(step):
...     val = 0
...     while True:
...         val = val + step
...         step = yield val    # send()メソッドで新しいstepを受け取る
...
>>> g = gen(3)     # stepの初期値は3
>>> g.__next__()
3
>>> g.send(10)     # stepを10に変更
13
>>> g.send(5)      # stepを5に変更
18
```

5-8-2 throw()メソッド

再開待ちのジェネレータに、例外を送出します。

```
>>> def gen():
...     for i in range(10):
...         yield i
...
>>> g = gen()
>>> for v in g:
...     print(v)
...     if v > 2:
...         g.throw(ValueError("Invalid value"))
...
0
1
2
3
Traceback (most recent call last):
  File "<stdin>", line 4, in <module>
  File "<stdin>", line 3, in gen
ValueError: Invalid value
```

5-8-3 close()メソッド

再開待ちのジェネレータに、GeneratorExit例外を送出して、ジェネレータを正常終了します。

```
>>> def gen():
...     for i in range(10):
...         yield i
...
>>> g = gen()
>>> for v in g:
...     print(v)
...     if v > 2:
...         g.close()
...
0
1
2
3
```

5-8-4　サブジェネレータ

ジェネレータが他のジェネレータを呼び出してその値を呼び出し元に返す場合、単純に値を返すだけなら次のようになります。

```
def generator():
    for value in sub_generator():
        yield value
```

しかし、このgenerator()を sub_generator()のラッパとして、呼び出し元から見ればsub_generator()を呼び出しているように見える実装が必要な場合には、かなり複雑な処理になります。呼び出し元からsend()やthrow()などのジェネレータメソッドを呼び出された時、その呼び出しがあったことをサブジェネレータに渡さなければならないためです。

こういったラッパが必要となるケースはかなり多く、Python 3.3から**yield from**という、専用の文法が用意されました。

```
def generator():
    yield from sub_generator()
```

yield fromは、指定されたサブジェネレータが終了するまで値を呼び出し元に渡しつづけ、この間、send()などジェネレータメソッドが呼び出された場合にはsub_generator()のジェネレータメソッドが呼び出されます。

また、yield fromで呼び出されたジェネレータは、return文で値を返すことができ、その値はyield from式の値となります。

```
>>> def sub_generator():
...     yield 1
...     yield 2
...     return "これは戻り値です"
...
>>> def generator():
...     ret = yield from sub_generator()
...     yield ret
...
```

yield fromではなく、通常のジェネレータとして呼び出された場合には、戻り値は単に無視されます。

```
>>> for value in generator():
...     print(value)
1
2
これは戻り値です
>>> for v in sub_generator():
...     print(v)
...
1
2
```

5-8-5　ジェネレータ内でのStopIteration例外

ジェネレータはfor文以外でもnext関数によって要素を1つずつ取りだすことができます。

また無限に値を返すジェネレータでなければ、最終的にnext関数を呼ぶとStopIetration例外が発生します。

return文をもつジェネレータの場合、return文に達した時点でStopIteration例外が発生しますが、このときreturn文で返却される値を保持してStopIteration例外が発生します。

```
>>> def sub_generator():
...     yield 1
...     yield 2
...     return "これは戻り値です"
...
>>> sg = sub_generator()
>>> next(sg)
1
>>> next(sg)
2
>>> next(sg)
Traceback (most recent call last):
  File "<stdin>", line 1, in <module>
StopIteration: これは戻り値です
```

ジェネレータの処理中に発生したStopIteration例外は、Exceptionに包みなおされてからジェネレータの利用側に届きます。

これはジェネレータ内のreturn文でStopIteration例外を発生させるため、区別がつかなくなるためです。

```
>>> def sub_generator():
...     yield 1
...     yield 2
...     raise StopIteration("これは戻り値になりません")
...
>>> sb = sub_generator()
>>> next(sb)
1
>>> next(sb)
2
>>> next(sb)
Traceback (most recent call last):
  File "<stdin>", line 4, in sub_generator
StopIteration: これは戻り値になりません

The above exception was the direct cause of the following exception:

Traceback (most recent call last):
  File "<stdin>", line 1, in <module>
RuntimeError: generator raised StopIteration
```

　上記のように明示的にStopIteration例外を発生させた場合はStopIteration例外の情報を持ったRuntimeErrorが発生することになります。

5-9 コルーチン

　ジェネレータは値を連続して生成することが本来の目的です。ジェネレータはyieldでいったん処理を中断し、のちほどnext関数やsendメソッドで処理を再開します。処理を中断している間に別の処理を実行できます。

　このように処理を明示的に中断し、再開できるタスクを利用して複数の処理を実行することを協調スレッドやコルーチンと呼びます。

　協調的でないスレッドとして、threadingのようなプリエンプティブなスレッドも用意されています。

5-9-1　ネイティブコルーチンとジェネレータベースのコルーチン

　async/await構文を使うとコルーチンをより利用しやすくなります。

　また、ジェネレータを利用したコルーチンを定義するためのcoroutineデコレータも用意されています。

　コルーチンを定義するにはasync defを利用します。

149

また、コルーチンの中では yield from の代わりに await 式を使います。

```python
async def sleeper(name, second, times):
    for i in range(times):
        print("sleeping", name, times)
        await asyncio.sleep(second)
        print("wake up", name, times)
```

このように定義したコルーチンをネイティブコルーチンと呼びます。

また、同様のコルーチンをジェネレータで定義する場合は、types.coroutine デコレータを使います。

```python
import types


@types.coroutine
def sleeper(name, second, times):
    for i in range(times):
        print("sleeping", name, times)
        yield from asyncio.sleep(second)
        print("wake up", name, times)
```

こちらをジェネレータベースのコルーチンと呼びます。

5-9-2　await 可能なオブジェクト

ジェネレータベースやネイティブ以外にも await 可能なコルーチンを定義できます。

イテレータを返す __await__ メソッドを実装したクラスのインスタンスも await 可能です。

また C 拡張で __await__ メソッドと同様に tp_as_async.am_await メソッドでイテレータを返すように実装したクラスも await 可能です。

次の 4 種類が await 可能なオブジェクトを作成できます。

- ジェネレータベースのコルーチン
- ネイティブコルーチン
- __await__ メソッドを実装したクラス
- tp_as_async.am_await メソッドを実装した C 拡張クラス

5-9-3　コルーチンを利用する

コルーチンはジェネレータと同様に、呼びだすだけでは実行されません。上記のsleeperを呼び出して返ってくるのはコルーチンとなります。このコルーチンを管理して実行させるイベントループが必要となります。

標準ライブラリのasyncioのイベントループを利用して上記のコルーチンを実行するには次のようになります。

```
import asyncio

loop = asyncio.get_event_loop()
loop.run_until_complete(sleeper("A", 10, 3))
```

asyncioモジュールのget_event_loop関数でイベントループを取得します。

このイベントループのrun_untile_completeメソッドは渡されたコルーチンの処理が完了するまでイベントを発生させます。

コルーチンを1つ実行するだけではawaitの意味がわからないでしょう。複数のコルーチンを利用するにはTaskを利用しますが、asyncio.gather関数を利用すると手軽にTaskを作成してコルーチンの完了を待つことができます。

```
async def main():
    await asyncio.gather(sleeper("A", 5, 3),
                         sleeper("B", 10, 2))

loop = asyncio.get_event_loop()
loop.run_until_complete(main())
```

sleepする時間が異なる2つのコルーチンを実行し、完了を待ちます。
実行すると、次のような表示を得られるでしょう。

```
sleep A 0
sleep B 0
wake up A 0
sleep A 1
wake up B 0
sleep B 1
wake up A 1
sleep A 2
wake up A 2
wake up B 1
```

awaitのタイミングで他のコルーチンに処理を引き渡しているのがわかります。

5-9-4　非同期ジェネレータ

async、awaitはジェネレータの中でも利用できます。ジェネレータの処理中にコルーチンを利用する場合は次のようになります。

```python
async def sleep_n(name, n, second):
    for i in range(n):
        print("sleeping {}".format(name))
        await asyncio.sleep(second)
        yield i
        print("wake up {}".format(name))
```

awaitはジェネレータベースのコルーチンの中では利用できません。非同期ジェネレータを作成する場合はネイティブコルーチンを利用しましょう。

非同期ジェネレータを利用するにはasync for文を使います。

```python
async for i in sleep_n("A", 10, 1):
    print(i)
```

async for文はネイティブコルーチンの中でしか利用できません。

5-9-5　非同期ジェネレータオブジェクト

非同期ジェネレータとして利用できるオブジェクトを作成するにはスペシャルメソッド__aiter__と__anext__を利用します。

async iterableなオブジェクトを定義するには__aiter__メソッドで非同期ジェネレータとなるオブジェクトを返します。

```python
class SleepN:
    def __init__(self, name, n):
        self.name = name
        self.n = n

    def __aiter__(self):
        return sleep_n(self.name, self.n, 1)
```

__aiter__メソッド自体はコルーチンではありません。

```
class SleepN:
    def __init__(self, name, n):
        self.name = name
        self.n = n

    def __aiter__(self):
        return self

    async def __anext__(self):
        for i in range(n):
            print("sleeping {}".format(name))
            await asyncio.sleep(second)
            yield i
            print("wake up {}".format(name))
```

__anext__メソッドはコルーチンとなり、実際にジェネレータとして値を生成する処理を実行します。

__anext__メソッドを実装したオブジェクトの場合は、__aiter__メソッドで自分自身を非同期ジェネレータとして返します。

5-9-6　内包表記による非同期ジェネレータ

ジェネレータ内包表記でも非同期ジェネレータを作成できます。非同期ジェネレータを利用したジェネレータ内包表記は新たな非同期ジェネレータを生成します。

```
async def f1():
    c = (i async for i in sleep_n("sleeper", 3, 1))
    print(c)
    async for i in c:
        print(i)

loop = asyncio.get_event_loop()
loop.run_until_complete(f1())
```

実行すると次のようになります。

```
<async_generator object f1.<locals>.<genexpr> at 0x7f152da6c048>
sleeping sleeper
0
wake up sleeper
sleeping sleeper
1
```

```
wake up sleeper
sleeping sleeper
2
wake up sleeper
```

また、評価部分で非同期呼び出しをした場合も非同期ジェネレータとなります。

```
async def w(i):
    print("wait {}seconds".format(i))
    await asyncio.sleep(i)
    return i

async def f2():
    c = (await w(i) for i in range(3))
    print(c)
    async for i in c:
        print(i)


loop = asyncio.get_event_loop()
loop.run_until_complete(f2())
```

実行してみましょう。

```
<async_generator object f2.<locals>.<genexpr> at 0x7f60bafc5f28>
wait 0seconds
None
wait 1seconds
None
wait 2seconds
None
```

内包表記による非同期ジェネレータはコルーチン外でも作成できます。これらの非同期ジェネレータはのちのち別のコルーチンに渡して利用できます。

```
c = (i async for i in sleep_n("sleeper", 3, 1))
async def f3(c):
    async for i in c:
        print(i)

asyncio.get_event_loop().run_until_complete(f3(c))
```

このように、コルーチン外で作成した非同期ジェネレータcをコルーチンf3に引数として渡す

ことで利用可能になります。

　内包表記による非同期ジェネレータは上記のように2通りあります。この2つは組み合わせることも可能です。

```
c = (await w(i) async for i in sleep_n("sleeper", 3, 1))
```

　この場合でも非同期ジェネレータとなり、上記2つの場合と同様に利用できます。

5-9-7　非同期ジェネレータを使うリスト内包表記

非同期ジェネレータを利用したリスト内包表記はコルーチンの中でしか利用できません。

```
async def f4():
    c = [i async for i in sleep_n("sleeper", 3, 1)]
    print(c)

asyncio.get_event_loop().run_until_complete(f4())
```

　実行すると次のような結果となります。

```
sleeping sleeper
wake up sleeper
sleeping sleeper
wake up sleeper
sleeping sleeper
wake up sleeper
[0, 1, 2]
```

　上記のように、リスト内包表記は内部で非同期ジェネレータを使った場合でも最終的な結果はリストとなります。

　また、非同期ジェネレータを利用せずに非同期な評価（await）を利用する場合もコルーチンの中でのみ有効な式となります。

```
async def w(i):
    print("wait {}seconds".format(i))
    await asyncio.sleep(i)
    return i

async def f5():
    c = [await w(i) for i in range(3)]
    print(c)

asyncio.get_event_loop().run_until_complete(f5())
```

コルーチンf5内のリスト内包表記は非同期ジェネレータを利用していません。しかしawaitを利用した非同期な評価を行っているため、この式はコルーチン内でのみ利用できます。

実行結果は次のようになります。

```
wait 0seconds
wait 1seconds
wait 2seconds
[0, 1, 2]
```

非同期ジェネレータによるリスト内表表記と同じくこちらも評価結果はリストとなります。

5-9-8　非同期コンテキストマネージャー

async、awaitはコンテキストマネージャーでも利用できます。コンテキストマネージャーで非同期な処理を行う場合は、__aenter__、__aexit__メソッドを利用します。

```
class AsyncContextManager:
    async def __aenter__(self):
        await log('entering context')

    async def __aexit__(self, exc_type, exc, tb):
        await log('exiting context')
```

__aenter__、__aexit__メソッドは必ずペアで定義しましょう。
後処理で非同期処理を行わない場合でも__exit__ではなく__aexit__メソッドの定義が必要です。

非同期コンテキストを利用する場合はasync with文を使います。

```
async def f():
    async with AsynContextManager():
        do_stuff()
```

async with文もネイティブコルーチンのみで利用可能です。

5-10 | 高階関数とlambda式

関数は数値や文字列と同様なオブジェクトの一種にすぎません。数値や文字列と同様に変数に格納したり、リストに格納したりできます。

```
def spam():
    pass

my_spam = spam    # my_spamという名前でもspamを参照できる
my_spam()

funcs = [spam]    # リストに関数オブジェクト格納
funcs[0]()        # リスト内の関数を呼びだす
```

関数は、他の関数に引数として渡したり、関数の戻り値としても使えます。

```
def spam():
    pass

def ham(arg):
    pass

def egg():
    ham(spam)
    return spam
```

このように、関数を引数として受け取ったり、戻り値として返す関数を高階関数と呼びます。高階関数はPythonのコーディングテクニックとして広く使われています。たとえば、シーケンスの全要素から、奇数の要素のみを抽出する処理を考えてみましょう。高階関数を使わずに記述する場合にはシーケンスの全要素にアクセスして奇数の要素のみを抽出する関数を定義することになるでしょう。

```
def pick_odd(seq):
    ret = []
    for item in seq:
        if item % 2 == 1:
            ret.append(item)
    return ret
```

高階関数を使う方法の場合には次のようにシーケンスの全要素にアクセスする関数と、値が奇数であるかを判定する関数の2つに分けて定義できます。

```
def is_odd(item):
    return item % 2 == 1

def filter(pred, seq):
    ret = []
```

```
        for item in seq:
            if pred(item):
                ret.append(item)
        return ret

def pick_odd(seq):
    return filter(is_odd, seq)
```

　このように関数を細分化すると、条件を評価するロジックとシーケンスを処理するロジックに分離できます。偶数値のみを抽出する必要が生じた場合に、新しく is_even( ) 関数を用意すれば対応できるようになります。

　また、is_odd( ) のような評価関数は lambda 式という無名関数を利用することもあります。lambda 式は引数と式をコロンで区切って記述します。たとえば、pick_odd( ) 関数は次のように書き換えられます。

```
def pick_odd(seq):
    return filter(lambda item: item % 2 == 1, seq)
```

5-11 | 関数デコレータ

　関数デコレータは、関数の情報をわかりやすく明示し、機能を追加・変更するための便利な機能です。たとえばいくつかの関数に呼び出された時にログメッセージを出力する必要があるとします。簡単な方法は、事前に用意したメッセージ出力関数をそれぞれの関数内部で呼びだす方法でしょう。

```
def show_message():
    print("function called")

def func1():
    show_message()
    ...
    do_func1()

def func2():
    show_message()
    ...
    do_func2()
```

　このコードは、デコレータを使うと次のように書けます。

```
def show_message(f):
    """関数fを受け取り、ログを出力してから関数fを呼びだす関数wrapperを返す"""
    def wrapper():
        print("function called")
        return f()

    return wrapper

@show_message
def spam1():
    do_spam1

@show_message
def spam2():
    do_spam2
```

　この書き方では、関数spam1が定義されると、その関数オブジェクトを引数としてshow_messageが呼び出され、その戻り値がspam1という名前の関数として登録されます。この流れを擬似的に書くと、次のようになります。

```
def spam1():
    do_spam1

spam1 = show_message(spam1)      # spam1 には、show_message()の内部関数
                                 # wrapperが設定される
```

　このように、関数の内部には手を入れずに、関数定義で宣言的に機能を指定する場合には関数デコレータを使用します。
　また、機能の追加だけでなく、関数の宣言としてデコレータを使う場合もあります。たとえばatexitモジュールのregister()をデコレータとして使用すると、その関数はプロセス終了時に呼び出される関数として登録されます。

```
import atexit

@atexit.register
def spam():
    # プロセス終了時に呼び出される
    do_something_to_do_at_exit()
```

　関数デコレータは、複数個指定することができます。

```
@show_message
@print_result
def spam():
    do_spam()
```

複数個指定した場合、一番下のデコレータが最初に適用されます。この例では、spam = show_message(print_result(spam))と書いた場合と同等になります。

また、デコレータは引数をつけた呼び出しも可能です。

```python
def show_message(text):
    def deco(f):
        """関数 f を受け取り、ログを出力してから関数 f を呼びだす関数wrapper を返す"""
        def wrapper():
            print(text)
            return f()
        return wrapper

    return deco

@show_message("spam() called!")
def spam():
    do_spam()
```

5-12 | ドキュメンテーション文字列

関数定義の先頭には、関数を説明するドキュメンテーション文字列を書くことができます。

```python
def add(left, right):
    """2つの引数の和を返します。

    キーワード引数:
    left -- 加算の左項
    right -- 加算の右項
    """

    return left + right
```

ドキュメンテーション文字列は文字列リテラルを用い、Pythonのヘルプ機能で参照できます。

```
>>> help(add)
Help on function add in module __main__:

add(left, right)
    2つの引数の和を返します。

    キーワード引数:
    left -- 加算の左項
    right -- 加算の右項
```

ドキュメンテーション文字列の詳しくは「**2-4 ドキュメンテーション文字列とオンラインヘルプ**」を参照してください。

5-13 関数アノテーション

Python 3では、ドキュメンテーション文字列以外でも、関数の定義部分に引数の説明や戻り値を注釈として記述することもできるようになりました。注釈は単なる式で、"これは注釈です"のような文字列や、100、100+200のような数値、intのような型名など、通常のPython式を記述します。

```
def add(left: '左項', right: '右項') -> '和':
    return left + right
```

戻り値の注釈は、関数ヘッダー行の「:」の前に以下の形式で指定します。

```
->注釈式
```

引数の注釈は、

```
引数名:注釈式[ = デフォルト値]
```

で指定します。可変長引数に注釈を指定する場合も、通常の引数と同様に、

```
:注釈式
```

の形式で指定します。

```
def add(*args: '引数', **kwargs: 'キーワード引数') -> '和':
    return sum(args)+sum(kwargs.values())
```

161

6章　クラス

Pythonはオブジェクト指向プログラミングをサポートするマルチパラダイム言語で、クラスによる継承や多態性などを使ったプログラミング機能を提供しています。

6-1　クラスの定義

クラスの定義はclass文で行います。

```
class クラス名:
    """ドキュメンテーション文字列。 """

    def メソッド名(self, ...):
        ...
        ...

    def メソッド名(self, ...):
        ...
        ...
```

　class文でクラス名を指定し、「:」の後に一段階インデントしてクラスの定義を続けます。関数定義と同様に、クラス定義の先頭にもドキュメンテーション文字列を記述できます。

　空のクラスは、クラス定義にpassだけを指定します。クラスは呼び出し可能なオブジェクトで、呼びだすとそのクラスのインスタンスを返します。

```
>>> class Spam:
...     pass
...
>>> spam = Spam()
>>> print(spam)
<__main__.Spam object at 0x0293E5E8>
```

インスタンスには、次の形式で自由に属性を設定できます。

```
インスタンス.属性名 = 値
```

属性が不要となった場合は、

```
del インスタンス.属性名
```

で削除します。

```
>>> spam = Spam()
>>> spam.ham = 100
>>> print(spam.ham)
100
>>> del spam.ham
>>> print(spam.ham)
Traceback (most recent call last):
File "<stdin>", line 1, in <module>
AttributeError: 'Spam' object has no attribute 'ham'
```

6-2　クラスオブジェクト

Pythonでは、関数は数値や文字列と同様な普通のオブジェクトですが、クラスも同様に何も特別なことのない、単なるオブジェクトの一種にすぎません。

```
class Spam:
    pass

Ham = Spam          # SpamオブジェクトをHamに代入
spam = Ham()        # Spamクラスのインスタンスが生成される
```

このように、Spamというオブジェクトを別の名前に代入してから呼び出してもインスタンスを生成できますし、

```
classes = [Spam]    # Spamオブジェクトをリストに格納
spam = classes[0]() # Spamを呼び出し
```

163

のように、クラスをリストに格納して直接インスタンスを生成しても構いません。どのような書き方であれ、クラスオブジェクトに()演算子を適用して呼び出せば、値として新しいインスタンスが返ってきます。

また、クラスには、インスタンスと同様に属性を設定できます。

```
class Spam:
    ham = 100
```

上記のように定義すれば、hamはSpamクラスの属性値となり、print(Spam.ham)のように参照できます。クラス属性は、インスタンスからもselfを通じて参照できます。

```
class Spam:
    ham = 200
    def print(self):
        print(self.ham)          # クラス属性hamが出力される
```

6-3 | メソッド

クラスのメンバーとして定義された関数をメソッドといい、関数と同じようにdef文で定義します。メソッドは最低でも1つの引数を持ち、この最初の引数は必ずselfという名前にするという慣例になっていて、メソッドを呼び出したときクラスのインスタンスが渡されます。

メソッドから自分自身の属性を参照したり、他のメソッドを呼び出したりする場合は、self.attrのように、selfを使って参照します。

```
class Spam:
    def ham(self):                   # selfはSpamクラスのインスタンス
        self.egg("メソッド呼び出し")  # Spam.egg()メソッドの呼び出し

    def egg(self, msg):
        print(msg)
```

メソッドは、次の形式で呼び出します。

インスタンス.メソッド名()

```
>>> spam = Spam()
>>> spam.egg("メソッド呼び出し")
メソッド呼び出し
```

6-4 イニシャライザ（コンストラクタ）

インスタンスの作成時、クラスに__init__という名前のメソッドがあれば、自動的に呼び出されます。通常、__init__メソッドには、インスタンスの初期化処理を記述します。__init__の引数には、インスタンス生成でクラスを呼び出したときの引数が渡されます。__init__はコンストラクタと呼ばれることも多いのですが、「6-6　インスタンスアロケーター」と役割の違いが分かりやすいようにここではイニシャライザとしています。

```
>>> class Spam:
...     def __init__(self, ham, egg):
...         self.ham = ham
...         self.egg = egg
...
>>> spam = Spam(5, 10)    # Spam.__init__(5, 10) が呼び出される
```

6-5 ファイナライザ（デストラクタ）

インスタンスが不要となり、Pythonがそのインスタンスを削除するとき、クラスに__del__という名前のメソッドがあれは自動的に呼び出されます。

```
>>> class Spam:
...     def __del__(self):
...         print("Spamが削除されました。")
...
>>> spam = Spam()
>>> del spam
"Spamが削除されました。"
```

ファイナライザ（デストラクタと呼ばれることもあります）でインスタンスが保有するファイルのクローズなどのリソース解放などを行うこともできますが、ほとんどの場合ファイナライザは定義しません。

なぜなら、仕様上、プロセス終了までにファイナライザの呼び出しが必ず行われるとは規定されていないので、確実なリソース解放処理は期待できません。以前はファイナライザをもつインスタンスの循環参照を解放できないという問題もあったため、ファイナライザはではなくwithを使ったリソース管理が勧められています。

6-6 インスタンスアロケータ

インスタンス生成時、クラスに__new__という名前のメソッドがあれば、インスタンスを生成するために呼び出されます。__new__メソッドの第一引数は、インスタンスではなくクラスオブジェクトで、戻り値がクラスのインスタンスならそのインスタンスの__init__メソッドが呼び出されます。

通常のクラスであれば__new__を実装する必要はありませんが、int型のような更新不能な型から継承したクラスを定義した場合、次のようには書けません。

```
class MyInt(int):
    def __init__(self, n):
        self.value = n  # ??????????????
```

__init__はインスタンスを生成したあと、値を初期化するために呼び出されるメソッドですが、int型オブジェクトは更新不能なオブジェクトですので、いったん生成されたint型オブジェクトの値を__init__()で変更することはできないためです。

したがって、int型の派生クラスを作るには、一旦作ったint型オブジェクトの値を変更するのではなく、__new__メソッドをオーバーライドして次のようにすることで、オブジェクトを生成する際の初期値として値を指定する必要があります。

```
>>> class MyInt(int):
...     def __new__(cls, n):
...             return super().__new__(cls, n)
...
```

6-7 継承

クラスを、既存の型の派生型として定義する場合は、class文に継承元になるクラス（基底クラス）を指定します。基底クラスを指定しない場合、クラスはobject型を継承したクラスとなります。

```
# 基底クラス
class Base:
    def spam(self):
        print("Base.spam()")

    def ham(self):
        print("ham")
```

```
# 派生クラス
class Derived(Base):
    def spam(self):          # Base.spam()をオーバーライド
        print("Derived.spam()")
        self.ham()           # Base.ham()を呼び出し
```

メソッドから基底クラスのメソッドを呼びだすときは、super()を使用します。

```
class Base:
    def __init__(self, arg1):
        self.arg1 = arg1

class Derived(Base):
    def __init__(self, arg1, arg2):
        super().__init__(arg1)    # Base.__init__() を呼び出し
        self.arg2 = arg2
```

super()は基底クラスのメソッドを呼びだすためのプロクシーオブジェクトを返す関数です。たとえば、メソッドの内部で、

```
super().__init__(arg1)
```

とすれば、基底クラスの__init__()が呼び出されます。

継承関係に関係なく、特定のクラスのメソッドを呼びだす場合は、super()は使わずに`Base.spam(self)`のように、そのクラスを明示的に指定してメソッドを呼び出します。

6-8　多重継承

複数の基底クラスから継承する多重継承の場合、class文で基底クラスをカンマで区切って指定します。

```
class クラス名(基底クラス [, 基底クラス, ...]):
    ...
    ...
```

複雑な多重継承では、インスタンスのメソッドを呼びだすとき、どのクラスのメソッドが実行されるのかが自明ではない場合があります。

単純なケースでは、D().methodを参照したとき、メソッドを探す順番はクラス定義で基底ク

ラスとして指定された順番にしたがって、D→B→C→Aとなります(**図6.1**)。

```
class A:
    def method(self):
        pass

class B(A):
    def method(self):
        pass

class C(A):
    def method(self):
        pass

class D(B, C):
    def method(self):
        pass
```

図6.1　単純なケース

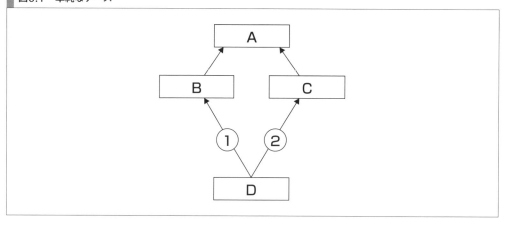

　しかし、次に示すもう少し複雑なケースでは、クラスDとEはそれぞれクラスBとCを基底クラスとしていますが、基底クラスとして指定される順番が逆(B→CとC→B)になっています(図6.2)。この場合、メソッドの検索順序を決定できないため、クラスFの定義はエラーとなってしまいます。

```
class A:
    def method(self):
        pass
```

```
class B(A):
    def method(self):
        pass

class C(A):
    def method(self):
        pass

class D(B, C):
    def method(self):
        pass

class E(C, B):
    def method(self):
        pass

class F(D, E):
    def method(self):
        pass
```

図6.2　もう少し複雑なケース

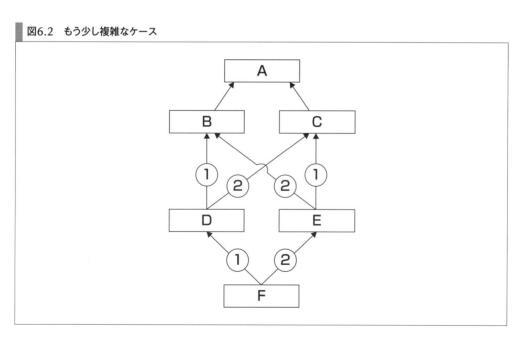

　メソッドの検索順序をmro（Method resolution order）と呼び、それぞれのクラスのmroはクラスのmro()メソッドで取得できます。

```
>>> D.mro()
[<class '__main__.D'>, <class '__main__.B'>, <class '__main__.C'>, <class '__main__.A
'>, <class 'object'>]
```

super()はこのmroに沿って、その直前のクラスのメソッドを実行する仕組みになっています。次のようにすれば、継承ツリーにあるすべてのmethod()が、それぞれ一度だけ実行されます。

```
class A:
    def method(self):
        print("A.method")

class B(A):
    def method(self):
        print("B.method")
        super().method()

class C(A):
    def method(self):
        print("C.method")
        super().method()

class D(B, C):
    def method(self):
        print("D.method")
        super().method()

D().method()
```

6-9   特殊メソッド

Pythonインタプリターやライブラリ関数がインスタンスにアクセスするとき、特定の名前のメソッドを呼びだす場合があります。

たとえばa + bという足し算を行う場合、a.__add__(b)というメソッド呼び出しが行われます。こういったメソッドをPythonでは特殊メソッドと呼びます。余談ですが、「__」は読みにくいのでダブルアンダースコアを略してダンダーと読みます。「__init__」は「ダンダーイニット」でしょうか。

特殊メソッドには次のような種類があります。

6-9-1 すべてのオブジェクトで有効なメソッド

● **object.__repr__(self)**

repr(object)などで呼び出され、デバッグなどで使用する、オブジェクトの情報を表す文字列を返します。

● **object.__str__(self)**

str(object)やprint(object)などで呼び出され、オブジェクトを文字列に変換して返します。__str__()が定義されていない場合、代わりに__repr__()が呼び出されます。

● **object.__bytes__(self)**

bytes(object)などで呼び出され、オブジェクトをbytes型に変換して返します。

● **object.__format__(self, format_spec)**

format(object, format_spec)などで呼び出され、オブジェクトをformat_specにしたがって文字列に変換して返します。

● **object.__hash__(self)**

オブジェクトのハッシュ値を整数値で返します。ハッシュ値は、オブジェクトを辞書のキーやset型の要素として登録する場合などに必要となります。

● **object.__bool__(self)**

obj1 or obj2のようなブール演算を行うとき呼び出され、TrueかFalseを返します。

■ 比較演算子に対応するメソッド

比較演算子に対応して呼び出され、TrueかFalseを返します。引数otherには、演算子の右側の値が渡されます。一覧を**表6.1**に示します。

表6.1 比較演算子に対応するメソッド

比較演算子	対応するメソッド
<	object.__lt__(self, other)
<=	object.__le__(self, other)
==	object.__eq__(self, other)
!=	object.__ne__(self, other)
>	object.__gt__(self, other)
<=	object.__ge__(self, other)

6-9-2　属性アクセス

- **object.__getattr__(self, name)**

object.nameのような式で、オブジェクトに設定されていない属性値を読みだすときに呼び出されます。objectに属性nameが登録されているときは、呼び出されません。nameが有効な属性なら値を返し、無効ならAttributeError例外を送出します。

- **object.__getattribute__(self, name)**

object.nameのような式で、オブジェクトの属性値を読みだすときに呼び出されます。__getattr__はオブジェクトに属性が設定されていないときのみ呼び出されますが、__getattribute__は常に呼び出されます。

nameが有効な属性なら値を返し、無効ならAttributeError例外を送出します。__getattribute__の処理中に属性を参照すると、再び__getattr__が呼び出され、無限ループとなってしまうため注意が必要です。属性を参照するときには、super().__getattribute__('属性名')のように、基底クラスの__getattribute__を使用します。

- **object.__setattr__(self, name, value)**

object.name = valueなどで、オブジェクトの属性値を設定するときに呼び出されます。

- **object.__delattr__(self, name)**

del object.nameなどで、オブジェクトの属性値を削除するときに呼び出されます。

- **object.__dir__(self, name)**

dir(object)などで呼び出され、メンバーの一覧のシーケンスを返します。dir()は、このシーケンスをソートし、リストに変換します。

6-9-3　数値演算

- **object.__index__(self)**

seq[object]やhex(object)など、整数値が必要な場合に呼び出され、整数の値を返します。__int__()のように整数に丸めたりするのではなく、整数としての値をもつクラスでのみ、このメソッドを実装します。

■ 演算子の左項に対応するメソッド

オブジェクトが、演算子の左の項の場合に呼び出され、演算の結果を返します。引数otherには、演算子の右側の項が渡されます。演算をサポートしていない場合はNotImplementedエラーを送

出します。`__pow__(self, other[, modulo])`は組み込み関数pow()からも呼び出され、modulo
が指定された場合はその剰余を返します。一覧を**表6.2**に示します。

表6.2　演算子の左項に対応するメソッド

演算子	対応するメソッド
+	`object.__add__(self, other)`
-	`object.__sub__(self, other)`
*	`object.__mul__(self, other)`
@	`object.__matmul__(self, other)`
/	`object.__truediv__(self, other)`
//	`object.__floordiv__(self, other)`
%	`object.__mod__(self, other)`
divmod()	`object.__divmod__(self, other)`
**	`object.__pow__(self, other[, modulo])`
<<	`object.__lshift__(self, other)`
>>	`object.__rshift__(self, other)`
&	`object.__and__(self, other)`
^	`object.__xor__(self, other)`
|	`object.__or__(self, other)`

■ 演算子の右項に対応するメソッド

オブジェクトが、演算子の右の項の場合に呼び出され、演算の結果を返します。左側の項が演
算子をサポートしている場合、呼び出されません。引数otherには、演算子の左側の項が渡され
ます。一覧を**表6.3**に示します。

表6.3　演算子の右項に対応するメソッド

演算子	対応するメソッド
+	`object.__radd__(self, other)`
-	`object.__rsub__(self, other)`
*	`object.__rmul__(self, other)`
@	`object.__rmatmul__(self, other)`
/	`object.__rtruediv__(self, other)`
//	`object.__rfloordiv__(self, other)`
%	`object.__rmod__(self, other)`
divmod()	`object.__rdivmod__(self, other)`
**	`object.__rpow__(self, other)`
<<	`object.__rlshift__(self, other)`
>>	`object.__rrshift__(self, other)`
&	`object.__rand__(self, other)`
^	`object.__rxor__(self, other)`
|	`object.__ror__(self, other)`

■ 累積代入文に対応するメソッド

累積代入文に対応して呼び出され、結果を返します。一覧を**表6.4**に示します。

表6.4 累積代入文に対応するメソッド

累積代入文	対応するメソッド
+=	object.__iadd__(self, other)
-=	object.__isub__(self, other)
*=	object.__imul__(self, other)
@=	object.__imatmul__(self, other)
/=	object.__itruediv__(self, other)
//=	object.__ifloordiv__(self, other)
%=	object.__imod__(self, other)
**=	object.__ipow__(self, other[, modulo])
<<=	object.__ilshift__(self, other)
>>=	object.__irshift__(self, other)
&=	object.__iand__(self, other)
^=	object.__ixor__(self, other)
|=	object.__ior__(self, other)

■ 単項演算子に対応するメソッド

単項演算子に対応して呼び出され、結果を返します。一覧を**表6.5**に示します。

表6.5 単項演算子に対応するメソッド

単項演算子	対応するメソッド
-	object.__neg__(self),
+	object.__pos__(self),
abs()	object.__abs__(self),
^	object.__invert__(self)

■ 組み込み関数に対応するメソッド

組み込み関数で呼び出され、それぞれの型で値を返します。roundはint型で返します。一覧を**表6.6**に示します。

表6.6 組み込み関数に対応するメソッド

組み込み関数	対応するメソッド
complex()	object.__complex__(self)
int()	object.__int__(self)
float()	object.__float__(self)
round()	object.__round__(self[, n])

6-9-4　型チェック

● **class.__instancecheck__(self, instance)**

組み込み関数isinstance( )で呼び出され、instanceがクラスかサブクラスのインスタンスであるか、または仮想サブクラスのインスタンスならTrueを返します。

● **class.__subclasscheck__(self, subclass)**

組み込み関数issubclass( )呼び出され、subclassがクラスかサブクラスであるか、または仮想サブクラスならTrueを返します。

6-9-5　呼び出しメソッド

● **object.__call__(self[, args...])**

関数呼び出し演算子( )で呼び出され、args以下には、( )式で指定された引数が渡されます。

6-9-6　シーケンス型のメソッド

● **object.__len__(self)**

組み込み関数len( )で呼び出され、要素の数を0以上の整数で返します。

● **object.__getitem__(self, key)**

object[key]という式で呼び出され、keyには[]に指定された値が渡されます。シーケンス型では、keyはスライスオブジェクトが渡される場合があります。たとえば、obj[:5]という式ではkeyはslice(0, 5, None)というオブジェクトになり、object[1:10:2]という式では、keyはslice(1, 10, 2)となります。

スライスオブジェクトはsequence[start:stop:step]という形式でシーケンスを参照するときに作られるオブジェクトで、指定した値はslice.start, slice.stop, slice.stepという属性に保存されます。スライスの増分値が省略された場合、slice.stepはNoneとなります。

インデックスの値がシーケンスの最後の値を超えるような場合、IndexError例外を送出します。for文などのループは、IndexError例外で要素の終わりを検出し、ループを終了します。

● **object.__setitem__(self, key, value)**

object[key] = valueという文で呼び出され、オブジェクトに要素を設定します。__getitem__( )と同じく、keyはスライスオブジェクトとなる場合があります。

- **object.__delitem__(self, key)**

  del object[key]という文で呼び出され、オブジェクトから要素を削除します。__getitem__()と同じく、keyはスライスオブジェクトとなる場合があります。

- **object.__iter__(self)**

  for文などで、コンテナからイテレータを取得するときに呼び出され、新しいイテレータオブジェクトを返します。objectがシーケンス型ならすべての要素を返すイテレータを、辞書型ならすべてのキーを列挙するイテレータを返します。

- **object.__reversed__(self)**

  組み込み関数reversed()で呼び出され、全要素を末尾から列挙するイテレータを返します。

- **object.__contains__(self, item)**

  item in objectなどの式で呼び出されます。objectがシーケンス型の場合、itemが要素に含まれるならTrueを、含まれなければFalseを返します。objectが辞書型の場合、itemが辞書のキーに含まれるならTrueを、含まれなければFalseを返します。

6-10 プライベートメンバー

PythonにはJavaやC++のprivateやpublicなどのアクセス修飾子のような機能はありません。しかし、インスタンスのメソッド以外から参照する必要のない属性やメソッドは、アンダースコア2つ「__」で始まり、末尾がアンダースコアなしまたはアンダースコア1つだけの名前をつけると、外部からはその名前では参照できなくなります。

```
>>> class Spam:
...     def __init__(self):
...         self.__attr = 999    # "__" で始まる属性名
...     def method(self):
...         self.__method()
...     def __method(self):      # "__" で始まるメソッド名
...         print(self.__attr)
...
>>> spam = Spam()
>>> spam.method()                # メソッド内では、__method()を呼び出せる
999
>>> spam.__method()              # 外部からは__method()を呼び出せない
Traceback (most recent call last):
File "<stdin>", line 1, in <module>
```

```
AttributeError: 'Spam' object has no attribute '__method'
>>> spam.__attr                 # 外部からは__attrを参照できない
Traceback (most recent call last):
File "<stdin>", line 1, in <module>
AttributeError: 'Spam' object has no attribute '__attr'
```

　2つ以上の「_」で終わるメンバー名は、プライベートメンバーとはなりません。イニシャライザ__init__などは、__で始まりますが、終わりも__ですので、プライベートメンバーとはなりません。

　プライベートメンバーは、外部から参照できなくなっているわけではなく、自動的に名前を変更して、一見そのメソッドがなくなったように見せかけているだけです。先ほどの例では、プライベートメソッド__method()は_Spam__method()という名前で登録されており、spam._Spam__method()と記述すれば正常に__method()を呼び出せます。

6-11　ディスクリプタ

　クラスの定義で、ディスクリプタという特別な種類のオブジェクトをクラスのメンバーとして登録すると、このメンバーがアクセスされた時の処理をカスタマイズすることができます。

　ディスクリプタは特殊メソッド__get__()、__set__()、__delete__()などをもつオブジェクトで、obj.attrのようにインスタンスの属性を参照するとき、Pythonは属性attrがクラスに登録されたディスクリプタかどうかをチェックし、ディスクリプタでなければ属性attrをそのまま返しますが、ディスクリプタならattr.__get__()の結果を返します。

　同様に、obj.attr = 100で属性に値を設定するときにはattr.__set__()を呼び出し、del obj.attrで属性を削除するときにはattr.__delete__を呼び出します。

```python
class MyDescriptor:
    """サンプル ディスクリプタ"""
    def __init__(self, value):
        self.value = value

    def __get__(self, instance, owner):
        return self.value

    def __set__(self, instance, value):
        self.value = value

    def __delete__(self, instance):
        del self.value
```

```
class MyClass:
    descr = MyDescriptor(9999)  # クラス属性 descr を定義

obj = MyClass()
print(obj.descr)    # 9999 が出力される
```

ディスクリプタは、次の特殊メソッドを実装します。

● **object.__get__(self, instance, owner)**
属性値を返します。ownerの値は常にクラスが指定され、instanceはインスタンス属性を参照する場合にはインスタンスオブジェクト、ownerの属性を参照する場合にはNoneとなります。

● **object.__set__(self, instance, value)**
インスタンスに属性値valueを設定するときに呼び出されます。

● **object.__delete__(self, instance)**
インスタンスから属性を削除するときに呼び出されます。

6-12 コンテキストマネージャー

with文で実行コンテキストを提供するオブジェクトを、コンテキストマネージャーと呼びます。コンテキストマネージャーはwith文の開始時にブロックの実行に必要なコンテキストを用意し、ブロック終了時にコンテキストを解放します。

```
import io


class SpamContext:
    def __enter__(self):
        self.save = __builtins__.open
        __builtins__.open = lambda *args:io.StringIO("spam")

    def __exit__(self, exc_type, exc_value, traceback):
        __builtins__.open = self.save


with SpamContext():
    print(open("./test.txt").read())
    print(open("./test2.txt").read())
```

コンテキストマネージャーは、次の特殊メソッドを実装します。

■ object.__enter__(self)

with文で呼び出され、実行コンテキストを開始します。このメソッドの戻り値はwith文のas節に指定された変数に代入されます。

■ object.__exit__(self, exc_type, exc_value, traceback)

実行コンテキストが終了するときに呼び出されます。コンテキストが例外で中断された場合、exc_type、exc_value、tracebackにはそれぞれ発生した例外の型、値、トレースバック情報が渡されます。例外が発生していない場合はNoneとなります。__exit__()の戻り値がTrueの場合、例外は無視され、そのまま処理を続行します。戻り値がFalseの場合、例外は呼び出し元に通知されます。

6-13 | プロパティ

Pythonでは、インスタンス属性の作成や参照はとても手軽に行える上、スクリプト言語という性格もあって、JavaやC++のようなプログラミング言語で開発する場合に比べて、気軽に属性を外部に公開するようなインターフェースを構築する場合が目立つようです。属性はすべて隠蔽しておいてすべてアクセス専用メソッド経由で行う、という設計は必ずしも必須とは考えられていません。いちいちメソッドを呼びだすより、属性を参照したほうがシンプルという感覚も大きいようです。

しかし、属性値の更新はメソッドで行えば値の整合性チェックなどを行えますし、参照もメソッドで行うようにすれば、他の属性からの計算値を返すような使いやすいインターフェースを提供できます。

```python
# 属性を直接参照
spam = Spam()
spam.ham = "value"
print(spam.ham, spam.egg)

# アクセス専用メソッドを用意
spam = Spam()
spam.set_ham("value")
print(spam.get_ham(), spam.get_egg()))
```

Pythonでは、専用メソッド呼び出しを経由しつつ、上の例のように属性としてシンプルにインスタンスに隠蔽されたデータにアクセスする方法が用意しています。組み込みのデコレータ

property( )を使うと、簡単にメソッドを属性アクセス用のgetter、setter、deleterを設定してプ
ロパティを登録できます。

```
class Spam:
    def __init__(self):
        self.__ham = 0

    @property          # hamプロパティのgetter定義
    def ham(self):
        return self.__ham

    @ham.setter        # hamプロパティのsetter定義
    def ham(self, value):
        self.__ham = value

    @ham.deleter       # ham プロパティのdeleter定義
    def ham(self):
        del self.__ham
```

プロパティは普通のインスタンス属性と同じように参照できます。

```
spam = Spam()
print(spam.ham)       # getter呼び出し
spam.ham = 100        # setter呼び出し
del spam.ham          # deleter呼び出し
```

6-14 クラスメソッド

通常のメソッドはインスタンスの操作をするためのメソッドで、メソッドを呼びだすと、その
第一引数は常にメソッドが属するインスタンスが渡されます。同じように、クラスに属し、メソッ
ドを呼びだすと第一引数がクラスオブジェクトとなるクラスメソッドも定義できます。

クラスメソッドは、デコレータclassmethodを使って定義します。

```
class Spam:
    def method(self):
        """通常のインスタンスメソッド"""
        print(self)

    @classmethod
    def clsmethod(cls):
        """クラスメソッド"""
        print(cls)
```

クラスメソッドは通常のメソッドと同様に、

```
インスタンス.メソッド名()
```

で呼び出せますが、インスタンスがなくとも次の形式でも呼び出せます。

```
クラスオブジェクト.メソッド名()
```

```
>>> spam = Spam()
>>> spam.method()        # メソッドの呼び出し
<__main__.Spam object at 0x029048C0>
>>> spam.clsmethod()     # クラスメソッドの呼び出し
<class '__main__.Spam'>
>>> Spam.clsmethod()     # クラスオブジェクトからクラスメソッドの呼び出し
<class '__main__.Spam'>
```

6-14-1 スタティックメソッド

クラスメソッドとよく似たメソッドに、スタティックメソッドがあります。スタティックメソッドはデコレータstaticmethodで定義し、呼び出されたときの第一引数にとくに何も追加しません。呼び出し時に指定された引数がそのまま渡されます。

```
class Spam:
    @staticmethod                   # スタティックメソッドの定義
    def static_method(ham, egg):
        print(ham, egg)

Spam.static_method(ham=100, egg=200)    # スタティックメソッドの呼び出し
```

6-15 クラスデコレータとメタクラス

クラス定義も、関数の定義と同様に、デコレータを使った機能の拡張を行えます。クラスデコレータの使い方は関数のデコレータと同じですが、引数として関数オブジェクトではなく、クラスオブジェクトが渡されます。

```
import sys


# Pythonのバージョンをチェックするデコレータ
def py_version(major, minor, micro):
    def deco(cls):
        if (major, minor, micro) > sys.version_info[:3]:
            raise RuntimeError(
                "class {0!r} は Python {1}.{2}.{3}が必要です".format(
                    cls, major,minor, micro))
        return cls
    return deco

# Python 3.7.0 以上でのみ利用可能なクラス
@py_version(3, 7, 0)
class Spam:
    pass
```

　クラスデコレータはクラスオブジェクトが生成されたあとで呼び出され、クラスを操作しますが、クラスの生成方法そのものを変更する場合はメタクラスを指定できます。

　メタクラスは「クラスのクラス」とも呼ばれ、クラスがインスタンスを生成するように、メタクラスはクラスを生成します。指定がない場合は、組み込み型typeがメタクラスとしてクラスオブジェクトを生成します。

　メタクラスの指定は、class文で行います。

```
def ham(self, arg):
    print(arg)

class MetaSpam(type):
    @classmethod
    def __prepare__(metacls, name, bases):
        return {'ham': ham}

class Spam(metaclass=MetaSpam):
    pass

Spam().ham(arg=100)
```

　クラス定義で使用するメタクラスは、class文に次の形式で指定します。

```
metaclass=メタクラス
```

他のクラスを継承する場合は、

```
class クラス名(親クラス, metaclass=メタクラス):
```

と記述します。

　__prepare__()はclassブロックの実行前に呼び出されるクラスメソッドで、ブロックに含まれる変数やメソッドの名前とオブジェクトの辞書を返します。nameにはクラス名、basesには基底クラスのタプルが渡されます。

　メタクラスには他に__new__(metacls, bases, classdict)メソッドと__init__(cls, bases, classdict)メソッドがあり、それぞれクラスオブジェクトの生成と初期化のために呼び出されます。引数basesには基底クラスのタプル、classdictにはクラスのメンバーを格納した辞書が渡されます。

　class文には、次のような形式でmetaclassに渡す引数も指定できます。

```
class クラス名(metaclass=メタクラス, 引数名=引数):
```

```python
class MetaSpam(type):
    def __new__(metacls, name, bases, classdict, num_spam):
        return type.__new__(metacls, name, bases, classdict)

    def __init__(cls, name, bases, classdict, num_spam):
        type.__init__(cls, name, bases, classdict)
        cls.spam = num_spam


class Spam(metaclass=MetaSpam, num_spam=100):
    pass


print(Spam().spam)        # 100が出力される
```

6-16　抽象基底クラス

　関数やクラスのインターフェースを設計するとき、C++やJavaのように静的な型チェックを行うプログラミング言語では、関数の引数や戻り値にデータ型を指定し、間違った型のデータを渡そうとするとコンパイル時にエラーとして検出されます。

Pythonにはそのような型チェック機能[注1]はありませんので、コンパイル時ではなく実行中に、渡されたデータを以下どちらかの方法でチェックすることになります。

- とりあえず実行してみてエラーが出たらあきらめる
- 必要な機能を持っているかチェックしてから実行する

6-16-1　機能の有無をチェックする

機能の有無をチェックする場合、従来は必要なメソッドを1つずつチェックするなどの処理が必要でした。

たとえば引数として渡されたオブジェクトがファイルとして使えるオブジェクトかどうかチェックするには、hasattr(obj, 'read')、hasattr(obj, 'write')と特定のメソッドが存在するかどうかでチェックするしかありませんでした。この方法は単純ですが、あまり確実なチェックとはいえず、もっと標準的な手法が必要となっていました。

■ 仮想サブクラスで分類

Python 3.0から抽象基底クラス (Abstract Base Class:ABC) が導入され、仮想サブクラスを使って型を分類できるようになりました。

抽象基底クラスはabc.ABCMetaをメタクラスとするクラスで、register( )メソッドを使って実際には継承関係にないクラスの基底クラスとなることができます。このような継承関係を、仮想サブクラスと呼びます。

```
import abc


class Spam: pass

class Ham: pass

# 抽象基底クラスFoodの定義
class Food(metaclass=abc.ABCMeta):
    pass

Food.register(Spam)
Food.register(Ham)
```

仮想サブクラスではメソッドの継承などは行われませんが、クラスの継承関係をチェックする

（注1）　型ヒントを用いて事前に型チェックを行う仕組みが徐々に整ってきています。詳しくは「**8章 型ヒント**」を参照してください。

issubclass()関数や、オブジェクトがクラスのインスタンスであるかをチェックする isinstance()関数では、あたかもクラスが抽象基底クラスを継承しているように判定されます。

この例では、継承関係にない2つのクラスSpamとHamが定義されていますが、抽象基底クラスFoodにregister()メソッドで登録されているため、SpamとHamはFoodの仮想サブクラスとなります。直接の継承関係はありませんが、isinstance(Spam( ), Food)やisinstance(Ham( ), Food)の結果はTrueとなります。

抽象基底クラスでは、abstructmethodデコレータを使ってメソッドを抽象メソッドとして定義できます。抽象基底クラスを基底クラスとするクラスでは、すべての抽象メソッドがオーバーライドされていなければ、インスタンスを生成できません。

```python
from abc import ABCMeta, abstractmethod


class AbstractSpam(metaclass=ABCMeta):
    @abstractmethod
    def ham(self):
        pass

    @abstractmethod
    def egg(self):
        pass

class StillAbstractSpam(AbstractSpam):
    def ham(self):
        pass

class ConcreateSpam(StillAbstractSpam):
    def egg(self):
        pass
```

この例では、2つの抽象メソッドham()とegg()がありますが、派生クラスStillAbstractSpamではham()だけをオーバーライドしています。このため、StillAbstractSpamからインスタンスを生成すると、

```
TypeError: Can't instantiate abstract class StillAbstractSpam with
abstract methods egg
```

というエラーが発生します。

6-17 クラス生成時の簡易なカスタマイズ

前述したメタクラスはクラスの生成をカスタマイズできます。メタクラスは強力にクラスの生成をカスタマイズできますが、メタクラスを利用したクラス同士の継承などで問題が発生することも多く、利用にはクラス生成の流れをきちんと理解しておく必要がありました。

Python 3.6からはメタクラスが利用される用途の多くを占めていたいくつかの問題をより簡易に解決する方法が追加されました。

1つは、クラス属性を定義順に管理するものですが、Python 3.6からはクラス属性の定義順が維持されるようになったため特別何も行わなくてよくなりました。

2つ目はクラス作成の初期化コード、3つ目はディスクリプタの初期化です。これらはそれぞれ__init_subclass__フックと__set_name__フックで目的を果たせます。

6-17-1 __init_subclass__フック

Python 3.6からサブクラスのクラス定義時に呼ばれる__init_subclass__フックが追加されました。__init_subclass__は明示的に指定しなくてもclassmethodとして扱われます。

```
>>> class BaseSpam:
...     def __init_subclass__(cls, **kwargs):
...         super().__init_subclass__(**kwargs)
...         print('BaseSpam:', cls, kwargs)
...
>>> class Spam(BaseSpam):
...     pass
...
BaseSpam: <class '__main__.Spam'> {}
```

Spamというサブクラス定義の時点でBaseSpamの__init_subclass__が呼び出されるため、クラス定義が要件を満たしているかの確認などにも利用できます。

6-17-2 __set_name__フック

ディスクリプタを利用してインスタンスの属性の制限をかけたいような場合にはメタクラスを利用していました。ディスクリプタを定義したクラス属性の名前がわからなかったためです。

Python 3.6からはクラス生成時にクラスで定義されているすべての属性に対して__set_name__が呼び出されるようになりました。__set_name__にはディスクリプタがクラス属性として定義されたクラスの名前と、クラス属性の名前が、それぞれowner、nameとして渡されます。

```
class Price:
    def __init__(self, minimum, maximum):
        self.minimum = minimum
        self.maximum = maximum

    def __get__(self, instance, owner):
        return instance.__dict__[self.key]

    def __set__(self, instance, value):
        if self.minimum < value < self.maximum:
            instance.__dict__[self.key] = value
        else:
            raise ValueError("price not in range")

    def __set_name__(self, owner, name):
        self.key = name

class Egg:
    price = Price(120, 400)
```

　このように定義した場合、Eggクラスのインスタンス属性priceに指定範囲外の数値をセットしようとすると例外を送出します。

```
>>> egg = Egg()
>>> egg.price = 500
Traceback (most recent call last):
...
ValueError: price not in range
```

7章  モジュールとパッケージ

Pythonでは、プログラムやライブラリはモジュールとパッケージで構成されます。本章で
はモジュール・パッケージの作り方と使い方を説明します。

7-1 モジュール

　Pythonスクリプトを記述し、ライブラリとして再利用できるようにしたテキストファイルを、
モジュールと呼びます。モジュールはPythonインタプリターに指定して実行したり、他のモ
ジュールからインポートして使用します。

　モジュールには、Python言語で開発された通常のモジュールの他に、Python本体に組み込ま
れた組み込みモジュール、C言語などで開発された拡張モジュールがありますが、どれも区別な
く、同じようにインポートして使用できます。

7-2 モジュールのインポート

　モジュールは、import文でモジュールをインポートして利用します。標準モジュールsysを利
用する場合は、次のように指定します。

```
import sys
```

　複数のモジュールをインポートする場合には、「,」でモジュール名を区切ってインポートでき
ます。

```
import sys, os
```

　インポートしたモジュールで定義されている関数やクラス、定数などのメンバーは、次の形式
で利用できます。

```
モジュール名.メンバー名
```

```
>>> import math
>>> math.cos(1)
0.5403023058681398
```

```
from モジュール名 import メンバー名, メンバー名, ...
```

という形式でインポートすると、モジュール名を省略してメンバー名だけで使用できます。

```
>>> from math import cos, sin, tan
>>> cos(1)
0.5403023058681398
```

　名前を指定せずにモジュール内のすべてのメンバーをインポートする場合は、次のように指定します。

```
from モジュール名 import *
```

```
>>> from math import *
>>> cos(1)
0.5403023058681398
>>>

0.8414709848078965
```

　import *形式でのインポートでは、インポートするモジュールに__all__という名前のメンバーがあれば、__all__に含まれる名前のメンバーのみがインポートされます。

```
# このモジュールでは、"spam"と"ham"はインポートされるが、"egg"はインポートされない
__all__ = ["spam", "ham"]

def spam():
    print("spam")

def ham():
    print("ham")

def egg():
    print("egg")
```

__all__ がなければ、メンバー名の先頭文字が「_」ではないすべてのメンバーがインポートされます。

```
# このモジュールでは、"spam"と"ham"はインポートされるが、"_egg"はインポートされない
def spam():
    print("spam")

def ham():
    print("ham")

def _egg():
    print("egg")
```

次の形式で別の名前を指定することもできます。

```
import モジュール名 as 名前
```

```
>>> import math as m          # mathモジュールを、mという名前でインポート
>>> m.cos(1)
0.5403023058681398
>>> from math import cos as c # math.cosを、cという名前でインポート
```

7-3　モジュールの検索パス

import文でモジュールをインポートするとき、ファイルを検索するディレクトリはsysモジュールのpath変数に指定されています。

```
>>> import sys
>>> print(sys.path)
['', '/Library/Frameworks/Python.framework/Versions/3.7/lib/python37.zip',
'/Library/Frameworks/Python.framework/Versions/3.7/lib/python3.7',
'/Library/Frameworks/Python.framework/Versions/3.7/lib/python3.7/lib-dynload',
'/Library/Frameworks/Python.framework/Versions/3.7/lib/python3.7/site-packages']
```

sys.pathはディレクトリ名のリストで、システム固有のデフォルトディレクトリと、環境変数PYTHONPATHで指定したディレクトリが含まれます。PYTHONPATHはUnix環境ではディレクトリ名を「:」で区切り、Windows環境では「;」で区切った文字列です。

```
# Unix環境でのPYTHONPATH
export PYTHONPATH=/path/spam:/path/ham:$PYTHONPATH

# Windows環境でのPYTHONPATH
set PYTHONPATH=c:\path\spam;c:\path\ham;%PYTHONPATH%
```

　sys.pathの先頭要素は、Pythonインタプリターを起動した時に指定したスクリプトのディレクトリとなります。たとえば、python /usr/bin/spam.pyとしてPythonを起動した場合、sys.pathの先頭は/usr/binになります。スクリプトを指定していない場合や、python spam.pyのようにスクリプト名にディレクトリ名が含まれない場合、ディレクトリ名は空の文字列 "" となり、カレントディレクトリが検索パスに含まれます。

　モジュールの検索パスは、ディレクトリだけではなく、モジュールやパッケージディレクトリを格納したzipファイルも指定できます。

```
>>> sys.path.append("./mypackages.zip")
```

　Zipファイル内のモジュールやパッケージは、通常のディレクトリにある場合と同じようにZipファイルのファイル一覧から検索され、インポートされます。

7-4　モジュールの構成

　標準的なモジュールは、**リスト7.1**ような構成の、テキストファイルとして作成します。ファイル名の拡張子は*.pyとします。

リスト7.1　my_module.py
```
#!/bin/env python
# -*- coding: utf-8 -*-

"""これは my_module.py のドキュメンテーション文字列です。

このモジュールは、一般的なモジュールの作成方法を示すサンプルです。
"""

SPAM = "spam"


def ham(arg):
    print(arg)


class Egg:
```

```
    pass


if __name__ == '__main__':
    ham(Egg())
```

　モジュールファイルの文字コードとしてUTF-8以外の文字コード（日本語であればShiftJISや
euc-jpなど）を使用する場合、次の形式で指定します。

```
# -*- coding: エンコーディング名 -*-
```

　エンコーディング名指定がない場合、Python 3ではutf-8が指定されたものとします。
　モジュールの先頭に文字列を記述すると、関数やクラスと同様にドキュメンテーション文字列
を指定できます。モジュールのドキュメンテーション文字列は、help()関数などを使って参照
します（qキーでhelpモードから抜けられます）。

```
>>> import my_module
>>> help(my_module)
Help on module my_module:

NAME
    my_module - これは my_module.py のドキュメンテーション文字列です。

DESCRIPTION
    このモジュールは、一般的なモジュールの作成方法を示すサンプルです。
...
>>>
```

　実行可能なスクリプトでは、通常、末尾付近にコマンドとして実行する処理を記述します。

```
if __name__ == '__main__':
    ham()  # コマンドとして実行する処理
```

　グローバル変数__name__は、そのモジュールの名前を示していて、モジュールが、

```
import my_module
```

として普通のモジュールをしてインポートされた場合はそのモジュール名（この場合は my_
moduleという文字列）となりますが、

```
$ python my_module.py
```

のように、コマンドラインでファイル名を指定して実行した場合は__main__という値になります。　そこで、__name__の値が__main__の場合のみ処理を実行するようにすれば、インポートされた場合には何も実行せずに呼び出されるのを待ち、コマンドラインから起動された場合のみ、コマンドとしての処理を実行するモジュールを作れます。

7-5 パッケージ

すべて1つのモジュールファイルに実装するのではなく、複数のファイルに分割して機能を提供する場合、パッケージを作成してモジュールを格納します（図7.1）。

パッケージは普通のディレクトリですが、ディレクトリの中に__init__.pyという名前のモジュールファイルが存在する必要があります。__init__.pyはファイルが存在すれば、中は空でもかまいません。

図7.1　ディレクトリ構成

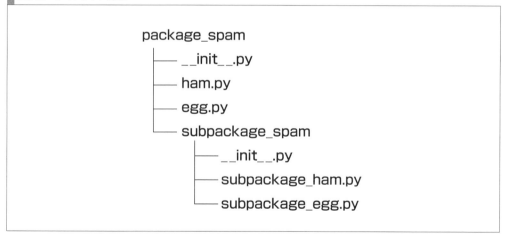

```
package_spam
    ├── __init__.py
    ├── ham.py
    ├── egg.py
    └── subpackage_spam
            ├── __init__.py
            ├── subpackage_ham.py
            └── subpackage_egg.py
```

パッケージはモジュールと同じようにインポートできます。パッケージ内にあるモジュールやパッケージは、次の形式でインポートします。

```
パッケージ名.モジュール名
```

```
import package_spam                    # パッケージをインポート
import package_spam.subpackage_spam    # パッケージ内のパッケージをインポート
import package_spam.ham                # パッケージ内のモジュールをインポート
```

　パッケージをインポートすると、パッケージの内容は__init__.pyモジュールの内容となります。package_spamの__init__.pyの中にSPAM=100という定義があれば、次のように記述すれば100が出力されます。

```
import package_spam
print(package_spam.SPAM)
```

　パッケージ内のモジュールは、次の形式でもインポートできます。

```
from パッケージ名 import モジュール名
```

```
from package_spam import ham    # package_spamのhamモジュールをインポート
```

　パッケージ内のモジュールから同じパッケージ内のモジュールをインポートする場合、相対インポート形式でパッケージ名を指定せずにインポートできます。たとえば、package_spam.hamでimport eggと記述した場合、このインポートは絶対インポートで、モジュールの検索パスにあるトップレベルのeggモジュールがインポートされます。

　同じpackage_spamパッケージにあるeggモジュールをインポートする場合は、import package_spam.eggと絶対インポート形式でインポートするか、from . import eggと、「.」を利用した相対インポート形式を使用します。　相対インポート形式では、「from . import 名前」で、インポート文を実行しているモジュールと同じパッケージにあるモジュール／パッケージをインポートします。相対インポートでは「.」1つが同じパッケージを指定し、「.」が1つ増えるとその上位にあるパッケージを指定します。

```
# package_ham.subpackage_spam.subpackage_hamの処理
from . import subpackage_egg    # .が1つで、同じパッケージ内のモジュールをインポート
from .. import ham              # .が2つで、親パッケージ内のモジュールをインポート
from ..ham import *  # 親パッケージ内のhamモジュールから、すべてのメンバーをインポート
```

7-6 名前空間パッケージ

　Python 3.3では名前空間パッケージが導入され、異なるディレクトリにあるモジュールを1つのパッケージにまとめられるようになりました（**図7.2**）。

図7.2　パッケージ

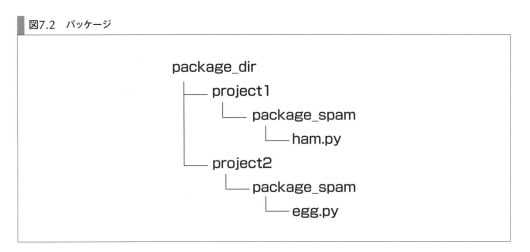

　ディレクトリproject1とproject2にはいずれもpackage_spamというディレクトリがあり、その中にはそれぞれham.pyとegg.pyが格納されています。このとき、モジュール検索パスにproject1とproject2を指定すると、package_spamは名前空間パッケージとなります。

```python
import sys
# project1, project2をモジュール検索パスに追加
sys.path.append('package_dir/project1')
sys.path.append('package_dir/project2')

import package_spam.ham    # 異なるディレクトリにあるhamとeggを、package_spamというパッケージ
import package_spam.egg    # からインポートできる
```

　名前空間パッケージには、__init__.pyファイルを置くことはできません。__init__.pyがあるとそのディレクトリは通常のパッケージとなり、複数のディレクトリで構成することはできなくなります。

Part 1

Part 2

Part 3

Part 4

7-7 モジュールオブジェクト

　Pythonでは、モジュールも文字列や数値、関数などと同じようにオブジェクトで、変数に代入したり、関数に引数として渡したりできます。

```
>>> import math    # mathモジュールをインポート
>>> sugaku = math  # mathモジュールを、sugaku という名前で参照する
>>> sugaku.sin(1)
0.8414709848078965
>>> print(math)    # mathモジュールを、print()関数に渡す
<module 'math' from '/usr/local/lib/...'>
```

　モジュールで定義されているメンバーは、組み込み関数dir( )やhelp( )で調べられます。

```
>>> import math
>>> dir(math)
['__doc__', '__file__', '__loader__', '__name__', '__package__', '__spec__',
'acos', 'acosh', 'asin', 'asinh', 'atan', 'atan2', 'atanh', 'ceil', 'copysign',
'cos', 'cosh', 'degrees', 'e', 'erf', 'erfc', 'exp', 'expm1', 'fabs', 'factorial',
'floor', 'fmod', 'frexp', 'fsum', 'gamma', 'gcd', 'hypot', 'inf', 'isclose',
'isfinite', 'isinf', 'isnan', 'ldexp', 'lgamma', 'log', 'log10', 'log1p', 'log2',
'modf', 'nan', 'pi', 'pow', 'radians', 'remainder', 'sin', 'sinh', 'sqrt', 'tan',
'tanh', 'tau', 'trunc']
```

　モジュールのメンバーは、インスタンスのメンバーと同じように、削除したり追加したりもできます。

```
import math


def spam():
    print("spam")


math.spam = spam       # mathモジュールにspam関数を追加
del math.spam          # mathモジュールからspam関数を削除
```

7-7-1　__getattr__関数

Python 3.7からモジュールに__getattr__関数を定義できるようになりました。__getattr__関数はモジュールのメンバーが参照された際に、メンバーがモジュールに定義されていない（名前が存在していない）場合に呼ばれる関数です。

ロードにコストがかかる関数を遅延ロードにするといった用途に利用できます。__getattr__関数は第一引数に参照しようとした名前が渡されてきます。結局みつからない場合にはAttributeErrorを送出させます。

```python
def __getattr__(name):
    if name == 'heavy_function':
        from isolated_module import heavy_function
        return heavy_function
    raise AttributeError(f"module {__name__} has no attribute {name}")
```

7-7-2　__dir__関数

Python 3.7からはモジュールに__dir__関数を定義できるようになりました。__getattr__の例のようにロードが重い関数は__all__には記述したくなく、またdir関数で確認しようとしても参照前はまだモジュールに存在しないため現れません。といった場合にも使えます。

```python
def __dir__():
    return __all__ + ['heavy_function']
```

このように定義すれば、dir関数にモジュールを渡した際に__all__に記載してある名前と遅延ロードできる名前をあわせて返せます。

7-8　モジュールの実行

モジュールをコンソールから実行するには、Pythonインタプリターにモジュールファイル名を指定して、

```
$ python path/to/my_module.py
```

と実行するか、または、

```
$ python -m my_module
```

と-mオプションを指定して、Pythonのライブラリパスからモジュールを検索して実行できます。

　モジュールを、Unix環境などでコンソールから直接実行できるスクリプトにする場合には、先頭に、#! /usr/bin/env pythonと、いわゆるshebangを指定します。このように指定しておけば、コンソールで、

```
$ ./my_module.py
```

と直接ファイルを指定すれば、普通のコマンドと同様に実行されます。ただし、実行するためには、事前に chmod +x my_module.pyのようなコマンドで、実行権限を付与しておく必要があります。　　また、pythonの実行ファイルとして、__main__.pyという名前のモジュールを含むディレクトリやZipファイルを指定すると、自動的に__main__.pyが実行されます。たとえばspamディレクトリがあり、その中に__main__.pyファイルを作っておけば、

```
$ python spam
```

で、自動的にspam/__main__.pyが実行されます。このspamディレクトリをzipコマンドで圧縮してspam.zipファイルを作成して、

```
$ python spam.zip
```

としても同じように実行できます。
　Unix環境では、shebangを利用してzipファイルのみでコマンドを作成できるようになっています。

```
$ echo '#!/usr/bin/env python' > spam_command
$ cat spam.zip >>spam_command
$ chmod +x spam_command
$ ./spam_command
```

1章
2章
3章
4章
5章
6章
7章
8章
9章
10章
11章
12章
13章
14章
15章
16章
17章
18章
19章
20章
21章

C O L U M N

Pythonとユーモア

Pythonの書籍は表紙に蛇の絵が描かれていることが多く、そのために宝石の絵が描かれているRubyに興味を持ってしまう（残念な）事例が発生していると聞くことがあります[※1]。

Pythonの名前の由来はニシキヘビではなく、1960年代から70年代に放映された英国のコメディ番組「空飛ぶモンティ・パイソン」が由来です。空飛ぶモンティ・パイソンは、Pythonだけではなくハッカーに好まれていると言われ、スパムメールの語源としても有名です。筆者自身は、パイソニアン（空飛ぶモンティ・パイソン愛好家）ではありませんが、プログラミング言語のイベントに「SPAMの歌」を入場テーマとして登壇したことがあります。

さて、実はPythonのサイトにはユーモアを集めたコンテンツがあります。

https://www.python.org/doc/humor/

ニューズグループに投稿された会話の中に現れたユーモアっぽいものを集めてあります。PART1で紹介したZen of Pythonもユーモアとして取り上げられています[※2]。

thisモジュールを標準ライブラリに含めた時の顛末も、遊び心の多いものだったことが明らかにされています。

- 原文
  https://www.wefearchange.org/2010/06/import-this-and-zen-of-python.html
- 日本語訳
  https://python-history-jp.blogspot.jp/2010/07/import-thisthe-zen-of-python2.html
- The History of Pythonでの原文の紹介
  https://python-history.blogspot.jp/2010/06/import-this-and-zen-of-python.html

Pythonのサイト以外にも、おもしろいサイトは色々ありますが、定期的に話題に出るPython Challengeを紹介します。

通常、プログラミングのチャレンジは難しいロジックや性能を競うものを想像しますが、Python Challengeは謎掛け（リドル）になっていて非常に楽しいものになっています。サイトの文言によれば、インターネット上の最初のプログラムによる謎解きサイトとのことです。

http://www.pythonchallenge.com

Pythonに限らずいろいろなプログラミング言語で解法を公開している人もいます。あなたもチャレンジしてみてはいかがでしょうか。

[※1] 『イベントドリブンなネットワークエンジン Twisted（ISBN 978-0596100322）』の書籍は、絡み合うコールバックを表紙で表現したのか、かなりのインパクトがあります。

[※2] そもそもZen of Python自体がネタとも言われていることもあります。

8章　型ヒント

Pythonは変数の型を宣言せずに使える言語です。数値型を割り当てた変数にあとから文字列型を割り当てることもできます。動的な変更ができることがPythonの強みですが、プログラムを利用する人やIDEのために型ヒントを記述できるようになりました。本章では型ヒントの記述方法とチェックの仕方を説明します。

8-1　型ヒントとは

　関数の説明で触れたように関数宣言の引数、戻り値に対してアノテーションを記述できます。関数へのアノテーションはPython 3で導入されていますが、あえて用途などは決められていませんでした。Python 3.5で用途の一つとして型ヒントのサポートをするtypingモジュールが追加されました。Pythonのコアには手を入れない範囲で型ヒントを開始しましたが、利用が進みつつあるためPython 3.7でtypingモジュールやジェネリクス型の高速化のためにコアに手が入れられました。

8-1-1　型ヒントの歴史

　関数の引数、戻り値、変数の型がどの型であるべきかを注として記述できる機能がPython 3で導入されました。関数への引数、戻り値へのアノテーションは式として、変数へのアノテーションはコメントの形で記載できました。その前のPython 2の時代からプログラミング用のエディターなどは独自の規約に従ったdocstringやデコレータなどを定義していました。型ヒントはヒントの情報を元に期待される引数や戻り値をプログラマに教えたり、リファクタリングの情報として利用したりできるものです。

　型ヒントの利用を促進する環境ができつつありますが、Pythonは今後も型ヒントの記述を必須にすることはないとされています。可読性の向上やIDEを利用した際の補助など、利用すると便利なところもありますので必要に応じて適用していくというレベルで考えられているのが現在の状況でしょう。

8-1-2　型ヒントの利用

　Pythonの型ヒントはプログラムの実行時にはチェックされません。サードパーティ製の静的

型チェックツールやIDEから利用できます。

本書では利用の多いmypyというライブラリでの使い方を紹介します。mypyはpipでインストールできます。以前はmypyというライブラリ名は別のライブラリで使われており、mypy-langという表記で紹介されていることがありますが、現在はmypyという名前でインストールできるようになっています。

```
$ pip install mypy
```

mypyをインストールするとmypyコマンドが使えるようになります。次のプログラムはint型の引数を2つ受け取って、足しこんだ結果をint型で返すと関数アノテーションしてある関数です（**リスト8.1**）。直接実行すると、実際に数値を引数に渡している呼び方と、文字列で数字を表した引数を渡している呼び方をしてそれぞれ結果を出力します。

リスト8.1 type_hint_sammple.py

```
def add(x:int, y:int) -> int:
    return x + y


if __name__ == '__main__':
    print(add(1, 2))
    print(add('1', '2'))
```

次のように実行してみると、関数アノテーションは影響を及ぼさずに結果を出力します。

```
$ python type_hint_sammple.py
3
12
```

インストールしたmypyコマンドで静的に型チェックを行ってみましょう。mypyには型チェックを行いたいスクリプト名を指定して起動します。文字列の数字を渡している呼び出しの型が合わないというエラーを出力します。

```
$ mypy type_hint_sammple.py
type_hint_sammple.py:7: error: Argument 1 to "add" has incompatible type "str"; expected "int"
type_hint_sammple.py:7: error: Argument 2 to "add" has incompatible type "str"; expected "int"
```

通常は型の指定が間違っているためエラーが出るのが正しいのですが、今回は説明のためにこのエラーを出力させないようにしてみます。エラーを出力させなくするには、型を無視させるコメントを記述します（**リスト8.2**）。こうするとmypyで型チェックをしてもエラーが出力されません。

リスト8.2 type_hint_sammple_2.py

```python
def add(x:int, y:int) -> int:
    return x + y


if __name__ == '__main__':
    print(add(1, 2))
    print(add('1', '2'))  # type: ignore
```

8-2 | 変数アノテーション

Python 3.6以降は変数に対しても型ヒントの式を書けるようになりました。Python 3.5までは次の例のように変数へのアノテーションはコメントを利用します(**リスト8.3**)。

リスト8.3 old_variable_annotations.py

```python
a = 1  # type: int
b = 2  # type: int
c = '1'  # type: str
d = '2'  # type: str
e = 1


def add(x:int, y:int) -> int:
    return x + y


if __name__ == '__main__':
    print(add(a, b))
    print(add(c, d))
    e = '1'
```

　この例も実行には何の影響も与えず、a,bを引数にした呼び出しは3を、c,dを引数にした呼び出しは12を出力します。mypyで静的チェックを行うと、c,dを引数にした呼び出しは型が違うというエラーを出力します。また、eという数値をアサインした変数へ文字列をアサインしようとすると型が違うというエラーを出力します。

　Python 3.6からは関数へのアノテーションと同様に式を記述できるようになりました(**リスト8.4**)。

リスト8.4 new_variable_annotations.py

```python
a: int = 1
b: int = 2
c: str = '1'
d: str = '2'
e = 1

def add(x:int, y:int) -> int:
    return x + y


if __name__ == '__main__':
    print(add(a, b))
    print(add(c, d))
    e = '1'
```

Python 3.6以降においてはいずれの記述の仕方でも同じ結果となります。

8-3 typingモジュール

typingモジュールは型ヒントをサポートするモジュールです。Python 3.5に「暫定的」にというただし書き付きで導入されました。暫定的ですので、APIの変更などがPythonの規約より速い速度で行われることがあります。

8-3-1 typing.Any

Anyは任意の型を表します。通常の型のobjectに似たイメージと捉えられるかもしれませんが、型ヒントで考えた場合には違いがあります。すべての型はobjectのサブタイプです、逆にいえばobjectはサブタイプよりもいろいろな操作に対応していません。Anyは逆にすべての型のすべての操作に対応できる型といえるでしょう（**リスト8.5**）。

リスト8.5 typing_any.py

```python
from typing import Any


i1: object = 1
i2: Any = 1


i1.spam()
i2.spam()
```

この例ではi1はobject型、i2はAny型としてアノテーションしてあります。i1、i2ともに実際はint型ですので、spamというメソッドは持っていません。つまり実行した場合にはどちらのspam呼びだしもエラーになります。しかし、型をmypyでチェックすると違いが出ます。object型はspamというメソッドを持っていませんのでエラーが出力されますが、Any型はどんなメソッドでも持っている可能性があるのでエラーは出力されません。

8-3-2 typing.Unionとtyping.Optional

Union[型, 型]と記述します。指定された型のいずれかであれば構いません（**リスト8.6**）。冗長な指定は簡素化されます。たとえば型の指定が1つの場合にはUnionは無駄なのでないものとみなされます。また、Unionの中のUnionや、同じ型の指定が重複している場合なども簡素化されます。Python 3.6まではサブクラスも簡素化されましたが3.7からは残されるようになりました。

リスト8.6 typing_union.py

```python
from typing import Union


def add(a:Union[int, float], b:Union[int, float]) -> Union[int, float]:
    return a + b


if __name__ == '__main__':
    print(add(1.1, 1.2))
    print(add(1, 1.2))
    print(add(1, 2))
```

Optional型はUnion型と同じですが、暗黙でNone型が指定されています。Optionalは暗黙でNoneがありますので、明示されている型が一つでもOptional自体は簡素化されません。

リスト8.7は指定のメールアドレスでユーザーが登録されている場合にはuseridを数値で、登録されていない場合にはNoneを返す例です。

リスト8.7 typing_optional.py

```python
from typing import Optional


def get_userid(email:str) -> Optional[int]:
    if email == 'exists@example.com':
        return 1
    return None
```

```
if __name__ == '__main__':
    print(get_userid("exists@example.com"))
    print(get_userid("other@example.com"))
```

8-3-3 typing.Tuple

Tuple 型は指定の順番を表せます(**リスト8.8**)。

リスト8.8　typing_tuple.py

```
from typing import Tuple


def connect(data:Tuple[str, int]) -> None:
    # connect to server:port
    pass

if __name__ == '__main__':
    connect(('somehost', 80,))
```

同じ種類の型を任意の数続けられるようにするには省略記号としてピリオドを3つ続けて記述します(**リスト8.9**)。

リスト8.9　typing_tuple_2.py

```
from typing import Tuple


def sum_all(data:Tuple[int, ...]) -> int:
    return sum(data)


if __name__ == '__main__':
    print(sum_all((1, 2, 3, 4, 5, 6, 7, 8, 9, 10)))
```

すべての任意の型を受け入れるTupleにしたい場合にはTupleとだけ記述します。これはTuple[Any, ...]と同じ意味です。

8-3-4 typing.Literal

Python 3.8で追加されました。Literalは値を表します。Literalの型ヒントは`Literal[10]`のように記述します。Literalの型ヒントで修飾された引数は指定した値以外は許されません。たと

1章
2章
3章
4章
5章
6章
7章
8章
9章
10章
11章
12章
13章
14章
15章
16章
17章
18章
19章
20章
21章

えばLiteral[10]と型を指定した場合、10以外の値をもつことは許されません。

リスト8.10 typing_literal.py

```
from typing import Literal


def use_ten(ten: Literal[10]) -> None:
    print(ten)


if __name__ == '__main__':
    use_ten(10)
    use_ten(11)
```

この**リスト8.10**ではuse_ten関数の引数は**Literal[10]**ですので、**10**以外の値を渡している**use_ten(11)**は型チェックでエラーとなります。

Literalは**Literal["r", "rw"]**のように値を複数指定できます。Enumで定義をすればよいのですが、すでに利用されている場合には引数を変えるのが困難な場合もあります。そんな場合にはLiteral型ヒントを使えば型と値のチェックができますし、IDEなどの助けも得られるようになるでしょう。

リスト8.11 typing_literal_multi.py

```
from typing import Literal


def open(path, mode: Literal["r", "rw"]) -> None:
    pass
```

この**リスト8.11**の指定は実際はUnion[Literal["r"], Literal["w"]]と同等です。つまり、"r"か"w"のいずれかであれば構いません。

8-3-5 typing.TypedDict

Python 3.8で追加されました。TypedDictは文字のキーと型を指定された値をもつ辞書を表します。

リスト8.12 typing_typeddict.py

```python
from typing import TypedDict


class Book(TypedDict):
    name: str
    author: str
    price: int


if __name__ == '__main__':
    book1:Book = {'name': 'Spam', 'author': 'soseki', 'price': 300}
    book2:Book = {}
    book3:Book = {'name': 'Spam', 'writer': 'ogai', 'price': 450}
```

クラスBookにはnameとauthorという文字列型の項目と、priceというint型の項目が定義されています（リスト8.12）。これらの項目はすべて必要で、また定義されていない項目があってはいけません。book1はすべての項目がありますので有効です。book2は必要なキーと値が不足しているので型チェックをするとエラーになります。book3はauthorが無く、またwriterという未定義のキーがありますのでこちらも型チェックでエラーとなります。

クラス定義の際にtotalフラグにFalseを設定すると各項目が省略可能になります。totalフラグの初期値はTrueです。

リスト8.13 typing_typeddict_total.py

```python
from typing import TypedDict


class Book(TypedDict, total=False):
    name: str
    author: str
    price: int


if __name__ == '__main__':
    book1:Book = {'name': 'Spam', 'author': 'soseki', 'price': 300}
    book2:Book = {}
    book3:Book = {'name': 'Spam', 'writer': 'ogai', 'price': 450}
```

このリスト8.13ではtotal=Falseによって各キーと値が省略可能になっているため、book2も有効です。book3はauthorがないことは問題ないのですが、writerというキーは未定義のため型チェックでエラーとなります。

変数へ型ヒントが書けないPython 3.5にTypedDictがバックポートされた場合にも対応できるように、別の記述方法も用意されています（**リスト8.14**）。本稿執筆時点ではPython 3.5のtypingモジュールにTypedDictはバックポートされていません。

リスト8.14　typing_typeddict_py35.py

```python
from typing import TypedDict


Book = TypedDict('Book', {'name': str, 'author': str, 'price': int}, total=False)

if __name__ == '__main__':
    book1 = Book(name='Spam', author='soseki', price=300)
    book2 = Book()
    book3 = Book(name='Spam', writer='ogai', price=450)
```

8-3-6　typing.NoReturn

Python 3.6.5で追加されました。リターンしないことを表します。Noneがリターンされるわけでも、明示的にリターンが書かれないわけでもありません。単にreturn文を書かない場合は、Noneがリターンが返っているわけです。このNoReturnはreturnしないことを明示します（**リスト8.15**）。

リスト8.15　typing_noreturn.py

```python
from typing import NoReturn


def something_return() -> NoReturn:
    return True


def raise_if_true(flag:bool) -> NoReturn:
    if flag:
        raise Exception('raise!')


def raise_always() -> NoReturn:
    raise Exception('raise always')
```

something_return関数はreturn文がありますので型チェックでエラーとなります。raise_if_true関数は引数に渡されたflag次第では例外を送出せずに暗黙的にNoneがリターンされますので、型チェックでエラーとなります。raise_alwaysは常に例外を送出しますので型チェックをとおります。このように、戻り値の型にNoReturnが指定されている場合、関数内にreturn文ある場合だけでなく、条件によって暗黙的にリターンしている場合にもエラーが出力されます。

8-3-7 typing.Callable

Callableは呼び出し可能オブジェクトを表し、次のように引数と戻り値を指定できます（**リスト8.16**）。

```
Callable[[引数型,引数型], 戻り値型]
```

リスト8.16 typing_callable.py

```python
def repeat(target:str, count:int) -> str:
    return target * count
```

このrepeat関数は`Callable[[str, int], str]`と表せます。また、戻り値だけを明示したい場合には`Callable[..., str]`と表せます。引数の[]自身が...省略記号に変わるので注意が必要です。

8-3-8 型変数とtyping.Generic型

型変数を見る前にtyping.AnyStrについて見てみましょう（**リスト8.17**）。

リスト8.17 typing_anystr.py

```python
from typing import AnyStr


def concat(a: AnyStr, b: AnyStr) -> AnyStr:
    return a + b


if __name__ == '__main__':
    concat(b'abc', b'def')
    concat('abc', 'def')
    concat('abc', b'def')
    concat(123, 456)
```

209

型チェックを行うと次のようなエラーが出力されます。

```
typing_anystr.py:10: error: Value of type variable "AnyStr" of "concat" cannot be "object"
typing_anystr.py:11: error: Value of type variable "AnyStr" of "concat" cannot be "int"
```

このAnyStrという型ヒントは実は`TypeVar('AnyStr', bytes, str)`という定義でできています。
TypeVarというのは型変数を作るものです。第一引数に型変数の名前を指定して、第二引数以降の位置引数は許可される型を指定します。第二引数以降の位置引数を書かない場合にはどの型でもよい型変数ができます。どの型でもよい型変数なのですが、たとえばconcat関数の例でいうaとbは双方ともAnyStrが指定されており、呼び出される際にはaとbで同じ型でないといけないという制約となります。ですから、aにもbにもbytesを渡した場合、同様にstrを渡した場合にはmypyの型チェックでエラーとなっていないのです。

このTypeVarの第一引数と型変数の変数名は一致している必要があること、同じ型変数名を上書き定義してはいけないという制限があります。

次にGeneric型のListを見てみましょう。typingモジュールにはいくつかのGeneric型の型が用意されています。Generic型を使うとコンテナの中身に型ヒントを記述できるようになります（**リスト8.18**）。

リスト8.18　typing_generic.py

```python
from typing import List

l:List[int] = [1,2,3]

l.append(4)
l.append('5')
```

型ヒントで指定した型以外のオブジェクト（ここでは'5'）の追加が型チェックでエラーとなります。

このGeneric型は独自で定義もできます。typingモジュールに含まれる他のGeneric型はドキュメントを、カスタムGeneric型を作りたい場合にはドキュメントやさらに詳しくはPEP484を参照してください。

8-3-9　typing.NewType

NewTypeは新しい型を作り出せます。NewTypeの第一引数に型の名前を指定します。この名前は代入先の変数名と一致していなければいけません。第二引数には元の型を指定します。新しい型は元の型と同じ性質を持ちます。ただし、元の型のとおりなので、たとえばintを元の型にしたもの同士を足し合わせると結果はintになります（**リスト8.19**）。

リスト8.19　typing_newtype.py

```
from typing import NewType


UserId = NewType('UserId', int)


def something(user_id:UserId) -> UserId:
    return user_id


if __name__ == '__main__':
    something(UserId(1))
    something(1)
    UserId(1) + 1
    new_user_id:UserId = UserId(1) + UserId(2)
```

この例をmypyを使って型チェックすると、次のようなエラーが出力されます。

```
$ mypy typing_newtype.py
typing_newtype.py:10: error: Argument 1 to "something" has incompatible type "int"; expected "UserId"
typing_newtype.py:12: error: Incompatible types in assignment (expression has type "int", variable has
type "UserId")                                                                       実際は一行
```

something関数にint型を渡そうとした場合には型が違うということがチェックされています。UserId(1)は実際はintと同じ性質をもっているので、UserId(1)と1の足し算は問題なく行われます。ただし、UserId(1)とUserId(2)の足し算の結果はintなので、UserId型の変数に代入しようとすると型の互換性がないというエラーが出力されます。

8-3-10　エイリアス

型ヒントを変数に代入するとエイリアスとして利用できます。構造を持った型ヒントを簡易に表せます（リスト8.20）。

リスト8.20　typing_alias.py

```
from typing import NewType, List, Tuple

Item = Tuple[str, int, int]
Cart = List[Item]
```

211

```
def calc_price(cart:Cart) -> int:
    total = 0
    for item in cart:
        total += item[1] * item[2]
    return total
```

　エイリアスは簡易であることや変更に強いこと以外でも利用されています。typingモジュール
に含まれるText型はPython 2とPython 3で別の型のエイリアスです（Python 2系にもtypingモ
ジュールのバックポートがあります）。Python 2とPython 3で文字列の実際の型が違うためです。

8-3-11　typing.overload

　overloadは引数と戻り値の組み合わせを表現するためのデコレータです。型情報をつけた関数
にデコレータでアノテーションします。同じ名前の関数は最後のもので上書きされる仕組みを利
用していますので、overloadデコレータで装飾されてない実装の含まれる関数は最後に定義しま
す。実装のない上書きされる関数の本体は省略記号（Ellipsis定数）でよいでしょう（**リスト8.21**）。

リスト8.21　typing_overload.py

```
from typing import overload


@overload
def spam(a: int, b:int) -> int:
    ...

@overload
def spam(a: str, b:str, times:int) -> str:
    ...

def spam(a, b, c=None):
    ab = a + b
    if c:
        return ab * c
    return ab

if __name__ == '__main__':
    spam(1, 2)
    spam('x', 'y', 3)
    spam('x', 'y', 'z')
    spam(1.1, 1.2)
```

　引数の数は同じでも構いませんが、今回は説明のために変えてあります。プログラムが読み込

まれて評価されると最後のspam関数が残ります。型チェックを行うと引数の型の合わない呼び出しに関してきちんとエラーが出力されます（近い型の呼び出し方についてのサジェストも出力されますが省略しています）。

```
$ mypy typing_overload.py
typing_overload.py:21: error: No overload variant of "spam" matches argument types "str", "str", "str"
typing_overload.py:22: error: No overload variant of "spam" matches argument types "float", "float"
```

8-3-12　typing.finalとtyping.Final

Python 3.8で追加されました。クラスやメソッド、変数や属性に制限ができます。typing.finalをクラスとメソッド、typing.Finalを変数や属性に対して利用します。対象によってそれぞれ意味合いが変わります。関数には利用できません。

■ クラスをfinalデコレータで修飾する

クラスをfinalデコレータで修飾するとそのクラスをサブクラス化できないことを示します（リスト8.22）。

リスト8.22　typing_final.py

```
from typing import final


@final
class Spam:
    pass


class Egg(Spam):
    pass
```

この例はfinalで修飾されたSpamクラスをEggクラスで継承しようとしていますので、型チェックをするとエラーになります。

■ メソッドをfinalデコレータで修飾する

メソッドをfinalデコレータで修飾すると、サブクラスでオーバーライドできないことを示します（リスト8.23）。

リスト8.23　typing_final_method.py

```
from typing import final


class Spam:

    @final
    def eat(self) -> None:
        pass


class Egg(Spam):

    def eat(self) -> None:
        pass
```

　Spamクラスのfinalデコレータで修飾されたeatを、Spamクラスを継承したEggクラスでオーバーライドしようとしているために型チェックでエラーになります。

　typing.overloadデコレータで修飾されたスタブ（実装のない定義）がある場合、スタブではなく実装のある定義をfinalデコレータで修飾します。

■ 変数をFinalで修飾する

　変数をFinalで修飾すると同変数へ再代入できないことを示します。Finalは以下の形式で記述します（**リスト8.24**）。

```
Final[ 型 ]
```

　ただし、型推論が行われるため型を省略してFinalだけでも構いません。

リスト8.24　typing_Final_var.py

```
from typing import Final


spam_id: Final[int] = 10
spam_id = 11
```

　この例では**Final[int]**で修飾したspam_idに値（11）を再代入しようとしているので型チェックでエラーになります。

■ 属性をFinalで修飾する

属性の修飾も変数の修飾と同様に記述できますが、属性の場合には最初の代入を__init__で行うこともできます（**リスト8.25**）。

リスト8.25　typing_Final_attr.py

```
from typing import Final


class Spam:
    egg: Final[int]
    ham: Final[int]
    toast: Final
    butter: Final = '10g'

    def __init__(self) -> None:
        self.egg = 10
        self.egg = 11
        self.toast = 1
```

__init__で代入を行わない場合には、定義の時点で型を指定しておかなければなりません。この例では、eggはクラス定義の段階では型の定義だけされていますが__init__で初期化されているので型チェックがとおります。ただし、__init__内であっても2度目の再代入（ここでは値の11の再代入）は型チェックでエラーとなります。クラス定義でも__init__でも初期化されていないhamは型チェックでエラーとなります。Final[型]の型が省略できるのはクラス定義時に初期化を行う場合のみですので、toastの定義も型チェックでエラーとなります。

■ Finalとミュータブル

Finalで修飾された変数や属性は、再代入されないことを示すだけです。ミュータブルな型の場合、中身が変化することは防ぎません。**リスト8.26**のようにリストに要素を追加することなどは可能です。この例は型チェックがとおります。

リスト8.26　typing_Final_mutable.py

```
from typing import Final


favorit_food: Final = ['meat', 'fish']
favorit_food.append('vegetables')
```

8-4 アノテーションの遅延評価

　Python 3.7からアノテーションを評価するタイミングを遅延させられるようになりました。これは、定義を上から読んでいくために型の定義が読み込まれるより先行して型ヒントに指定ができなかった問題を解決します。インタプリターの動作の変更となるので、__future__から annotationsをimportして明示的に遅延評価させます。

```
class Spam:

    def somthing(self) -> Egg:
        ...

    class Egg:
        ...
```

　たとえばこのサンプルをインタプリターで読み込むと、Eggの定義前にEggをreturnの型ヒントに記述しているためにエラーが発生します。

```
$ python nofuture_annotation.py
Traceback (most recent call last):
  File "nofuture_annotation.py", line 1, in <module>
    class Spam:
  File "nofuture_annotation.py", line 3, in Spam
    def somthing(self) -> Egg:
NameError: name 'Egg' is not defined
```

　from __future__ import annotationsという1文をSpamクラスの定義前に記述するとエラーが発生しなくなります。Python 4.0以降はこの動作が標準となり、annotationsのimportは不要になる予定です。

8-5 スタブファイル

　型情報を直接つけられないモジュールに対して型ヒントのみを記述したスタブファイルを用意できます。型情報を直接つけられないモジュールは自分には権利のないモジュールや拡張モジュール、Python 2でも使いたいモジュールなどのことです。

　スタブファイルは、通常のPythonのモジュールと記述方法は同じです。モジュール名と同じファイル名で拡張子はpyiにします。実装部分は省略記号(Ellipsis定数)にしておくとよいでしょう。

　たとえば、次のような型ヒントのないtyping_stub_nohint.py(**リスト8.27**)という名前のモ

ジュールがあった場合には、対応する型ヒントファイルは typing_stub_nohint.pyi（**リスト8.28**）にします。

リスト8.27 typing_stub_nohint.py

```
from datetime import timedelta


def add_day(a, b):
    return a + timedelta(days=b)
```

リスト8.28 typing_stub_nohint.pyi

```
from datetime import datetime


def add_day(a:datetime, b:int) -> datetime:...
```

importで利用しているモジュールの型ヒントファイルを見つけた場合には、実装ファイルは参照されないことになっています。typing_stub_nohint.pyi から add_day 関数をコメントアウトしておいて、typing_stub_nohint から add_day 関数を import しているモジュールに対して mypyで型チェックをすると、typing_stub_nohint モジュールには add_day は無いというエラーが出力されます。

型ヒントの探索ルールは、次に触れる型ヒント情報の配布方法が定義されている PEP0561 で定められているため、PEP0561 に対応している型チェックツールは複数の探索先型ヒントファイルを順に参照します。pyi ファイルを用意する際に必ずすべてを記述しないといけないわけではありません。

8-6 サードパーティの型ヒント情報の配布方法

型情報の配布は typeshed（https://github.com/python/typeshed）というパッケージで行われていました。現在でも標準モジュールの型情報などは typeshed で行われています。

typeshed は Git リポジトリーの URL を見ただけで分かるように、色々な制限や不便なところがあります。

8-6-1 パッケージで型情報をサポートする

型情報をサポートするパッケージにはマークをつけます。マークをつける方法は、パッケージにインラインで型情報が書かれていたり、型情報のスタブファイルが含まれるのか、あるいはス

タブのみのパッケージにするのかによって違います。

パッケージに型情報が含まれている場合（インラインやスタブファイルで）は、パッケージに py.typed というファイルを置きます。この py.typed ファイルがあるパッケージの下位のパッケージは型情報のサポートが再帰的に適用されます。py.typed ファイルはパッケージのインストールの際にきちんと配備されるようにパッケージの設定ファイルを記述します。

もう一つの、スタブファイルのみのパッケージの場合には、対応するパッケージの名前の後ろに -stubs とつけた名前にします。名前で型情報のパッケージと分かるので py.typed というファイルは必要はありません。

スタブパッケージに含まれる型情報が、パッケージのすべてを網羅していない場合には py.typed ファイルに partial\n と記述しなければいけません。

8-6-2　型情報の探索順

typeshed やスタブパッケージなど複数の型情報配布方法があるため、型情報の探索順も PEP0561 で次のように定められました。

① ユーザーコード - 型チェッカーが実行されているファイル
② スタブまたは Python ソースで手動でパスの先頭に挿入された場所
③ スタブパッケージ
④ インラインパッケージ
⑤ Typeshed（使っている場合）

②があることで、正規ないしはサードパーティの提供している型情報が間違っている場合に上書きできます。mypy の場合は MYPYPATH 環境変数で指定できます。③は④に対応するスタブ専用パッケージのことです。実装の書かれているファイルよりスタブの情報を優先します。

型チェックツールが PEP0561 に準拠しているかは各型チェックツール次第ですが、mypy や Google 社の pytype、Facebook 社の Pyre などは対応しようという動きがあります。実際にどういった対応をしたかは各ツールの状況を確認してください。

1章
2章
3章
4章
5章
6章
7章
8章
9章
10章
11章
12章
13章
14章
15章
16章
17章
18章
19章
20章
21章

9章 拡張モジュールと組み込み

Pythonのモジュールは**Python言語だけではなく、C言語などを使っても作成できます。**
ここでは**C言語による拡張モジュールの概要**と、**Pythonを C言語によるアプリケーション**
に組み込む方法を解説します。

9-1 拡張モジュール

　C言語などを使って、Python API（Application Programmers Interface）を使って開発された
モジュールを、拡張モジュールと呼びます。拡張モジュールは、Python言語から直接呼び出せ
ないC言語用のライブラリやアプリケーションなどの機能をPythonから利用できるようにする
ためや、高速な数値演算などが必要な場合などに作成します。

　例として、文字列を受け取って標準出力に出力するだけの簡単な拡張モジュールをC言語で作
成してみましょう。この拡張モジュールはdumb_printというモジュール名で動的にロードされ
る共有ライブラリに実装し、print()という関数を提供します。

```
>>> import dumb_print
>>> dumb_print.print("Spam!")
Spam!
```

　拡張モジュールを実装するdumb_print.cは**リスト9.1**のようになります。

リスト9.1　dumb_print.c

```c
#include <Python.h>

static PyObject *
dumb_print(PyObject *self, PyObject *args) {
    const char *text;
    if (!PyArg_ParseTuple(args, "s", &text))
        return NULL;
    printf("%s\n", text);
    Py_RETURN_NONE;
}

static PyMethodDef dumb_print_methods[] = {
    {"print",  dumb_print, METH_VARARGS, "Print text"},
```

```
    {NULL, NULL, 0, NULL}          /* Sentinel */
};

static struct PyModuleDef dumb_print_module = {
    PyModuleDef_HEAD_INIT,
    "dumb_print",
    "sample extension module",
    -1,
    dumb_print_methods
};

PyMODINIT_FUNC
PyInit_dumb_print(void) {
    return PyModule_Create(&dumb_print_module);
}
```

この dumb_print.c の各部を簡単に見てみましょう。

まず、拡張モジュールの先頭で、Python.h をインクルードします。Python.h は、他の標準ライブラリのインクルードより先にインクルードする必要がありますので注意してください。

```
#include <Python.h>
```

dumb_print() は、Python で dumb_print.print() を呼びだすと起動される関数の本体です。関数には2つの PyObject へのポインターが引数として渡されます。PyObject は Python のオブジェクトを表す C 言語での型で、文字列や数値、関数などすべてのオブジェクトが PyObject *で参照されます。

```
static PyObject *
dumb_print(PyObject *self, PyObject *args) {
```

self は、Python によるクラスのメソッド定義で渡される引数 self と同じで、組み込み型のメソッドを実装するときにメソッドのオブジェクトを示すオブジェクトを指定します。この例ではメソッドではなく通常の関数なので、常に NULL となります。

args には、関数に渡された引数を格納するタプルオブジェクトが渡されます。

関数は、戻り値として PyObject *型の値を返します。処理中にエラーが発生した場合には PyErr_SetObject() などを使って例外を設定して NULL を返します。正常に終了した場合は結果となる値を返します。

Python で作成する関数と同様に、特に戻り値が必要ない関数では None を返すようにします。

args に渡された引数は、PyArg_ParseTuple() を使って分解し、必要な変換をして格納します。

```
const char *text;
if (!PyArg_ParseTuple(args, "s", &text))
    return NULL;
```

この例では、変換指定子にsを使って、PythonのUnicode文字列をutf-8エンコーディングのchar文字列に変換しています。

代表的な変換指定子を**表9.1**にまとめます。なお、変換でエラーが発生した場合、PyArg_ParseTuple( )はエラー情報を設定して0を返します。

表9.1 変数指定子

変数指定子	説明
s	Unicode文字列をutf-8エンコーディングのchar文字列に変換
u	Unicode文字列オブジェクトをPy_UNICODE型の配列に変換
i	数値オブジェクトをint型に変換
L	数値オブジェクトをPY_LONG_LONG型に変換

dumb_print( )では、渡された文字列をそのまま標準出力に出力します。textにはutf-8エンコーディングの文字列が格納されているため、Windows環境では日本語などが含まれる文字列を出力するは文字化けが発生します。

```
printf("%s\n", text);
```

このサンプルでは、特に戻り値は必要ないのでNoneを返します。

```
    Py_RETURN_NONE;
}
```

Py_RETURN_NONEマクロは次のように展開されます。

```
Py_INCREF(Py_None);
return Py_None;
```

Py_INCREF( )は拡張モジュールの開発でもっともよく使われるAPIの1つで、オブジェクトの参照カウントを更新します。Pythonのガベージコレクションは参照カウント方式を採用していて、すべてのオブジェクトは、自分が参照されている回数を正確に記録しています。この参照されている回数が0になると、そのオブジェクトは誰からも参照されていない、不要なオブジェクトであることがわかりますので、ガベージコレクタはそのオブジェクトを削除する仕組みになっています。

Py_INCREF( )は参照カウントをインクリメントするマクロで、オブジェクトへの新しい参照を作成するときに呼び出します。ここではNoneオブジェクトを戻り値として返しますので、そのぶんの参照を記録するためにPy_INCREF( )を呼び出しています。

このサンプルでは使用していませんが、オブジェクトへの参照が不要になった時には、Py_DECREF( )を呼び出して、参照カウントをデクリメントします。Py_DECREF( )の結果、参照カウントが0になると、そのオブジェクトは削除されます。

```
static PyMethodDef dumb_print_methods[] = {
    {"print",  dumb_print, METH_VARARGS, "Print text"},
    {NULL, NULL, 0, NULL}        /* Sentinel */
};
```

　PyMethodDefの配列を作成して、拡張モジュールで提供する関数のリストを記述します。配列の最後は、要素の値がNULLのPyMethodDef構造体で示します。

　PyMethodDefのメンバーは**表9.2**のとおりです。

表9.2　PyMethodDefのメンバー一覧

メンバー	説明
ml_name	メソッドの名前
ml_meth	メソッドを実装する関数へのポインター
ml_flags	メソッドの呼び出し形式を指定する。ここでは、METH_VARARGSを指定して位置パラメータをタブルで渡すように指定している
ml_doc	メソッドのドキュメンテーション文字列

　モジュールのデータを登録するPyModuleDef構造体を作成します。

```
static struct PyModuleDef dumb_print_module = {
    PyModuleDef_HEAD_INIT,
    "dumb_print",             /* モジュール名 */
    "sample extension module", /* ドキュメンテーション文字列 */
    -1, /* Pythonインタプリターで管理するモジュール固有データのサイズ。
           独自にグローバル変数で管理する場合は -1 を指定する */
    dumb_print_methods            /* PyMethodDefへのポインター */
};
```

　Pythonが拡張モジュールをインポートするためにライブラリをロードしたあと、ライブラリを初期化するために**PyInit_+拡張モジュール名**という名前の関数を呼び出します。

```
PyMODINIT_FUNC
PyInit_dumb_print(void) {
    return PyModule_Create(&dumb_print_module);
}
```

　この例ではモジュール名はdumb_printですので、呼び出される関数名はPyInit_dumb_print()となります。この関数では、PyModule_Create()を呼び出して、拡張モジュール情報の登録を行います。

9-2 　拡張モジュールのビルド

dumb_printのソースができたら、次はこのソースをコンパイルして適切なPythonとリンクしなければなりません。そのために独自にビルド環境を構築するのではなく、distutilsのようなモジュール管理ツールを使うと簡単です。

まず、**リスト9.2**の内容のファイルをsetup.pyという名前で作成します。

リスト9.2　setup.py

```
from distutils.core import setup, Extension
setup(name='dumb_print',
      version='1.0',
      ext_modules=[Extension('dumb_print', ['dumb_print.c'])],
)
```

このスクリプトを実行して、dumb_printモジュールをビルドします。

```
$ python setup.py build
```

ビルドが正常に終了したら、次に拡張モジュールをインストールします。

```
# python setup.py install
```

テスト用であれば、インストールはせずにバイナリーファイルをソースディレクトリ内に作成して、テストの際にはカレントディレクトリからインポートするようにしたほうがよいでしょう。バイナリーファイルをソースディレクトリに作成するときは、-iオプションを使ってビルドします。

```
# python setup.py build_ext -i
```

この後、ソースディレクトリをカレントディレクトリとしてPythonを起動すれば、dumb_printモジュールを利用できるようになります。

```
>>> import dumb_print
>>> dumb_print.print("hello")
hello
```

9-3 例外処理

PythonのC APIでエラーが発生した場合、エラーの内容は必ず例外として設定されるルールになっています。呼び出し元では、APIの戻り値をチェックし、エラーが発生した場合は例外オブジェクトを適切に処理する必要があります。

APIの呼び出しでエラーが発生した場合、多くのケースではそのまま何もせずに呼び出し元にエラーを通知して復帰します。その後、Pythonインタプリターがエラーの発生を検出し、例外ハンドラーの起動やエラー情報の出力が行われます。もしエラーが予測されたものであり、無視して処理を続行するならば、PyErr_Clear()を呼び出して例外をクリアする必要があります。

API内部ではなく、独自の処理を実行中にエラーが発生した場合も、例外オブジェクトを設定して呼び出し元にエラーを通知しなければなりません。例外を設定する方法はいろいろと用意されていますが、PyErr_SetString()などを使って、次のように設定します。

```
PyErr_SetString(PyExc_ValueError、"Invalid argument");   /* ValueError 例外を創出 */
```

9-4 Global Interpreter Lock（GIL）

Pythonインタプリターは複数のスレッドで同時にPythonスクリプトを実行せず、常に1つのスレッドでしか実行されないようになっています。このために、複数スレッドでの実行状態を制御するロックを管理しており、このロックをGlobal Interpreter Lock（GIL）と言います。

Pythonスクリプトの実行中は各スレッドがそれぞれ自動的にGILの取得と解放を行い、適切にスクリプトが実行されるようになっていますが、拡張モジュールなどで長時間スレッドがCPUを使用しない状態になる場合は、明示的にGILを解放して他のスレッドが優先的にCPUを利用するように制御することができます。

たとえば拡張モジュールで大きなファイルを読み込もうとすると、ハードディスクの読み込み待ちなどでGILを保持していてもCPUを使用できない時間が発生します。このような場合、ファイル読み込み中はGILを解放し、読み終わってからGILを再取得すれば、CPUの利用効率が向上することが期待できます。

GILの解放と再取得は、次のように行います。

```
Py_BEGIN_ALLOW_THREADS
fread(buf, 1, 0xffffffffffff, fin);
Py_END_ALLOW_THREADS
```

Py_BEGIN_ALLOW_THREADSとPy_END_ALLOW_THREADSに囲まれた部分ではGILが解

放されており、他のスレッドでのみPythonの実行ができるようになっています。GILを解放している間は、そのスレッドではPython APIを呼び出せない点に注意してください。

9-5 組み込み型の定義

拡張モジュールでは、文字列やタプルのような組み込み型を、新しく定義することもできます（**リスト9.3**）。

リスト9.3　spam_type1.c

```c
#include <Python.h>

typedef struct {
    PyObject_HEAD
} spam_object;

static PyTypeObject spam_type = {
    PyVarObject_HEAD_INIT(NULL, 0)
    "spam.Spam",                /* tp_name */
    sizeof(spam_object),        /* tp_basicsize */
    0,                          /* tp_itemsize */
    0,                          /* tp_dealloc */
    0,                          /* tp_print */
    0,                          /* tp_getattr */
    0,                          /* tp_setattr */
    0,                          /* tp_reserved */
    0,                          /* tp_repr */
    0,                          /* tp_as_number */
    0,                          /* tp_as_sequence */
    0,                          /* tp_as_mapping */
    0,                          /* tp_hash */
    0,                          /* tp_call */
    0,                          /* tp_str */
    0,                          /* tp_getattro */
    0,                          /* tp_setattro */
    0,                          /* tp_as_buffer */
    Py_TPFLAGS_DEFAULT,         /* tp_flags */
    "Spam objects",             /* tp_doc */
};

static PyModuleDef spammodule = {
    PyModuleDef_HEAD_INIT,
    "spam",
    "Example module that creates an extension type.",
```

225

```
    -1,
    NULL, NULL, NULL, NULL, NULL
};

PyMODINIT_FUNC
PyInit_spam(void)
{
    PyObject* m;

    spam_type.tp_new = PyType_GenericNew;
    if (PyType_Ready(&spam_type) < 0)
        return NULL;

    m = PyModule_Create(&spammodule);
    if (m == NULL)
        return NULL;

    Py_INCREF(&spam_type);
    PyModule_AddObject(m, "Spam", (PyObject *)&spam_type);
    return m;
}
```

　この例では、先ほどの例に加えてPyTypeObjectを使って型を定義しています。この型は非常に単純な型で、メソッドなどは全く定義されていませんが、次のようにすればspam.Spam型のオブジェクトが作成されます。

```
>>> import spam
>>> obj = spam.Spam()
```

　組み込み型のメソッドは、PyMethodDef型の配列を作成してPyTypeObject.tp_methodsに指定します。spam.Spam型にメソッドを追加する例を**リスト9.4**に示します。

リスト9.4　spam_type2.c

```
#include <Python.h>

typedef struct {
    PyObject_HEAD
} spam_object;

static PyObject *
ham_method(PyObject* self) {
    return PyUnicode_FromString("hello");
}

static PyMethodDef spam_methods[] = {
```

```
    {"ham", (PyCFunction)ham_method, METH_NOARGS, "Doc string of ham"},
    {NULL}  /* Sentinel */
};

static PyTypeObject spam_type = {
    PyVarObject_HEAD_INIT(NULL, 0)
    "spam.Spam",                /* tp_name */
    sizeof(spam_object),        /* tp_basicsize */
    0,                          /* tp_itemsize */
    0,                          /* tp_dealloc */
    0,                          /* tp_print */
    0,                          /* tp_getattr */
    0,                          /* tp_setattr */
    0,                          /* tp_reserved */
    0,                          /* tp_repr */
    0,                          /* tp_as_number */
    0,                          /* tp_as_sequence */
    0,                          /* tp_as_mapping */
    0,                          /* tp_hash  */
    0,                          /* tp_call */
    0,                          /* tp_str */
    0,                          /* tp_getattro */
    0,                          /* tp_setattro */
    0,                          /* tp_as_buffer */
    Py_TPFLAGS_DEFAULT |
        Py_TPFLAGS_BASETYPE,    /* tp_flags */
    "spam objects",             /* tp_doc */
    0,                          /* tp_traverse */
    0,                          /* tp_clear */
    0,                          /* tp_richcompare */
    0,                          /* tp_weaklistoffset */
    0,                          /* tp_iter */
    0,                          /* tp_iternext */
    spam_methods,               /* tp_methods */
    0,                          /* tp_members */
    0,                          /* tp_getset */
    0,                          /* tp_base */
    0,                          /* tp_dict */
    0,                          /* tp_descr_get */
    0,                          /* tp_descr_set */
    0,                          /* tp_dictoffset */
    0,                          /* tp_init */
    0,                          /* tp_alloc */
    0,                          /* tp_new */
};

static PyModuleDef spammodule = {
```

1章
2章
3章
4章
5章
6章
7章
8章
9章
10章
11章
12章
13章
14章
15章
16章
17章
18章
19章
20章
21章

```
    PyModuleDef_HEAD_INIT,
    "spam",
    "Example module that creates an extension type.",
    -1,
    NULL, NULL, NULL, NULL, NULL
};

PyMODINIT_FUNC
PyInit_spam(void)
{
    PyObject* m;

    spam_type.tp_new = PyType_GenericNew;
    if (PyType_Ready(&spam_type) < 0)
        return NULL;

    m = PyModule_Create(&spammodule);
    if (m == NULL)
        return NULL;

    Py_INCREF(&spam_type);
    PyModule_AddObject(m, "Spam", (PyObject *)&spam_type);
    return m;
}
```

この例では、ham()という名前のメソッドを追加しています。

```
>>> import spam
>>> s = spam.Spam()
>>> s
<spam.Spam object at 0xb715a4c8>
>>> s.ham()
'hello'
```

9-6 アプリケーションにPythonを組み込む

　Pythonプログラムを、Pythonインタープリタコマンドから実行するのではなく、独自のアプリケーションにPythonを組み込んで機能を呼びだすことも可能です。

```
#include <Python.h>

int main(int argc, char *argv[])
{
```

```
    Py_Initialize();
    PyRun_SimpleString("print('hello')\n");
    Py_Finalize();
    return 0;
}
```

　Pythonを組み込むアプリケーションでは、開始時にPy_Initialize( )を呼び出し、終了時には Py_Finalize( )を呼び出します。この例では、Python C API のPyRun_SimpleString( )を使って、 print('hello')というPythonスクリプトを実行しています。

10章　標準ライブラリ

Pythonの標準ライブラリは膨大で、ライブラリに関する公式英語ドキュメントは1400ページ（A4サイズPDF）以上のボリュームです。本章では標準ライブラリの中から、Pythonの動作自体に影響を与えるライブラリ・開発のためのライブラリを一部紹介します。

10-1　sys

　Pythonのインタプリター自体の状態や、インタプリターが動作しているシステムの状態を扱うモジュールです。情報を確認する関数についてはAppendixで紹介しますので、そちらも参照してください。

10-1-1　Python の動作を変更する

■ sys.displayhook(value)

　Pythonのインタラクティブシェルで値が評価されると呼び出される関数です。インタラクティブシェルで実行結果が表示されるのはこのフックが設定されているからです。

　標準のフックは、評価結果をreprした結果を標準出力に書き出し、__builtins__._に実行結果を保存します。インタラクティブシェルで「_」に最後の実行結果が格納されているのはこのためです。標準のフックは、評価結果がNoneの場合には何もしません。

　引数を1つ取る関数で上書きするとフックを架け替えられます。引数を2倍したものを表示し、引数を「_」に保存する関数に架け替えてみます。

```
>>> import sys
>>> def twice(value):
...     if not value is None:
...         sys.stdout.write(repr(value * 2) + "\n")
...         import builtins
...         builtins._ = value
...
>>> sys.displayhook = twice
>>>
>>> 2
4
>>> _
```

```
4
>>> print(_)
2
```

■ sys.excepthook(type, value, traceback)

発生した例外が捕捉されなかった場合、プログラムが終了する前に呼び出される関数です。インタラクティブシェルの場合は、入力に戻る前にこの関数が呼び出されます。

displayhookと同様引数を3つもつ関数で上書きするとフックを架け替えられます。

■ sys.__displayhook__ ／ sys.__excepthook__

displayhookとexcepthookは関数を付け替えられますが、元に戻せるようにオリジナルのdisplayhookとexcepthookが保存されています。

■ sys.path_hooks ／ sys.meta_path ／ sys.path_importer_cache

パッケージ／モジュールのインポートをカスタマイズするための変数です。sys.path_hooksとsys.meta_pathはリストで、ファインダーと呼ばれるクラスを登録します。

ファインダーには`find_module(self, fullname, path=None)`というメソッドを定義します。fullnameにはインポートするドットで区切られたフルパッケージ・モジュール名が渡されます。pathは、sys.meta_pathに登録されたファインダーが呼び出されたときにのみ値が渡されます。パッケージ・モジュールを見つけたら、ローダーを生成して返します。ファインダーが扱えないものを要求された場合にはImportErrorを送出することになっています。

ローダーには、`load_module(self, fullname)`というメソッドを定義します。fullnameにはインポートするドットで区切られたフルパッケージ・モジュール名が渡されます。

load_module(self, fullname)には次のような決まりことがあります[注1]。

- fullnameがsys.modulesにすでに登録されていた場合には、登録済みのモジュールを返さなければならない
- モジュールを生成する前に、sys.modulesに登録を済ませなければならない
- モジュールの生成に失敗した場合には、sys.modulesに登録した可能性のあるものを取り除かなければならない
- パッケージ／モジュールの__file__に何かしらの文字列を設定しなければならない[注2]
- パッケージ／モジュールの__name__に値を設定しなければならない[注3]

(注1)　ビルトインモジュールや拡張ライブラリは、必ずしも決まりことを守る必要はありません。

(注2)　正しくたどれなくても構いません。

(注3)　後述するサンプル（リスト10.1）のように、imp.new_moduleを使えば自動で設定されます。

Part
2

言語仕様

- 生成されるのがパッケージである場合には、パッケージ／モジュールの__path__に値を設定しなければならない(注4)
- パッケージ／モジュールの__lorder__にローダーを設定しなければならない
- パッケージ／モジュールの__package__にパッケージ名を設定しなければならない

表10.1　ローダーに定義するメソッド一覧

メソッド	説明
get_data(self, path)	パッケージ／モジュール用のデータを文字列で返すための関数
is_package(self, fullname) get_code(self, fullname) get_source(self, fullname)	ツールから利用されることがあるので、定義する際には3つ同時に定義する必要があります。欠ける場合には1つも定義してはいけません。モジュールをスクリプトとして実行したい場合にも定義する必要があります。is_packageはfullnameがパッケージである場合にはTrueを返します。get_codeはcodeオブジェクトを返します（ビルトインモジュールや拡張ライブラリはNoneを返します）。get_sourceはソースを文字列で返すか、Noneを返します。これらのメソッドでも、うまくモジュールを見つけられない場合にはImportErrorを送出させます
get_filename(fullname)	__file__の設定に利用されるため、モジュールをスクリプトとして実行したい場合にはis_package, get_code, get_sourceとともに、必ず定義しなければなりません。__file__を返します

sys.meta_pathはsys.path_hooksと同様にインポートフックですが、sys.path_hooksに登録するのとはいくつか違いがあります。

- sys.pathを使ったインポートが処理される前に呼ばれます。つまり、sys.pathに関係なく使います
- サブモジュール／サブパッケージをfind_moduleする際に第2引数が渡されます。第2引数には親パッケージの__path__が渡されます

　簡単なファインダーとローダーのサンプルを記載します。**リスト10.1**はHTTPプロトコルを使って、インターネット経由でパッケージ／モジュールをインポートできるファインダー、ローダーのサンプルです。

リスト10.1　http_loader1.py

```
import sys
import os
import imp
import http.client
from urllib import parse


EXTENTION = '.txt'


def _create_full_path(path, fullname):
    """インターネットのパスを生成するヘルパー関数。
```

(注4)　サブモジュールのロードに必要とされます。

```
    ※ファインダー・ローダーの本質ではありません。
    """
    url_component = parse.urlparse(path)
    target = url_component.scheme + '://' + url_component.netloc \
            + os.path.join(os.path.normpath(url_component.path), \
            *(fullname.split('.'))) + EXTENTION
    return target

def _package_path(path, fullname):
    """インターネットのパッケージパスを生成するヘルパー関数。

    ※ファインダー・ローダーの本質ではありません。
    """
    target = _create_full_path(path, fullname)
    res = os.path.dirname(target) + '/{0}/__init__'.format(fullname) + EXTENTION
    return res

def _exist_url(target):
    """指定されたパスがインターネット上に存在するか確認するヘルパー関数。

    ※ファインダー・ローダーの本質ではありません。
    """
    url_component = parse.urlparse(target)
    conn = http.client.HTTPConnection(url_component.netloc)
    conn.request("HEAD", url_component.path)
    res = conn.getresponse()
    if __debug__:
      print('{0}: {1}'.format(res.status, target))
    if 200 <= res.status < 400:
        return True
    return False

def is_package(path, fullname):
    """指定されたパスがパッケージとしての形式でインターネット上に存在するか確認するヘルパー関数。

    ※ファインダー・ローダーの本質ではありません。
    """
    return _exist_url(_package_path(path, fullname))

class HttpImportFinder:
    """ファインダーのサンプルクラス。 """

    EXTENTION = '.txt'

    def __init__(self, path_entry):
        """sys.path_hooks に設定された場合、sys.pathの各エントリーがpath_entryに入って呼び出されます。"""
        self.path_entry = path_entry
```

```
            if path_entry.index('http://') != 0:
                raise ImportError() #扱えない場合には ImportError を送出します
            return #コンストラクタは値を返せませんので、呼び出し可能オブジェクトが値を返すことは期待されません

    def find_module(self, fullname, path=None):
        """fullname のパッケージやモジュールを見つけたらローダーを返すメソッド。"""
        if is_package(self.path_entry, fullname):
            #指定されたパッケージを見つけたらローダーを返します
            return HttpImportLoader(self.path_entry)
        target = _create_full_path(self.path_entry, fullname)
        if _exist_url(target):
            #指定されたモジュールを見つけたらローダーを返します
            return HttpImportLoader(self.path_entry)
        return None #パッケージ・モジュールを見つけられない場合には None を返します

class HttpImportLoader:
    """ローダーのサンプルクラス。"""

    def __init__(self, path):
        """ファインダーの find_module でファインダーのコンストラクタに渡されたパスを渡されて呼び出されます。"""
        self.path_entry = path

    def load_module(self, fullname):
        """モジュールをロードするメソッド。"""
        if fullname in sys.modules:
            #sys.modules に同じ名前があったら、再利用しなければなりません
            mod = sys.modules[fullname]
        else :
            #モジュールをロードする前に必ず sys.modules に追加します
            mod = sys.modules.setdefault(fullname, imp.new_module(fullname))
        if is_package(self.path_entry, fullname):
            target = _package_path(self.path_entry, fullname)
            #パッケージの場合にはパスを設定します。サブモジュールはこのパスを起点にして探索・インポートされます
            mod.__path__ = [self.path_entry]
            mod.__package__ = fullname #自分自身です
        else :
            target = _create_full_path(self.path_entry, fullname)
            #モジュールの場合、自分自身のパスを設定します
            mod.__path__ = _create_full_path(self.path_entry, fullname)
            mod.__package__ = '.'.join(fullname.split('.')[:-1]) #親の名前を設定します
        mod.__file__ = target
        mod.__name__ = fullname
        mod.__loader__ = self
        code = self.get_source(fullname)
        exec(code, mod.__dict__)
        return mod
```

```
    def get_source(self, fullname):
        """ソースコードを返すメソッド。定義しなくても構いません。"""
        if is_package(self.path_entry, fullname):
            target = _package_path(self.path_entry, fullname)
        else :
            target = _create_full_path(self.path_entry, fullname)
        url_component = parse.urlparse(target)
        conn = http.client.HTTPConnection(url_component.netloc)
        conn.request("GET", url_component.path)
        res = conn.getresponse()
        code = res.read()
        return code

    def get_code(self, fullname):
        """コードオブジェクトを返すメソッド。定義しなくても構いません。"""
        source = self.get_source(fullname)
        return compile(source, fullname, 'exec', dont_inherit=True)

    def is_package(self, fullname):
        """パッケージか否かを返すメソッド。定義しなくても構いません。"""
        return is_package(self.path_entry, fullname)

    def get_filename(self, fullname):
        """ファイル名を返すメソッド。定義しなくても構いません。"""
        if is_package(self.path_entry, fullname):
            return _package_path(self.path_entry, fullname)
        else:
            return _create_full_path(self.path_entry, fullname)


'''次のような構成でインターネットにファイルがあるとします。


http://static.tsuyukimakoto.com/mtsuyuki/__init__.txt
http://static.tsuyukimakoto.com/mtsuyuki/samp.txt

__init__.txtは空のファイル、samp.txtにはhelloという関数定義があるとします。
'''

sys.path_hooks.append(HttpImportFinder) #sys.path_hooksに HttpImportFinderを登録します。
sys.path.append('http://static.tsuyukimakoto.com/') #sys.pathに起点のURLを登録します。

from mtsuyuki import samp #http経由でインポートして
print(samp.hello())        #インポートしたモジュールの関数を利用します
```

■ sys.dont_write_bytecode

Trueに設定すると.pycや.pyoを生成しないようにします。Pythonインタプリター起動時に
-Bオプションを設定するか、PYTHONDONTWRITEBYTECODE環境変数でも設定できます。

■ sys.getswitchinterval() / sys.setswitchinterval(interval)

スレッドの切り替え時間を秒で指定・取得します。デフォルトは0.005（5ms）です。

■ sys.setrecursionlimit(limit) / sys.getrecursionlimit()

再帰の深さ制限を設定・取得します。デフォルトは1000に設定されています。

■ sys.ps1 / sys.ps2

インタラクティブシェルのプロンプト設定です。通常 sys.ps1 は「>>> 」に、sys.ps2 は「... 」に
設定されてます。

値を設定することで簡単に表示を変更できます。

```
sys.ps1 = '^^^ '
sys.ps2 = '::: '
^^^ def hello():
:::     pass
:::
```

■ sys.setprofile(profilefunc)

システムのプロファイル関数を登録できます。

■ sys.settrace(tracefunc)

システムのトレース関数を登録できます。

■ sys.call_tracing(func, args)

トレースが有効な間、func(*args)を実行します。

■ sys.exit(arg)

問題なく正常終了する場合には0を、異常終了の場合には1〜127を利用するのが通例です。
決まりではありませんので、他の数字や文字列を渡すこともできます。実際の動きは
SystemExit例外を送出するだけです。例外をキャッチすれば、そのまま処理を続けることも可
能です。

■ sys.intern(string)

internされた文字列を返します。文字列をキーにするような場合にinternすると少しパフォーマンスがあがる可能性があります。辞書の実装に使われています。

10-2 os

macOSやWindows NT、他のPOSIXシステムの差異を吸収するモジュールです。パスを操作する関数についてはAppendxを参照してください。

10-2-1 環境変数の操作 (os.environ)

実行時の環境変数にアクセスするには、os.environ辞書を利用します。通常の辞書と同様の操作が可能です。

```
>>> os.environ['LANG']
'ja_JP.UTF-8'
>>> os.environ.get('LANG')
'ja_JP.UTF-8'
```

os.environ辞書への値の設定は、os.system( ),popen( ),fork( ),execv( )で起動したサブプロセスに影響します。os.environ辞書へ値を設定すると自動的にos.putenvが動作します。

環境変数の取得は、os.getenvでも可能です。

```
>>> os.getenv('LANG')
'ja_JP.UTF-8'
```

10-3 site

10-3-1 サイトとは

あるシステムを1つの世界とみなした場合、そのシステムをサイトと考えます。

Pythonの標準ライブラリがバッテリーインクルードと呼ばれているとはいえ、標準ライブラリのみで構築できるシステムは限られたものでしょう。汎用的に多くの場合に必要となるであろう標準ライブラリとは別のあるシステムに固有のライブラリがサイト固有のライブラリです。

システム＝サイトはOSのインストール上のPythonのメジャー.マイナーバージョン単位が基本

ですが、ユーザーをサイトと見なした単位でも扱えます。

Python 3.3からはVirtualEnvという仮想的なPythonインストール単位を標準で扱えるように venvモジュールが追加されています。venvモジュールを使うと、独立したPythonの環境を、任意の数の仮想環境を作れます（同じメジャー・マナーバージョンの仮想環境を複数個作れます）。

10-3-2 インタプリター起動時のフック

このsiteモジュールは、Pythonのインタプリター起動時にimportされ、サイト固有のライブラリパスを設定します。

サイト固有のライブラリパスには、前述のとおりシステムレベルのものとユーザーレベルのものがあります。また、Python 3.3から標準となった仮想環境の場合には仮想環境レベルのものがあります。

そもそもライブラリの探索パスはどのようになっているのでしょうか。通常の状態のPythonインタプリターでも仮想環境のPythonインタプリターでも標準ライブラリは同じです。

インタプリターを起動する際のライブラリ探索パスは次のような状態です。

```
[
  （ カレントディレクトリ）,
  標準ライブラリのzip,
  標準ライブラリパス、
  プラットフォーム依存標準ライブラリパス、
  プラットフォーム依存シェアードライブラリパス
]
```

■ user site-packages

siteモジュールによってユーザーレベルのサイト固有のライブラリパスが追加されます。パスの設定は次のように行われます。

① sysconfig.get_config_var('userbase')をuserbaseとする
② sysconfig.get_path('purelib', 'osx_framework_user') で取得できたパスが存在すれば末尾に追加します（macOS公式バイナリーの場合）
   sysconfig.get_path('purelib', '%s_user' % os.name) で取得できたパスが存在すれば末尾に追加します（macOS公式バイナリー以外）

ただし、このユーザーレベルのサイト固有ライブラリパスは、実行しているプロセスのuidとsuidが一致しない場合や、guidとsguidが一致しない場合には、セキュリティの観点からパスに

追加されません。

■ site-packages

次に、システムレベルのサイト固有ライブラリパスが追加されます。パスの設定は次のように行われます。

- **sys.platformがos2ems、rescosの場合**
  sys.prefとsys.exec_prefixのパス以下にLib/site-packagesを追加したパス存在すれば末尾に追加します。
- **パスセパレーターが / の場合（かつ、os2ems,rescos以外）**
  sys.prefixとsys.exec_prefixのパス以下に lib/python`X`.`Y`/site-packagesとlib/site-pythonのパスが存在すれば末尾に追加します。
- **それ以外の場合**
  sys.prefixのパス以下にlib/site-packagesを追加したパスが存在すれば末尾に追加します。

また、ユーザーレベルのサイト固有ライブラリパス／システムレベルのサイト固有ライブラリパスを設定した時点で、同パスに.pthで終わるファイルがあった場合には、.pthファイルに記載された内容にしたがって次のように処理を行います。

importで始まる行は実行、テキストだけの行はテキストと同名のディレクトリが同階層にあればsys.pathの末尾に追加します。#で始まる行と空の行は無視されます。

Pythonインタプリターの起動時に-sオプションを指定すると、ユーザーレベルのサイト固有ライブラリは設定されません。また、-Sオプションを指定するとsiteモジュールの自動import が行われず、結果としてユーザーレベル／システムレベルともにサイト固有ライブラリの設定が行われません（siteモジュールのimportをあえて行っても設定は行われません）。

■ usercustomize

ユーザーレベルのサイト固有ライブラリの追加とあわせて、siteモジュールはusercustomizeというモジュールをimportしようと試みます。

このモジュールはユーザーレベルのフックをかけられるモジュールで、ユーザーレベルのサイト固有ライブラリとして配置するものとして設計されています。importに失敗した場合には無視して先へ進みます。

■ sitecustomize

ユーザーレベルのusercustomizeと同様に、サイト固有ライブラリの追加とあわせて、siteモジュールはsitecustomizeというモジュールをimportしようと試みます。

システムレベルのサイト固有ライブラリとして配置するものとして設計されており、importに失敗した場合には無視して先へ進みます。

10-4 venv（仮想環境）

Pythonの仮想環境を整えるモジュールです。Python 3.3から標準になりました。3.2までは
VirtualEnvというサードパーティライブラリを導入する必要がありました。

10-4-1 仮想環境

いくつものプロジェクトを開発していると、複数のプロジェクトから参照されるライブラリが
登場したり、別のプロジェクト用に導入されたライブラリに依存してしまったりといったことが
おきやすくなります。

そこで1つのプロジェクト用に1つのサードパーティライブラリ群を設定できるVirtualEnvと
いうライブラリが使われるようになりました。VirtualEnvが広く使われるようになり、Python 3.3
からはVirtualEnvの機能がvenvモジュールとして標準ライブラリに導入されました。

■ 仮想環境の特徴

sys.prefixが仮想環境の起点に設定され、システムレベル／ユーザーレベルともにサイト固有
ライブラリが設定されません。代わりに、仮想環境用のサイト固有ライブラリが設定されます。

仮想環境用のサイト固有ライブラリはsys.prefixが変更されることで、仮想環境の配下にある
ディレクトリが対象になります。

ただし、仮想環境のPythonインタプリター起動時のsiteモジュール自動読み込み時に、仮想
環境の起点ディレクトリ（executable_dir）か直下のbinディレクトリ（executable_dir/bin）に
pyvenv.cfgというファイルがある場合にはシステムのサイト固有ライブラリを使う設定を確認し
ます。include-system-site-packages=trueという設定になっている場合には、システムのサイ
ト固有ライブラリをsys.pathの末尾に追加します。

10-4-2 仮想環境の作り方

仮想環境はvenvモジュールを実行して作成できます。

```
python -m venv [仮想環境ディレクトリ]
```

venvではいくつかのオプションを指定できます（**表10.2**）。

表10.2 オプション一覧

オプション	説明
--system-site-packages	仮想環境は他の環境に影響されないように使うものですので、通常はシステムのサイト固有パッケージにあるライブラリは利用しません。このオプションを指定すると、仮想環境ディレクトリ直下のpyvenv.cfgにシステムのサイト固有パッケージを利用するための設定が書き出されます
--symlinks	指定すると、Pythonインタプリターを仮想環境へコピーするのではなく、シンボリックリンクで処理されます
--clear	指定すると、仮想環境ディレクトリを削除します
--upgrade	指定すると、仮想環境ディレクトリを元となる実行環境に合わせてアップグレード（コピーの再実行）をします

venvモジュールを実行して仮想環境ができた後は、仮想環境ディレクトリ内のbin/activateを使って仮想環境をアクティブにします。

- Windowsの場合
  bin/activate
- Linuxなどの場合
  $ source bin/activate

仮想環境をアクティブにすると、システムのファイル探索パスの最初に仮想環境のbinディレクトリが登録されます。そのため、システムがPythonインタプリターを探索すると、仮想環境のPythonインタプリターが最初に見つかるのです。

10-5 atexit

インタプリター終了時のハンドラーを登録／解除するモジュールです。

sys.exitで終了した場合に呼び出されます。os._exitで終えた場合やkillコマンドで終了した場合には呼び出されません。

register関数で登録、unregister関数で解除を行います。登録時の2番目以降の引数は実際に関数が呼び出される際に渡されます。

登録した時間とインタプリターが終了した時間を表示する場合、次のようになります。

```python
import atexit
from datetime import datetime


def bye(start, in_second=False):
    fin = datetime.now()
    print('開始:{0}'.format(
        start.strftime('%Y年%m月%d日 %H時%M分%S秒')
```

```
        )
    )
    print('終了:{0}'.format(
        fin.strftime('%Y年%m月%d日 %H時%M分%S秒')
    )
)
if in_second:
    print('{0}秒間利用しました'.format(
            (fin - start).total_seconds()
        )
    )

atexit.register(bye, datetime.now(), True)
```

インタラクティブシェルの起動時間を終了時に出力したい場合には、atexit.registerを記述したスクリプトをPYTHONSTARTUP環境変数に定義して、インタラクティブシェルの起動時に毎回呼び出されるようにするとよいでしょう。

10-6 builtins

ビルトインモジュールは、どこでも使える関数や型の格納されたモジュールです。

10-6-1 組み込みの例外

組み込み例外クラスの一覧を表10.3に表します。表10.3の中で組み込み例外クラスの重要なものを以降で説明します。継承関係や、通常の意味についてはリファレンスを参照してください[注5]。インタラクティブシェルのhelpで見ると便利でしょう。

表10.3 組み込み例外クラスの一覧

例外クラス	説明
ArithmeticError	数学関連の例外クラス
AssertionError	アサーションに失敗したときに利用する例外クラス
AttributeError	説明アトリビュートに関する例外クラス
BaseException	例外クラスの基底クラス
BlockingIOError	ノンブロッキング操作でブロッキングが発生した場合に利用する例外クラス
BrokenPipeError	切断された書き込みストリームに書き出そうとした際に利用する例外クラス
BufferError	バッファー関連の例外クラス
ChildProcessError	子プロセスに関する例外クラス
ConnectionAbortedError	接続中断に関する例外クラス

（注5）　組み込み例外の継承関係　https://docs.python.org/3/library/exceptions.html#exception-hierarchy

例外クラス	説明
ConnectionError	接続に関する例外クラス
ConnectionRefusedError	接続拒否に関する例外クラス
ConnectionResetError	接続リセットに関する例外クラス
EOFError	End Of File に関する例外クラス
EnvironmentError	Python外の理由で発生したエラーに関する例外クラス （3.3でOSErrorに統一されました）
Exception	通常の例外基底クラス
FileExistsError	ファイル関連の例外クラス
FileNotFoundError	ファイル関連の例外クラス
FloatingPointError	浮動小数点数に関する例外クラス
GeneratorExit	ジェネレータが終了した際に利用する例外クラス
IOError	I/O操作に関する例外クラス（3.3でOSErrorに統一されました）
ImportError	import文に関する例外クラス
IndentationError	Syntaxのうち、インデントに関する例外クラス
IndexError	シーケンスオブジェクトの範囲に関する例外クラス
InterruptedError	システムコールの中断に関する例外クラス
IsADirectoryError	ディレクトリに対する操作関連の例外クラス
KeyError	マップ型のキーに関する例外クラス
KeyboardInterrupt	中断キーに関する例外クラス
LookupError	探索に関する例外クラス
MemoryError	メモリーに関する例外クラス
NameError	グローバル空間の名前に関する例外クラス
NotADirectoryError	ディレクトリ以外に対する操作関連の例外クラス
NotImplementedError	未実装に関する例外クラス
OSError	システムの関数エラーに関する例外クラス
OverflowError	数学関係のオーバーフローに関する例外クラス
PermissionError	権限に関する例外クラス
ProcessLookupError	プロセス関連の例外クラス
ReferenceError	弱参照に関する例外クラス
RuntimeError	実行時例外に関する例外クラス
StopIteration	イテレータが終了した際に利用する例外クラス
SyntaxError	シンタックスに関する例外クラス
SystemError	インタプリターの内部エラー
SystemExit	インタプリターの終了用の例外クラス
TabError	タブとスペースに関する例外クラス
TimeoutError	システム関数のタイムアウトに関する例外クラス
TypeError	型に関する例外クラス
UnboundLocalError	変数スコープに関する例外クラス
UnicodeDecodeError	ユニコードのデコードに関連する例外クラス
UnicodeEncodeError	ユニコードのエンコードに関連する例外クラス
UnicodeError	ユニコード関連の例外クラス
UnicodeTranslateError	ユニコードの変換に関する例外クラス
ValueError	型ではなく値に関する例外クラス
ZeroDivisionError	ゼロ除算に関する例外クラス

■ BaseException

例外クラスの基底クラスです。すべての例外はこのクラスのサブクラスとして定義する必要がありますが、直接このクラスを利用するのではなく、Exceptionクラスを利用します。

■ Exception

ユーザー定義の例外クラスを定義する際は、このクラスかサブクラスを継承します。

■ NotImplementedError

Pythonでabstractクラスを実現したいときによく利用されます。定義しなければならないメソッドにNotImplementedErrorを送出させておきます。厳密にいえばabstractクラスではありませんが、Pythonになれた人がNotImplementedErrorだらけのクラスの定義を見た場合には、abstractクラスの意味で利用してると見当がつきます。

10-6-2　組み込みのWarning

■ warnings

Warningは状況に応じて警告をユーザーへ伝えるものです。例外を発生させてプログラムを終了させるのではなく、問題かもしれないことを伝えます。

Pythonは後方互換性を大切にするということはPart1で紹介しました。しかし、古い機能を新しい機能で置き換えた場合には、いずれ古い機能は削除しなければなりません。そんな場合には、DeprecationWarningを使い、ユーザーにいずれなくなる機能であることを伝えます。

Warningをユーザーへ伝えるためにはwarningsモジュールを利用します。

```
warnings.warn(msg, category=None, stacklevel=1)
```

```
>>> import warnings
>>> warnings.warn('メッセージ', Warning)
__main__:1: Warning: メッセージ
```

第1引数 (msg) には、内容を伝えるためのメッセージを渡します。第2引数 (category) にはどの種類のWarningなのかを表すためにWarningクラスのサブクラスを渡します。

第3引数 (stacklevel) は実行情報獲得のための情報を渡します。渡された値は元となるフレームの取得のためにsys._getframeに渡されます。これは、warnings.warn関数の呼び出しを別の関数でラップした場合に呼び出し元のフレームを取得できるようにするためのものです。呼び出しのスタックが1段階増えるので、warnings.warnを呼びだす時にデフォルトの1ではなく2で呼び出してあげる必要があります。

Warningクラスのサブクラスを**表10.4**に表します。

表10.4　Warningクラスのサブクラス一覧

組み込みのWarningクラス	デフォルトの動作	カテゴリ
BytesWarning	エラー出力	bytesとbufferに関するカテゴリ
DeprecationWarning	無視	Deprecationに関するカテゴリ
FutureWarning	エラー出力	将来意味的に変更があること関するカテゴリ
ImportWarning	無視	モジュールのimportに関するカテゴリ
PendingDeprecationWarning	無視	将来Deprecationになることに関するカテゴリ
ResourceWarning	エラー出力	リソースの使い方に関するカテゴリ（3.2以降）
RuntimeWarning	エラー出力	実行時の振る舞いが怪しい場合のカテゴリ
SyntaxWarning	エラー出力	Syntaxが怪しい場合のカテゴリ
UnicodeWarning	エラー出力	Unicodeに関するカテゴリ
UserWarning	エラー出力	ユーザーのコードで発生させる場合のカテゴリ
Warning	エラー出力	Warningのベースクラス

　ソースコード上の同じ場所で発せられたWarningは抑制されます。設定を変えることで抑制を
させないこともできます。

　Python 3.7からはDeprecationWarningのデフォルト動作が少し変更されます。すべてを無視
するのではなく__main__から直接呼ばれた場合には出力されるようになります。たとえば
DeprecationWarningをwarnしているスクリプト自身を実行している場合はウォーニングが出力
されます。これはDeprecationWarningに気付きにくいことから変更が行われました。

■ Warningの動作を変更する

　warnings.warnはcategoryごとに初期動作が決まっていますが、必要に応じて動作を変更でき
ます。

　Pythonインタプリターの起動時オプションで動作を変えるには、-Wオプションを利用します。
オプションの一覧を表10.5に示します。

表10.5　インタプリター起動時のWarning設定オプション

オプション	説明
error	マッチしたWarningをExceptionにします
ignore	マッチしたWarningを無視します
always	マッチしたWarningを常にプリントします
default	マッチしたWarningを同一箇所につき1回だけ発生させます
module	マッチしたWarningを同一モジュールにつき1回だけ発生させます
once	マッチしたWarningを場所問わず1回だけ発生させます

C O L U M N

プログラムで動作を変更させるには

プログラムで動作を変える場合は、filterを設定します。

```
warnings.filterwarnings(action, message="", category=Warning, module="", lineno=0,
append=False)                                                          実際は一行
```

第1引数（action）は、起動時の-Wオプションと同じ文字列のいずれかを設定します。messageとmoduleは正規表現文字列を設定できます。categoryはWarningクラス（かサブクラス）を設定します。linenoに0が設定されている場合にはいずれの行でもマッチします。appendがTrueの場合には、フィルターの末尾に、Falseの場合は先頭に設定されます。

```
warnings.simplefilter(action, category=Warning, lineno=0, append=False)
```

messageやmoduleを設定する必要がない場合にはsimplefilterを利用します。

```
warnings.resetwarnings()
```

設定したフィルターを空にします。

10-6-3　組み込みの定数

以前のPythonではTrueとFalseは定数ではなく、書き換えられる名前でしたが、3.3からは定数となりました。この他にEllipsisという定数があり、スライスの定義の際に利用します。

10-6-4　組み込みの関数

組み込みの関数には、型のインスタンスを生成するタイプ（組み込み型）のものと、処理を行い結果を返すタイプ（組み込み関数）のものの2種類があります。組み込み型関数の一覧を**表10.6**に、組み込み関数の一覧を**表10.7**にまとめます。

組み込み関数のうちの一部を紹介します。

表10.6　組み込み型関数の一覧

bool	bytearray	bytes	classmethod	complex	dict
enumerate	filter	float	frozenset	int	list
map	memoryview	object	property	range	reversed
set	slice	staticmethod	str	super	tuple
type	zip				

表10.7　組み込み関数の一覧

abs	all	any	ascii	bin	callable
chr	compile	copyright	delattr	dir	divmod
eval	exec	exit	format	getattr	globals
hasattr	hash	hex	id	input	isinstance
issubclass	iter	len	locals	max	min
next	oct	open	ord	pow	print
repr	round	setattr	sorted	sum	vars
help	quit				

● locals

ローカル名前空間の名前一覧を返します。

● globals

グローバル名前空間の名前一覧を返します。グローバル名前空間は、他の言語でグローバルという単語から意識する広さとは違い、同一モジュール内に限定されます。モジュール内のトップレベル実行した場合locals( )とglobals( )は同一の名前を返します。

● dir

引数を空で呼びだすと、現在のスコープの名前一覧を返します。引数にオブジェクトなどを渡すと、オブジェクトの変数や関数の名前の一覧を返します。インタラクティブシェルで状態を確認しながらプログラムを書いていく際に非常に便利です。

● memoryview

バッファープロトコルをサポートしたデータを扱い、コピーを作ることなく操作できるクラスです。

たとえば、ソケットからのデータをじかに書き込むことも可能で、文字列のコピーを大量に生成する必要がなくなります(注6)。

（注6）　スライスで範囲を指定して上書きできるのは3.3からです。変更は対象のmemoryviewがreadonly=Falseでなければなりません。

```
>>> a = bytearray(b'abcdefghij')
>>> v = memoryview(a)
>>> vdash = v[4:]        # b'efghij'の部分への参照
>>> vdash[0:3] = b'xyz' # b'efghij'のefgの部分をb'xyz'に置き換え
>>> a        #vdash、vはaのメモリーへの参照なので、aの該当箇所が置き換わる
bytearray(b'abcdxyzhij')
```

● id(object)

オブジェクトを識別するIDを返します。IDはintegerで、同時に複数の別のオブジェクトが同じ値になることはありません[注7]。

● map(func, iterable, ...)

第2引数以降のiterableを順にfuncに渡した結果をyieldで返します（generator）。引数iterableは第1引数の関数の引数に順に渡されます。

```
>>> def f(x,y):
...     return x * y
...
>>> list(map(f, [1,2,3], [4,5,6]))
[4, 10, 18]
```

第2引数以降のiterableの数が違う場合には、1番短いものにあわせます。

```
>>> list(map(f, [6,7,8], [9,10]))
[54, 70]
```

● filter(func, iterable)

iterableのオブジェクトを順にfuncに渡し、funcがTrueを返したオブジェクトをyieldで返します（generator）。

```
>>> def f(x):
...     return x % 3 == 0
...
>>> list(filter(f, [1,2,3,4,5,6,7,8,9]))
[3, 6, 9]
```

（注7）　CPythonの場合はオブジェクトのメモリー上のアドレスです。

● zip(*iterables)

複数のiterableを受け取って、各iterableの同じ順序のオブジェクトをタプルにつめてyieldで返します。

```
>>> list(zip([1,2,3], [4,5,6], [7,8,9]))
[(1, 4, 7), (2, 5, 8), (3, 6, 9)]
```

iterableの数が違う場合には、1番短いものにあわせます。

```
>>> list(zip([1,2,3], [4,5], [7,8,9]))
[(1, 4, 7), (2, 5, 8)]
```

10-7 pdb

インタラクティブデバッガーです。コードの任意の箇所で起動する他に、スクリプトが異常終了した場合に起動する方法や、例外が発生した時点で起動したりできます。

例外が発生した後に、手動で事後検証 (post-mortem) モードに入る場合次のようにします。

```
#例外発生
import pdb
pdb.pm()
```

スクリプト実行時、キャッチされない例外が発生した場合に事後検証モードに入る場合、次のように、sitecustomizeやusercustomizeに記載しておくと必要に応じて起動して便利です。

```
def rescue_debug(_type, _value, _traceback):
    traceback.print_exception(_type, _value, _traceback)
    pdb.pm()

sys.excepthook = rescue_debug
```

10-7-1 pdbのコマンド

● h(elp) [command]

引数なしでコマンドの一覧を表示します。引数にコマンドを渡すと、コマンドのドキュメントを表示します。引数にpdbと指定すると、pdbのドキュメントを表示します。

● **w(here)**

直近のスタックフレームを表示します。矢印は現在のフレームを示します。

● **d(own) [count]**

スタックトレースの現在フレームをcount分進めます（デフォルト1）。

● **u(p) [count]**

スタックトレースの現在フレームをcount分戻します（デフォルト1）。

● **b(reak) [([filename:]lineno | function) [, condition]] ／ tbreak [([filename:]lineno | function) [, condition]]**

linenoを指定すると現在のファイルにブレークポイントを設定します。関数を指定すると、関数の最初の実行可能な行にブレークポイントを設定します。

linenoの前にファイル名とコロンを指定すると、該当ファイルの指定した行にブレークポイントを設定します。ファイルはsys.pathに設定されたパスから探します。

condition引数が設定された場合、conditionを評価してTrueになる場合にだけブレークポイントが機能します。引数なしでコマンドを実行すると、すべてのブレークポイントが表示されます。

tbreakは一時的なブレークポイントを設定します。一度ブレークすると解除されます。

● **cl(ear) [filename:lineno | bpnumber [bpnumber ...]]**

filename:linenoかブレークポイント番号（引数なしのbコマンドで表示される一覧で確認できます）を渡して、ブレークポイントを解除します。引数なしで実行すると、すべてのブレークポイントを解除します。

● **disable [bpnumber [bpnumber ...]] ／ enable [bpnumber [bpnumber ...]]**

ブレークポイント番号をn個（スペース区切）渡してブレークポイントを無効にします。無効にしたブレークポイントはenableコマンドで再度有効にできます。

● **ignore bpnumber [count]**

指定したブレークポイント番号のブレークポイントが指定回数起動したらそのブレークポイントを無視します。回数を省略すると0に設定され、無視されます。

● **condition bpnumber [condition]**

ブレークポイント番号のブレークポイントに設定されているconditionを置き換えます。conditionが省略された場合にはconditionを取り除きます。

●commands [bpnumber]

　指定したブレークポイント番号のブレークポイントが起動した際に実行するコマンドを設定します。コマンドは複数設定でき、endで終了を指示します。ただし、コマンドに実行を再会するコマンドが指定された場合には、その直後にendが設定されたものとして振る舞います。

　ブレークポイントへ来た際に、毎回値をプリントしたい場合には次のようにすると便利です。

```
(Pdb) commands 1
(com) pp some_variable
(com) end
(Pdb)
```

●s(tep)

　現在の行を実行して、次の行へ移動して止まります。関数呼び出しだった場合には、関数の中で止まります (Step In)。

●n(ext)

　現在の行を実行して次の行へ移動して止まります。関数の中へStep Inしません (Step Over)。

●unt(il) [lineno]

　linenoなしで呼び出した場合には、現在の行番号よりも大きな行番号に到達するまで進みます。linenoを指定すると、lineno以上の行番号に到達するまで進みます。いずれの場合も現在のフレームから戻ると止まります。

●r(eturn)

　現在の関数から出ると止まります (Step Out)。

●c(ont(inue))

　ブレークポイントが起動するまで進みます。

●j(ump) lineno

　linenoへ飛びます。一番深いフレームでのみ使えます。指定した行へ戻ってコードを再実行できます。あるいは実行したくない行を飛ばせます。ただし、ループの途中へ飛んだり、finallyを飛び出たりといったことはできません。

●l(ist) [first[, last]]

　ソースコードを表示します。引数で範囲が指定されない場合には近辺の11行が表示されます。

● ll | longlist

現在の関数かフレームのソースコード全体を表示します。

● a(rgs)

現在の関数の引数一覧を表示します。

● p(rint) expression ／ pp expression

現在のコンテキストでexpressionを評価した結果を表示します。ppの場合は、pprintモジュールを利用します。

● whatis expression

expressionのtypeを表示します。

● source expression

expressionのソースコードを表示します（3.2以降）。

● display [expression]

現在のフレームで止まったとき、値が変わっていたらexpressionの値を表示します（3.2以降）。

● undisplay [expression]

expressionの表示をやめます。expressionを省略した場合には現在のフレームの全expressionのdisplayをクリアします（3.2以降）。

● interact

現在のスコープに含まれる変数を含んだインタラクティブシェルを開始します（3.2以降）。

● alias [name [command]]

commandをnameにエイリアスします。

● unalias name

エイリアスを削除します。

● ! statement

1行のステートメントを実行します。デバッガーのコマンドと同じ単語で始まっていなければ、「!」は省略できます。

●**run [args ...] ／ restart [args ...]**

ブレークポイントなどの状態を残したままデバッガーを再起動します。

●**q(uit)**

デバッガーを抜けます。

10-7-2　breakpoint

　Python 3.7からデバッガーの呼び出しが柔軟になりました。今までどおりの呼び出し方もできますが、標準関数にbreakpointという関数が追加になりました。このbreakpoint関数を呼びだすとpdbが起動します。起動自体はimport pdb;pdb.set_trace()としたのと同じで、利用方法もpdbモジュールを利用するのと変わりありません。

　また、このbreakpoint関数を用いた場合はPYTHONBREAKPOINT環境変数に0を設定することでpdbが起動しないようにもできます。プログラム中にbreakpoint関数を残したままそのまま利用できます。加えて、PYTHONBREAKPOINT環境変数を使って別のデバッガーを指定できる機能も追加されました。詳しくは公式のドキュメントを参照してください。

10-7-3　その他の標準ライブラリ

　Pythonの標準ライブラリは膨大ですが、ドキュメントも膨大にあります。日本Pythonユーザ会の翻訳ボランティアによる成果がPython Software Foundationのサイトに掲載されています。

https://docs.python.org/ja/

　サイトに直に接続したまま参照する個別ページが掲載されている他、ネットワーク環境がなくても参照できるようhtmlがzipで固められたものや、印刷や検索に適したPDFも配布されています。

IDE

　JavaやObjectiveCといった言語やVisual Studioを使った開発に慣れている場合には、CUIデバッガーではなく、GUIデバッガーを使いたいという欲求があるかもしれません。
　筆者の周りにはテキストエディターとターミナルで開発をするエンジニアが多いのですが、たまに名前を聞くIDEがいくつかあります。ここに2種類を紹介します。

■ PyCharm

　有償のIDEです。インタプリターの設定からVirtualEnvを扱えたり、VirtualEnv上にライブラリのインストールを行えたりと、非常に扱いやすく作り込まれています。30日間の全機能を評価できますので、楽をしたい場合には評価・導入を検討してみてください。

- PyCharm
  https://www.jetbrains.com/pycharm/

■ Visual Studio Code

　Microsoftが開発しているソースコードエディターです。Python拡張をインストールするとPythonの開発に便利な機能が利用できます。無償で利用できます。

- Visual Studio Code
  https://code.visualstudio.com

　他にも、Windows専用のPyScripterや、超重量級のEricといったIDEがあります。手になじむIDEを探してみるのもよいかもしれません。

Part 3

実践的な開発

Pythonは、テキスト処理やGUI、Webアプリケーションなど広い範囲で利用できます。また、作成したアプリケーションを配布したり、テストしたりするツールも揃っています。Pythonで実践的な開発をしてみましょう。

11章 コマンドライン ユーティリティ

本章からは、実際のPythonプログラミングを学んでいきます。まずは、ファイルやテキストなどの基本的なデータ処理から見ていきましょう。

11-1 | Pythonでのファイルの取り扱いと文字コード

実用的なプログラムを作る上で、ファイルへの入出力は避けて通れない処理です。多くのプログラムがファイルから読み込み、ファイルへ処理結果を書き出します。また、日本語を取り扱う上で文字コードの取り扱いも重要です。ここでは、Pythonでファイルと文字列、文字コードを取り扱う方法を覚えましょう。

11-1-1 単純なファイル読み込み

まずは簡単な例です。単純にファイルの内容を標準出力に書き出してみましょう。

```
>>> f = open('test.txt')
>>> print(f.read(), end="")
>>> f.close()
```

open関数で読み取りたいファイルのファイルオブジェクトを作成します。ファイルオブジェクトのreadメソッドでファイルの内容を読み取ります。読み取った内容をprint関数で表示します。

print関数は、表示するときに改行文字を自動でつけます。余計な改行文字を出させないようにするため、print関数にendオプションで追加文字を空文字にするように指定しています。ファイルの処理が終わったら、closeメソッドでファイルを閉じましょう。

以上がPythonでファイルを取り扱うときの基本です。

11-1-2 少しずつ読み取る

ファイルがあまり大きくない場合は先ほどの要領で十分ですが、大きなファイルを取り扱うときはどうでしょう？ readメソッドで読み込んでからprint関数で書き出すまでの間、ファイルの内容はメモリー上に存在しています。

ファイルに保存されるデータは、メモリーよりも大きいこともありえます。すべてを一度に読

み込んでしまうのではなく、少しずつ読み取って、少しずつ表示していくようにしてみましょう。
　次の例は1行ずつ読み込んで表示していく方法です。

```
>>> f = open('test.txt')
>>> for line in f:
...     print(line, end="")
>>> f.close()
```

　open関数でファイルを開くのは先ほどと同じです。ここでは、ファイルオブジェクトをイテレーターとして扱っています。ファイルライクオブジェクトは1行分のstrを順に返すイテレーターであるため、for文で1行ごとの処理をループさせることができます。lineに1行分の内容が入っているため、そのままprint関数で表示します。

11-1-3　文字コードを指定して開く

文字コードを指定して開く場合には、次のようにします。

```
>>> f = open('test.txt', encoding='utf-8')
>>> print(f.read())
>>> f.close()
```

　encodingを指定しなかった場合は、そのプラットフォームのデフォルトの文字エンコーディング(注1)が利用されます。

11-1-4　バイナリーで開く

　私たちが取り扱うファイルはテキストファイルとは限りません。画像や動画、特定アプリケーションのファイルフォーマットなどバイナリー形式のファイルも数多く存在します。もちろんPythonもバイナリーファイルを扱えます。

```
>>> f = open('test.txt', mode='rb')
```

　modeに「b」を追加すると、バイナリーモードとなります。このとき、先ほどまでと違う種類のファイルオブジェクトが返ってきます。
　これまでは指定された文字コードで解釈されたstrオブジェクトを読み取るファイルオブジェクトでした。バイナリーモードの場合は、bytesオブジェクトを読み取るファイルオブジェクトが返ってきます。

(注1)　プラットフォームのデフォルトの文字コードは、sys.getdefaultencoding()で確認できます。

11-1-5　bytesとstrの関係

strオブジェクトは、内部で文字列をユニコードで扱っています。実際にstrオブジェクトをコンソールやファイルなどの外の世界に持ち出すには、bytesオブジェクトのバイト列に戻さなければなりません。

bytesオブジェクトに戻すには、strオブジェクトのencodeメソッドを使います。encodeメソッドでバイト列に戻す際、どの文字コードで変換するか指定します。

```
>>> s = 'あ'
>>> b = s.encode('utf-8')
```

また、bytesから逆にstrへの変換も可能です。変換には、decodeメソッドを使用します。このときも、どの文字コードを使うのか指定が必要です。

```
>>> b = b'\xe3\x81\x82'
>>> s = b.decode('utf-8')
```

単純にstrコンストラクタにbytesオブジェクトを渡してしまうと、リテラル表示の文字列になってしまうので注意が必要です。

```
>>> b = b'\xe3\x81\x82'
>>> s = str(b)
>>> print(s)
b'\xe3\x81\x82'
```

11-1-6　特定の文字列の出現回数を数える

単に読み込んだデータを表示するだけでは面白くありません。開いたファイルの内容に対して、簡単な処理をしてみましょう（**リスト11.1**）。

リスト11.1　count_word.py

```python
with open('test.txt') as f:
    search = input()
    count = 0
    for line in f:
        if line.find(search) > -1:
            count += 1
    print(count)
```

リスト11.1では、1行ごとにinputでコンソールから読み込んだ文字列が存在するか確認しています。文字列が存在する場合はcountをインクリメントします。最後にcountを表示して終了するサンプルです。

ユニコードと文字コード

　Python 3では、テキストを取り扱うときにはstrオブジェクトを使うようになっています。そして、strはユニコードで扱える範囲の文字を対象にしています。誤解されがちですが、ユニコードは文字コードではありません。ユニコードは扱う文字を集めただけのもので、キャラクタセットと呼ばれます。また、日本でよく使われているShift_JISやJIS、EUC-JPなどは、jisx-1983などの、ユニコードとは別の文字集合に基づいています。これらの文字集合をどのようにバイト列で扱うのかを決めているのが、文字コードです。

　ユニコードでよく使われる文字コードはUTF-8やUTF-16, UTF-32などがあります。Python 2の時代はstrが、バイト列のまま文字列を扱っていました。このため日本語のような1文字を表すのに複数のバイトを必要とする文字コードの取り扱いをする場合、特殊な処理を行わなければなりませんでした。のちにunicodeが登場し、バイト列ではなく、文字として取り扱えるようになりました。Python 3では、ユニコードでの取り扱いが主体となり、strはユニコードを表すように変更されました。

11-1-7　標準入出力をファイルのように扱う

　input関数やprint関数で、ユーザーからの入力を受け取ったり、ユーザーに結果を表示したりしてきました。このようなコンソールでの入出力を標準入出力といいます。標準入出力も、ファイルのようにreadメソッドで読み込んだりwriteメソッドで書き込むことができます。つまりファイルを想定している関数に、標準入出力を渡して処理させることも可能です。

　リスト11.2は標準入力への入力が終わるまで（LinuxやMacの場合、Ctrl - D、Windowsの場合は Ctrl - Z です）1行入力するごとに、入力した内容をそのまま表示させるサンプルです。

リスト11.2　echo.py

```
import sys


def echo(in_, out):

    for line in in_:
        out.write(line)

echo(sys.stdin, sys.stdout)
```

　標準入出力は、それぞれのプラットフォームに併せた文字コードとなっているため、日本語などもそのまま入力できます。

文字列として取り扱っていることを確認してみましょう。入力された文字列の文字数も一緒に表示してみます（**リスト11.3**）。日本語を使った場合でもきちんと文字数を数えられていることが分かるでしょう。

リスト11.3　echo2.py

```
import sys


def echo2(in_, out):

    for line in in_:
        out.write("{0} {1}".format(len(line), line))


echo2(sys.stdin, sys.stdout)
```

11-2 | 文字列のフォーマット

データを処理するのが、プログラムの一番重要な役割です。一方で、処理結果を適切なフォーマットで表示するのも重要なものです。文字列フォーマットを利用して、データを適切に表示できるようにしましょう。

11-2-1　formatメソッド

Pythonで文字列をフォーマットするには、strオブジェクトのformatメソッドを使います。このとき、strオブジェクト自体が、フォーマットです。フォーマットには{0}のようなプレースホルダがあります。これらのプレースホルダに、formatメソッドの引数があてはめられていきます。
　簡単な例をみてみましょう。

```
>>> "{0:04} {1:02}".format(2, 8)
'0002 08'
```

{0:04}は、formatメソッドの0番目の引数（上の例では2）で入れ替えられます。また、「:」の後にある「04」はフォーマットする方法です。この場合は、最低4文字分を「0」で埋めるように指定しています。結果として、この部分は0002となります。

11-2-2 formatメソッドで数値を表示する

　formatによって、数値を表示するためのフォーマットが増えました。特に有用なのは、「,」区切りでしょう。

```
>>> "{0:,}".format(999999)
'999,999'
```

　「,」をフォーマット指定に使うだけで、3桁ごとに「,」で区切った文字列になります。

11-2-3 プロパティやサブスクリプションをフォーマット文字列で扱う

　プレースホルダの指定は、引数だけでなくそのオブジェクトのプロパティを指定できます。

```
>>> class Point:
...     def __init__(self, x, y):
...         self.x = x
...         self.y = y
...
>>> p = Point(4, 5)
>>> "({0.x}, {0.y})".format(p)
'(4, 5)'
```

　{0.x}は、0番目の引数のxプロパティを指定しています。
　また、listやdictなどの要素を扱うこともできます。

```
>>> data = {'x': 4, 'y': 5}
>>> "({0[x]}, {0[y]})".format(data)
'(4, 5)'
```

　{0[x]}で、第一引数の要素を「x」で参照しています。

11-2-4 フォーマットの注意点

　フォーマット内で、データのプロパティやインデックス、キーを指定できるのは非常に便利です。ただし、多少の注意が必要です。キーの指定にはシングルクォートやダブルクォートは必要ありません。[ ]に囲まれた内容が、そのまま文字列として評価されます。['x']とした場合は、"'x'"という文字列を指定したことになります。

```
>>> "({0['x']}, {0['y']})".format(data)
Traceback (most recent call last):
  File "<stdin>", line 1, in <module>
KeyError: "'x'"
```

　また、数値のみで指定した場合は、数値のキーとして評価されます。listを取り扱う場合などは、数値で要素を指定できます。

```
>>> data = [4, 5]
>>> "({0[0]}, {0[1]})".format(data)
'(4, 5)'
```

　ただし、この文字列の内容によって型が変わってしまう動作によって少々制限があります。例えdictを使っていたとしても、キーが数値のみの文字列の場合、取り扱うことができません。使用した場合、エラーになってしまいます。

```
>>> data = {'0': 4, 'y': 5}
>>> "({0[0]}, {0[y]})".format(data)
Traceback (most recent call last):
  File "<stdin>", line 1, in <module>
KeyError: 0
```

11-2-5　ユーザー定義クラスにフォーマットを定義する

　数値用にはすでにフォーマットする方法が用意されています。自分で定義したクラスにもフォーマットを定義してみましょう。

```
>>> class Point:
...     def __init__(self, x, y):
...         self.x = x
...         self.y = y
...     def __format__(self, spec):
...         return ("({0.x:" + spec + "}, {0.y:" + spec + "})").format(self)
...
>>> p = Point(4, 5)
>>> format(p)
'(4, 5)'
>>> format(p, "04")
'(0004, 0005)'
```

　Pointクラスのフォーマットは、2つの数値を「( )」で囲んだものです。ただし、この2つの数値に一度に同じフォーマットを指定できるようにします。

フォーマットを定義するためには、__format__メソッドをオーバーライドします。__format__メソッドの第二引数にフォーマット指定が渡されます。これらをそれぞれの数値にフォーマットを適用するようにフォーマット文字列を作成して、formatメソッドを呼び出します。

11-3 さらにテキストファイルを極める

テキストデータの基本は行指向ファイルです。行ごとに1つのデータを持ち、それぞれの行のフォーマットが決まっています。

Pythonは、これまでみてきたように、ファイルを開いて1行ごとに読み取る処理をとても簡単にかけるようになっています。さらに、複数ファイルを簡単に扱ったり、文字列処理を使って、多くの処理をできるようになりましょう。

11-3-1 複数ファイルを扱うためのfileinput

これまでは、ファイルをopen関数で1つずつ開いていました。しかし、現実にはテキストファイルを一度に1つしか扱わないわけではありません。複数のファイルを順に処理するためのモジュールにfileinputがあります。

fileinputモジュールのFileInputクラスは、複数のファイル名を受け取ります。FileInputはイテレーターとして扱うことができ、複数ファイルの各行を順に返してくれます。また、今読み込んでいるファイルの名前や、ファイルの行なども管理してくれています。

UNIXコマンドに、ファイルを連結するcatコマンドがあります。catと同じ動作をするプログラムをPythonで作ってみましょう。**リスト11.4**は指定されたファイルの各行を調べ、検索文字列がその行に存在していた場合に、formatを使ってファイル名、行番号、行の情報を表示しています。

リスト11.4 cat.py

```python
import sys
import fileinput

with fileinput.FileInput(files=sys.argv[1:]) as f:
    for line in f:
        print(line, end="")
```

11-3-2 文字列検索ユーティリティ

さらに、文字列を指定して検索してみましょう。具体的にファイルのエンコーディングを指定するためにオプションも使ってみます（**リスト11.5**）。

リスト11.5　find_word.py

```python
import sys
import fileinput
import argparse

parser = argparse.ArgumentParser()
parser.add_argument('-e', '--encoding', default=None)
parser.add_argument('search', help="search word")
parser.add_argument('files', nargs="+")


args = parser.parse_args()

search = args.search
def enc_open(filename, mode):
    return open(filename, mode=mode, encoding=args.encoding)

with fileinput.FileInput(files=args.files,
                         openhook=enc_open) as f:
  for line in f:
      if line.find(search) > -1:
          print("{0:20}:{1:4} {2}".format(
                f.filename(), f.lineno(), line))
```

　ファイルの読み込みには fileinput を利用します。argparse はコマンドライン引数やオプションを解析するためのモジュールです。ここでは、コマンドライン引数に、検索文字列とファイル名を複数指定するようにしています。

　また、コマンドラインオプションでファイルの文字エンコーディングを追加指定できるように、-e (--encoding) オプションも追加しています。

　fileinput では、ファイルを開くための関数を変更できるようになっています。ここでは、文字エンコーディングを指定して開くための関数 (enc_open) を定義して利用しています。

　指定されたファイルの各行を調べ、検索文字列がその行に存在していた場合に、format を使ってファイル名、行番号、行の情報を表示しています。

11-3-3　行の分割

　CSVファイルのように1行の中に任意の文字で複数の値を区切っているファイルフォーマットはデータファイルとしてよく使われます。

　区切り文字が決まっていて、その区切り文字が本当に区切りでしか使われていないのであれば、split メソッドで十分間に合います。また、区切りの内容がスペースでパディングされているのなら、strip メソッドで余計なスペースを排除できます。

```
parts = [p.strip() for p in line.split(",")]
```

終端のスペースは不要でも、接頭のスペースに意味がある場合は、rstripメソッドに変えることで末尾のスペースだけを排除できます。

```
parts = [p.rstrip() for p in line.split(",")]
```

11-3-4 集計

データ処理の代表といえば集計処理でしょう。データファイルを読み込んで、カテゴリごとに加算する処理をしてみましょう。

次のようなデータファイルを入力します。

```
商品名,個数
パーフェクトPython,100
パーフェクトPython,50
パーフェクトJavascript,150
パーフェクトPHP,75
パーフェクトPython,40
パーフェクトC#,130
```

1行目は列の見出しです。データファイルの意味を表しているだけなので、この行は処理対象にいれないようにします。これらを商品ごとに個数を集計してみましょう。

まずは、1行ごとに考えてみます。

```
parts = line.split(",")
```

「,」で商品名の部分と個数の部分を分割します。文字列を分割しただけなので、個数はまだ文字列です。intに変換しましょう。

```
title = parts[0]
count = int(parts[1])
```

これで1行ごとのデータを取り扱えるようになりました。さて、集計するためには、集計結果を保持しなければなりません。タイトルごとに集計するので、タイトルをキーとして個数を保持するdictを用意します。

```
results = {}
```

このdictは、最初は空の状態です。getメソッドで初期値を指定するようにしましょう。

```
last_count = results.get(title, 0)
```

265

個数を追加するときには、これまでの集計結果に個数を加算します。

```
results[title] = last_count + count
```

上記をあわせると**リスト11.6**のようになります。sum_products関数に処理をまとめました。ファイル名を受け取り、そのファイル内のデータを処理して、resultsに集めた結果を関数の戻り値で返すようにしています。

リスト11.6　sum_products.py

```
def sum_products(filename):
    with open(filename) as f:
        results = {}
        for line in f:
            parts = line.split(",")
            title = parts[0]
            count = int(parts[1])
            last_count = results.get(title, 0)
            results[title] = last_count + count
    return results
```

11-3-5　データを表示する

さて、集計自体はできました。結果をユーザーに見えるように表示しましょう。まずは単純に、商品名と個数をprint関数でそのまま表示します。

```
for key, value in results.items():
    print(key, value)
```

ただし、この方法にはいくつか問題があります。dictは追加順で値を保持しています。このままでは、追加された商品名の順で表示されてしまいます。個数を集計したので、個数の順に表示するようにしてみましょう。

dictのitemsメソッドは、dictの内容を、key, valueのtupleで返すイテレーターです。この場合の各要素は（商品名, 個数）といったtupleになります。このイテレーターが返す内容をsorted関数を使って並べ替えます（**リスト11.7**）。

リスト11.7　sum_products.py

```
def print_results(results):
    for key, value in sorted(results.items(), operator.itemgetter(1)):
        print(key, value)
```

sorted関数の第一引数が対象のイテレーターです。第二引数で、キーワード引数keyで順序を決めるための値を取りだす関数を指定します。

operatorモジュールには、listやtupleの各要素を取りだすための関数がそろっています。**リスト11.7**では、itemgetter関数で、（商品名, 個数）のtupleから、2つ目の要素を取りだすように指定しています。

11-4 Pythonオブジェクトでデータ処理

Pythonは、dictやlistなどの基本的なデータ構造と、イテレータによるデータ処理が簡単に実装できます。また、shelveモジュールを使うことで、これらのオブジェクトをそのまま保存できます。

11-4-1 TODOリスト

これから例にするTODOリストは次のようなことができます。

- TODOリストはタスクの一覧をもつ
- タスクは、名前と締め切り日、予測時間をもつ

11-4-2 データ構造を決める

タスクは次に示すように簡単なデータ構造です。

- 名前
- 締切日
- 予測時間
- 状態

この程度であれば、tupleやdictで十分に表現できます。それぞれのプロパティについてみてみましょう。

名前は文字列です。strが適切でしょう。締切日は日付です。datetimeモジュールのdateかdatetimeが使えます。dateのほうが適切に見えますが、パーサーなどがdatetimeに対応しているものが多いため、datetimeを使うことにします。予測時間は、datetime.timeでよいでしょう。そのタスクが終了したかどうかをfinishedで表すことにします。

これらをdictで扱うことにします。それぞれの項目にキーを割り当てます。

267

- name
- due_date
- required_time
- finished

11-4-3　タスクを作成して登録する

タスクを作成してみましょう。

```
def create_task(name, due_date, required_time):
    return dict(name=name, due_date=due_date, required_time=required_time,
finished=False)
```

単純に、必要な項目を受け取ってdictを作成しています。また、finishedは初期値でFalseにしています。使ってみましょう。

```
>>> from datetime import datetime, time
>>> create_task("たすく", datetime(2020, 4, 1), time(0, 25))
{'due_date': datetime.datetime(2020, 4, 1, 0, 0), 'finished': False, 'required_time':
datetime.time(0, 25), 'name': 'たすく'}
```

引数で渡した内容の入ったdictが作成されました。しかし、このままprint関数で表示しても、単にdictの内容を表示するだけです。そこでタスクとして表示する関数を作りましょう。

```
def format_task(task):
    state = "完了" if task['finished'] else "未完了"
    format = "{state} {task[name]}: {task[due_date]:%Y-%m-%d}まで 予定所要時間
{task[required_time]}分"
    return format.format(task=task, state=state)
```

11-4-4　データを操作する

それでは追加したタスクの状態を変えるようにしましょう。

```
def finish_task(task):
    task['finished'] = True
```

finish_taskはタスクを完了状態に変更します。実際の処理は、finished キーの値を True に変えるだけです。

この関数を使って、タスクの状態が変わるのを確認してみましょう。

```
>>> from datetime import datetime, time
>>> t = create_task("たすく", datetime(2020, 4, 1), time(0, 25))
>>> finish_task(t)
>>> t['finished']
True
```

タスクを作成して、このタスクを完了状態にできるようになりました。

11-4-5　タスクを保存する

pickleモジュールを使うと、オブジェクトをそのままファイルに保存できます。タスクリストをファイルに保存する関数を作成しましょう。

```
import pickle


def save_task(task, file):
    pickle.dump(task, file)
```

逆に読み込む関数も作成します。

```
def load_tasks(file):
    return pickle.load(file)
```

オブジェクトをpickle化すると、ファイルに保存できるようになります。タスクをpickleして、ファイルに保存して、そのファイルから読み込んだデータをオブジェクトに戻してみましょう。

```
>>> from datetime import datetime, time
>>> t = create_task("たすく", datetime(2020, 4, 1), time(0, 25))
>>> tasks = []
>>> tasks.append(t)
>>> from io import BytesIO
>>> out = BytesIO()
>>> save_task(tasks, out)
>>> out.seek(0)
>>> load_tasks(out)
[{'due_date': datetime.datetime(2020, 4, 1, 0, 0), 'finished': False, 'required_time'
: datetime.time(0, 25), 'name': 'たすく'}]
```

ここでは、実際のファイルの変わりにioモジュールのBytesIOを利用しています。書き込んだ後はファイル位置を先頭に戻し、読み出しをしています。

11-4-6　TODOリストファイル

　先ほどはタスクを1つだけファイルに保存しました。しかし、実際には複数のタスクを取り扱わなければなりません。タスクごとにファイルを作るのも1つの手段ですが、標準ライブラリのshelveを使ってみましょう。

```
>>> import shelve
>>> db = shelve.open("data_store", "c")
>>> len(db)
0
>>> db['testdata'] = {"message": "Hello"}
>>> db.close()
>>> db = shelve.open("data_store")
>>> len(db)
1
>>> db['testdata']
{'message': 'Hello'}
```

　open関数で、Shelfオブジェクトを作成して、closeメソッドで保存します。Shelfオブジェクトはdictのように扱うことができます。オブジェクトをあるキーで登録すると、内部で自動的にpickleを呼び出してファイルに保存します。

11-4-7　タスクをShelfに保存する

　Shelfに保存するにはキーが必要です。ここでは連番を生成して、順次名前を作成することにしましょう。連番の元になる値もShelfに保存することにします。

```
>>> def next_task_name(db):
...     id = db.get('next_id', 0)
...     db['next_id'] = id + 1
...     return "task:{0}".format(id)
...
```

　この関数は呼びだす度に、連番をもとにしたキーを作成します。

```
>>> next_task_name(db)
'task:0'
>>> next_task_name(db)
'task:1'
>>> next_task_name(db)
'task:2'
```

```
>>> next_task_name(db)
'task:3'
```

　わかりやすくするため、task: という接頭辞をつけています。この関数を使って、Shelfにタスクを追加します。

```
>>> def add_task(db, task):
...     key = next_task_name(db)
...     db[key] = task
```

11-4-8　タスクをすべて取りだす

　Shelfには連番など制御用のデータも含まれています。タスクは、キーにtask: という接頭辞をあらかじめ追加してあります。
　これを条件にして、タスクのみをすべて取り出してみましょう。

```
>>> def all_task(db):
...     for key in db:
...         if key.startswith('task:'):
...             yield key, db[key]
```

　まずはキーだけでforループをまわすようにします。キーがtask: という接頭辞をもつ場合のみ値を取り出しています。また、必要になるまでデータを読み込まないように、returnではなく、yieldを使っています。

11-4-9　タスクをフィルタリングする

　多くの場合、完了しているタスクよりも未完了のタスクに興味があります。タスクを取りだす場合に、データをフィルタリングして未完了のタスクのみを取り出してみましょう。

```
>>> def unfinished_tasks(db):
...     return ((key, task)
...             for key, task in all_task(db)
...             if not task['finished'])
```

　これは簡単なジェネレータ内包表記です。all_task関数の内容から、finishedがFalseとなるものだけを選んでリストを作成しています。

271

11-5 コマンドラインアプリケーションとコマンドライン引数

スクリプトファイルに関数の形で処理をまとめておけば、Pythonインタプリターを起動して実行することができます。さらにコマンドライン処理を追加して、bashやcmdなどのコンソールから直接実行できるようにしてみましょう。

11-5-1 スクリプトファイルを実行可能にする

MacやLinuxのようなUnix系のOSの場合、ファイル自体に実行権限を追加します。

```
chmod +x todolist.py
```

さらに、このファイルがpythonによって実行されることをスクリプトファイルの1行めに宣言します。

```
#!/usr/bin/python3.8
```

Pythonのインストール場所によって、内容が変わります。自分でPythonをコンパイルした場合などは、#!/usr/local/bin/python3.8などになります。

11-5-2 コマンドライン引数

コマンドライン引数はsys.argvから取得できます。1つ目の要素はスクリプトファイル名なので、実際の引数は2つ目以降の要素になります。

```python
import sys

for a in sys.argv:
    print(a)
```

単純にコマンドライン引数を羅列するだけのスクリプトです。実行して、コマンドライン引数の内容を確認してみましょう。

```
$ python print_args.py a b "c d"
print_args.py
a
b
c d
```

　単に入力ファイルを複数指定するような場合などは、これで十分です。しかし、コマンドラインオプションや複雑な内容をコマンドラインから指定する場合は、これらの内容をアプリケーションで解析しなければなりません。

11-5-3　コマンドラインオプション

　コマンドライン引数では、省略可能なオプションを使うことがよくあります。「-」で始まる1文字の形式と、「--」で始まる長い文字列の形式が多く使われています。

　Pythonでは、argparseモジュールでコマンドラインオプションを取り扱います。nameオプションを扱う例を**リスト11.8**に示します。

リスト11.8　arg_name.py

```python
import argparse

parser = argparse.ArgumentParser()
parser.add_argument('-n', '--name', default="world")
args = parser.parse_args()
print("Hello, {name}!".format(name=args.name))
```

　argparse.ArgumentParserのparse_argsメソッドでコマンドライン引数を処理します。
　オプションを含め、コマンドライン引数を追加するには、add_argumentメソッドを使います。
　ArgumentParserは、自動でヘルプオプションを追加します。「-h」や「-help」を指定すると対応しているコマンド引数の説明が表示されます。

```
$ python arg_name.py -h
usage: arg_name.py [-h] [-n NAME]

optional arguments:
  -h, --help            show this help message and exit
  -n NAME, --name NAME
```

　-nオプションで引数を渡すと、その内容が処理に使われます。

```
$ python arg_name.py -n "Perfect Python"
Hello, Perfect Python!
```

　-nオプションにはデフォルト値（world）を指定してあるため、オプション指定なしの場合でも動作します。

```
$ python arg_name.py
Hello, world!
```

11-5-4　サブコマンド

argparseモジュールはサブコマンドにも対応しています（**リスト11.9**）。

リスト11.9　subcommand.py

```python
import sys
import argparse

def greeting(args):
    print("Hello, {name}!".format(name=args.name))


parser = argparse.ArgumentParser()
subparsers = parser.add_subparsers(dest='subparser_name')
subparser = subparsers.add_parser("greeting")
subparser.add_argument('-n', '--name', default="world")
args = parser.parse_args()

if not args.subparser_name:
    parser.print_help()
    sys.exit(1)

if args.subparser_name == "greeting":
    greeting(args)
```

　add_subparsersメソッドでsubparsersを作成します。subparsersにadd_parserでサブコマンドを追加していきます。

　サブコマンドでタスクの追加や表示を行ってみましょう。

11-6 TODOリストアプリケーション

argparseモジュールを使ってアプリケーションにします。

11-6-1　アプリケーションの開始点

　アプリケーションはmain関数で始まることにします。Pythonでは、そのスクリプトが実行されたのか、モジュールとしてインポートされたのかを、__name__変数で判断します。

```python
if __name__ == '__main__':
    main()
```

スクリプトが実行された場合、__name__ は'__main__'という値になっています。この場合に
main関数を実行します（**リスト11.10**）。

リスト11.10　todo.py main関数

```python
def main():
    parser = argparse.ArgumentParser()
    parser.add_argument('shelve')

    subparsers = parser.add_subparsers()
    add_parser = subparsers.add_parser('add')
    add_parser.set_defaults(func=cmd_add)
    list_parser = subparsers.add_parser('list')
    list_parser.add_argument('-a', '--all', action="store_true")
    list_parser.set_defaults(func=cmd_list)
    finish_parser = subparsers.add_parser('finish')
    finish_parser.add_argument('task')
    finish_parser.set_defaults(func=cmd_finish)

    args = parser.parse_args()

    db = shelve.open(args.shelve, 'c')
    try:
        args.db = db
        if hasattr(args, 'func'):
            args.func(args)
        else:
            parser.print_help()
    finally:
        db.close()
```

　リスト11.10のmain関数内では、パーサーを作成して実行します。サブパーサーを作成する
前に、どの処理でも使うShelfファイルのファイル名をコマンドライン引数として受け取ること
にします。その後、サブコマンドごとに、サブパーサーを作成します。サブパーサーには、func
という内容で、実際の処理を含めた関数をset_defaultsでひもづけておきます。

11-6-2　サブコマンドごとの処理

サブコマンドごとの処理も追加しましょう（**リスト11.11**）。

リスト11.11　todo.py cmd_add関数

```
def cmd_add(args):
    name = input('task name:')
    due_date = datetime.strptime(input('due date [Y-m-d]:'), '%Y-%m-%d')
    required_time = int(input('required_time:'))

    task = create_task(name, due_date, required_time)
    add_task(args.db, task)
```

addコマンドでは、タスクの追加をするため追加内容をinput関数で読み込みます。due_date
やrequired_timeは、それぞれ、datetime、intであるため、読み込んだ文字列をそれぞれ変換す
る処理が必要です。これらの内容からタスクを作成すれば、あとはcreate_task、add_taskをそ
れぞれ呼び出せば処理は完了です（**リスト11.12**）。

リスト11.12　todo.py cmd_list関数

```
def cmd_list(args):
    if args.all:
        tasks = all_task(args.db)
    else:
        tasks = unfinished_tasks(args.db)

    for key, task in tasks:
        print("{0} {1}".format(key, format_task(task)))
```

listコマンドには、--allオプションを使えるようにしてあります。args.allで、指定の有無を判
定して、all_taskかunfinished_tasksを表示するように切り替えます（**リスト11.13**）。

リスト11.13　todo.py cmd_finish関数

```
def cmd_finish(args):
    task = args.db[args.task]
    finish_task(task)
    args.db[args.task] = task
```

finishコマンドは、指定された名前でタスクを取り出して、finish_taskを呼ぶだけです。ただし、
更新されたオブジェクトは再度Shelfに登録しないと、ファイルの内容は更新されません。
　これでコマンドがそろいました。コマンドラインから実行してみましょう。

```
$ # タスクを追加します
$ todo.py task_data add
task name:first
due date [Y-m-d]:2020-12-31
required_time:10

$ # タスクを一覧表示します
$ todo.py task_data list
task:0 未完了 first: 2020-12-31まで 予定所要時間10分

$ # allオプションつきでタスクを一覧表示します
$ todo.py task_data list -a
task:0 未完了 first: 2020-12-31まで 予定所要時間10分

$ # タスクを完了させます
$ todo.py task_data finish task:0

$ # 通常の一覧には完了したタスクは表示されません
$ todo.py task_data list

$ # allオプションをつけると、完了したタスクも確認できます
$ todo.py task_data list -a
task:0 完了 first: 2020-12-31まで 予定所要時間10分
```

　簡単なTODOリストアプリケーションができました。保存形式を特に考える必要はないので、データを増やすのは、dictの内容を増やすだけで済みます。このアプリケーションは登録、完了を行うだけですが、たとえば所要時間や完了予定時刻をもとにデータをソートしたり、タグをつけてタスクを整理したりなどさまざまな機能追加が考えられます。そういった機能を追加して、さらにPythonでのデータ処理に触れてみてください。

11-7 まとめ

　Pythonは簡単に書くことができるため、ファイル処理やテキスト処理、簡単なデータ管理などに非常に役に立ちます。WindowsやMac, Linuxなどマルチプラットフォームで実行することができるユーティリティは、アプリケーション開発の優秀な手助けとなるでしょう。

12章　チャットサーバー

asyncioはコルーチンを扱うためのユーティリティと低レベルなネットワークアクセスを提供する標準ライブラリです。また、asyncioをベースとして高レベルなプロトコルを扱うaiohttpなどのライブラリが作成されています。これらのライブラリを利用してチャットサーバーを作成してみましょう。アプリケーションのユーザーインターフェースはコマンドライン以外にも、GUIやWebアプリケーションがあります。この章ではPyQtを利用してGUIのチャットクライアントも作成します。

12-1　asyncio入門

asyncioは標準ライブラリに含まれ、コルーチンを活用して主にネットワーク関連のIO処理を非同期に行うためのモジュールです。また、asyncioにはネットワーク処理以外にタスクやフューチャーなどのコルーチンを利用するための基本的な機能も含まれています。

まずはasyncioを利用した簡単な非同期処理に触れてみましょう。

12-1-1　イベントループ

コルーチンはイベントループの中で実行されます。asyncioではget_event_loopで現在利用できるイベントループを取得できます（**リスト12.1**）。

リスト12.1　asynchello1.py

```
import asyncio

async def hello():
    print("Hello")

loop = asyncio.get_event_loop()
loop.run_until_complete(hello())
```

イベントループではrun_untile_completeメソッドでコルーチンを実行できます。上記はawaitするところがないのでコルーチンとしてはおもしろくない例ですが、イベントループでコルーチンを実行する基本を確認しましょう。

では非同期処理を感じるために、複数のコルーチンを実行してみましょう（**リスト12.2**）。

リスト12.2　asynchello2.py

```python
import asyncio


@asyncio.coroutine
def hello(name):
    for i in range(10):
        print("Hello, %s %d" % (name, i))
        yield


loop = asyncio.get_event_loop()
loop.run_until_complete(asyncio.gather(hello("A"), hello("B")))
```

　ここではコルーチン同士で処理を譲り合っていることを確認するために、yieldでいったん処理を中断するようにしています。
　ネイティブコルーチンではawaitで他のコルーチンの終了を待つことができますが、awaitする対象となる別のコルーチンが今のところないためジェネレータベースのコルーチンを使用しています。ジェネレータベースのコルーチンではyieldすることで何も待たずにただ処理を中断できます。

12-1-2　TaskとFuture

　コルーチンの処理を受け取るにはFutureを使います。Futureはコルーチンの処理を受け取る予定値となり、コルーチンはFutureを受け取って自分の処理が終わるときに結果をFutureにつめこみます（リスト12.3）。

リスト12.3　asyncfuture1.py

```python
import asyncio


async def calc(future, times):
    result = 0
    for i in range(times):
        result += i
    future.set_result(result)


loop = asyncio.get_event_loop()
f = asyncio.Future()
loop.run_until_complete(calc(f, 10))
result = f.result()
print(result)
```

コルーチンを作成して呼出し後に値をFutureから受け取るパターンは非常に多く利用されるため、コルーチンとFutureを組み合わせたTaskが提供されています。

Taskではコルーチンで明示的にFutureに値を詰め込むことを必要とせず、コルーチンの戻り値がそのままFutureに結果として詰め込まれます（**リスト12.4**）。

リスト12.4　asynctask1.py

```python
import asyncio


@asyncio.coroutine
def hello(name):
    for i in range(10):
        print("Hello, %s %d" % (name, i))
        yield


async def main(loop):
    tasks = [loop.create_task(hello(name)) for name in ("A", "B", "C")]

    await asyncio.wait(tasks)


loop = asyncio.get_event_loop()
loop.run_until_complete(main(loop))
```

上記ではmainコルーチンからhelloコルーチンを3つ作成しています。asyncio.waitでこれらをまとめて実行して完了をawaitしています。

12-1-3　asyncioでネットワークサーバーを作る

asyncioでのコルーチンやタスクの扱いを覚えたところで、実際にネットワークサーバーを作成してみましょう。

asyncioではネットワークサーバーを簡単に作成できるcreateserverメソッドを提供しています。createserverではネットワークサーバーの挙動をProtocolで実装します。

Protocolクラスを実装する場合は次のメソッドが必要となります。

- connection_made
- connection_lost
- data_received
- eof_received

まずクライアントから接続されたときにconnection_madeメソッドが呼び出されます。

このとき引数で渡されたtransportにデータを書き込むとクライアントにデータを送信します。クライアントからデータを受け取るとdata_receivedメソッドが呼び出されます。

12-1-4　Echoサーバー

受け取ったデータをただ送り返すだけの単純なechoサーバーを実装してみましょう。

まずはProtocolクラスを定義します。Protocolに必要なすべてのメソッドを明示的に実装しているためProtocolクラスを継承する必要はありません。

```
class EchoProtocol:
    transport = None

    def connection_made(self, transport):
        self.transport = transport

    def connection_lost(self):
        self.transport = None

    def data_received(self, data):
        self.transport.write(data)

    def eof_received(self):
        self.transport.close()
```

見てのとおり、Protocolクラスのメソッドはコルーチンではありません。transportのwriteメソッドがコルーチンでないのは、このタイミングではバッファーに書き込むだけで実際に送信するのはサーバーが行うためです。

12-1-5　createserver

作成したプロトコルを使ってサーバーを作成してみましょう。イベントループのcreate_serverコルーチンを利用します。

コルーチンを単独で実行するには、イベントループのrun_untile_complete関数を使います。

```
loop = asyncio.get_event_loop()
coro = loop.create_server(EchoProtocol, '127.0.0.1', 8192)
server = loop.run_until_complete(coro)
```

create_serverコルーチンを実行してサーバーをイベントループに登録できたら、run_forever関数でイベントループを実行します。

```
try:
    loop.run_forever()
except KeyboardInterrupt:
    pass
```

イベントループ実行中にさまざまな非同期イベントが登録されたサーバーで処理されます。
また Ctrl + C などでイベントループを停止させたときにKeyboardInterrupt例外が発生します。
イベントループやサーバーに処理が残っている場合があるため、それぞれのクローズ処理を行う
ようにしましょう。

```
server.close()
loop.run_until_complete(server.wait_closed())
loop.close()
```

serverのクローズ処理を呼びだすため、closeメソッドを呼び出し、クローズ処理の完了を
wait_closedコルーチンで待ちます。
最後にイベントループ自体をクローズして、処理を完了させましょう。
リスト12.5はEchoサーバーの全体のソースです。

リスト12.5　asyncechoserver.py

```
import asyncio


class EchoProtocol:

    def connection_made(self, transport):
        self.transport = transport

    def data_received(self, data):
        self.transport.write(data)

    def eof_received(self):
        self.transport.close()

    def connection_lost(self, exc):
        self.transport = None


loop = asyncio.get_event_loop()
coro = loop.create_server(EchoProtocol, '127.0.0.1', 8192)
server = loop.run_until_complete(coro)

try:
    loop.run_forever()
except KeyboardInterrupt:
```

```
    pass

server.close()
loop.run_until_complete(server.wait_closed())
loop.close()
```

12-1-6　Echoクライアントプロトコル

では、このEchoサーバーに接続するクライアントを作成してみましょう。
クライアント側でもサーバー側と同様にProtocolクラスを定義します。

```
class EchoClient(asyncio.Protocol):
    def __init__(self, message, loop):
        self.message = message
        self.loop = loop

    def connection_made(self, transport):
        transport.write(self.message.encode('utf-8'))
        self.transport = transport

    def data_received(self, data):
        print(data.decode('utf-8'))
        self.transport.close()

    def connection_lost(self, exc):
        self.loop.stop()
```

こちらのプロトコルではeof_receibedメソッドの実装をしないため、asyncio.Protocolクラス
を継承してデフォルトの動作(何もしない)を利用しています。
このクライアントは接続直後にデータを送信し、サーバーが送り返してきたデータを受信した
らそのまま接続を閉じ、ループを終了するようになっています。

12-1-7　Echoクライアントプロトコルを利用してサーバーに接続する

クライアントプロトコルを利用してサーバーに接続するには、create_connectionコルーチン
を利用します。

```
loop = asyncio.get_event_loop()
coro = loop.create_connection(lambda: EchoClient('こんにちわ', loop),
                              '127.0.0.1', 8192)
loop.run_until_complete(coro)
loop.run_forever()
loop.close()
```

　サーバー側と同様にコルーチンをrun_until_complete関数で処理した後に、run_forever関数でイベントループに入ります。クライアントが送受信の処理を行ったあとループを閉じるとrun_forever関数がイベントループを終了します。そのあとはclose関数で処理を終了させましょう（**リスト12.6**）。

リスト12.6　asyncechoclient.py

```python
import asyncio


class EchoClient(asyncio.Protocol):
    def __init__(self, message, loop):
        self.message = message
        self.loop = loop

    def connection_made(self, transport):
        transport.write(self.message.encode('utf-8'))
        self.transport = transport

    def data_received(self, data):
        print(data.decode('utf-8'))
        self.transport.close()

    def connection_lost(self, exc):
        self.loop.stop()


loop = asyncio.get_event_loop()
coro = loop.create_connection(lambda: EchoClient('こんにちわ', loop),
                              '127.0.0.1', 8192)
loop.run_until_complete(coro)
loop.run_forever()
loop.close()
```

　ではターミナルを2つ用意してサーバーとクライアントを実行してみましょう。
　1つ目のターミナルでサーバーを実行します。

```
python asyncechoserver.py
```

この状態で2つ目のターミナルでクライアントを実行します。

```
python asyncechoclient.py
```

　クライアント側から送信したデータ "こんにちわ" がサーバーから送り返されて、再度クライアント側で表示されます。

12-2　aiohttp入門

　asyncioはTCPソケットなどの低レベルなネットワークを扱います。httpなどアプリケーションレベルのネットワーク処理を行う場合は、別途サードパーティ製のライブラリを利用します。
　aiohttpはhttp関連の処理を行うライブラリで、asyncioを基にしたhttpクライアントやサーバー、webアプリケーションフレームワークを提供します。

12-2-1　インストール

　aiohttpはpypiからインストールできます。新しいプロジェクトのディレクトリを作成して、pipでインストールしてみましょう。

```
$ pip install aiohttp
```

インストールできたか確認しましょう。

```
$ python
>>> import aiohttp
```

　問題なくaiohttpモジュールをインポートできています。

12-2-2　非同期webサーバー

　aiohttpでwebサーバーを作成する場合は、aiohttp.webモジュールを利用します。aiohttp.webではリクエストハンドラーをコルーチンで作成します。

```
from aiohttp import web


async def hello(request):
    return web.Response(text="Hello")
```

　aiohttp.webのhttpハンドラーは、web.Requestを受け取り、web.Responseを返すコルーチンとなります。上記の単純なコルーチンをwebアプリケーションに登録します。

```
app = web.Application()
app.add_routes([web.get("/", hello)])
```

　web.Applicationのadd_routesメソッドでコルーチンをHTTPメソッドとURLパターンに割り

当てます。上記ではHTTPリクエストが`GET /`となる場合にhelloコルーチンが呼び出されます。

アプリケーションを実行するためにはrun_app関数を利用します。run_app関数は内部でasyncioのイベントループを開始します。

```
web.run_app(app, port=8080)
```

まとめると**リスト12.7**のようになります。

リスト12.7 aiohttp_hello1.py

```
from aiohttp import web


async def hello(request):
    return web.Response(text="Hello")


app = web.Application()
app.add_routes([web.get("/", hello)])

web.run_app(app, port=8080)
```

http://localhost:8080/にアクセスすると"Hello"の文字が返ってきます。

12-3 | websocketサーバー

aiohttpではwebsocketハンドラーも提供されています。websocketハンドラーを利用すると通常のHTTPによるリクエストレスポンスのような一方通行のやりとりではなく、サーバーとクライアントの間で相互にやりとりできます。

websocketハンドラーはWebSocketResponseを返すコルーチンとして実装します。WebSocketResponseを作成し、requestに対してprepareコルーチンを実行します。

```
ws = web.WebSocketResponse()
await ws.prepare(request)
```

prepare完了後はクライアント側とwebosocketセッションが確立されます。非同期ジェネレータとして、クライアント側からのデータを取得できます。データtypeがTEXTとなります。

```
async for msg in ws:
    logger.info("client data")
    if msg.type == aiohttp.WSMsgType.TEXT:
        await ws.send_str(msg.data)
```

エラー発生時はデータtypeがERRORとなったメッセージとなります。

```
elif msg.type == aiohttp.WSMsgType.ERROR:
    print("ws connection closed with exception %s" % ws.exception())
```

asynchttpでのwebsocketサーバーでは非同期ジェネレータを利用するため、asyncioのProtocolによるコールバック形式よりも処理の流れを追いやすくなっています。

12-4 websocketを利用したechoサーバー

それではwebsocketを利用してechoサーバーを作成してみましょう。WebSocketResponseを非同期ジェネレータとして処理するところまでは共通の処理となります。受信したデータをそのまま返信する処理を追加します。

```
async def websocket_handler(request):
    ws = web.WebSocketResponse()
    await ws.prepare(request)

    async for msg in ws:
        logger.info("client data")
        if msg.type == aiohttp.WSMsgType.TEXT:
            await ws.send_str(msg.data)
        elif msg.type == aiohttp.WSMsgType.ERROR:
            print("ws connection closed with exception %s" % ws.exception())

    logger.info("websocket connection closed")

    return ws
```

このようにして作成したコルーチンはaiohttp.webで通常のリクエストハンドラーと同様にURLルーティングに追加します（**リスト12.8**）。

リスト12.8　aiohttp_echoserver1.py

```
from aiohttp import web


async def websocket_handler(request):
    ws = web.WebSocketResponse()
    await ws.prepare(request)

    async for msg in ws:
        logger.info("client data")
```

```
        if msg.type == aiohttp.WSMsgType.TEXT:
            await ws.send_str(msg.data)
        elif msg.type == aiohttp.WSMsgType.ERROR:
            print("ws connection closed with exception %s" % ws.exception())

    logger.info("websocket connection closed")

    return ws


app.add_routes(
    [
        web.get("/ws", websocket_handler),
    ]
)

web.run_app(app, port=8080)
```

これでwebsocketでのechoサーバーができあがりました。このサーバーに接続するクライアントを作成していきましょう。

12-5 | websocketクライアント

ではwebsocket版のEchoサーバーに接続するクライアントを作成してみましょう。

クライアントとなるコルーチンの中でClientSessionを作成します。そしてws_connectメソッドでサーバーに接続すると接続オブジェクトを取得できます。接続オブジェクトの利用方法はサーバー側と同様にsend_strメソッドで文字列を送信し、非同期ジェネレータで受信データを取得します（**リスト12.9**）。

リスト12.9　aiohttp_echoclient1.py

```python
import asyncio
import aiohttp


async def run():
    async with aiohttp.ClientSession() as session:
        async with session.ws_connect("http://localhost:8080/ws") as ws:
            await ws.send_str("Hello, world!")
            async for msg in ws:
                if msg.type == aiohttp.WSMsgType.TEXT:
                    print(msg.data)
                    await ws.close()
```

```
                    break
                elif msg.type == aiohttp.WSMsgType.ERROR:
                    break


loop = asyncio.get_event_loop()
loop.run_until_complete(run())
```

ここでは、接続語すぐに文字列を送信し、async for ループでデータを受信しています。

12-6 echo サーバーをチャットサーバーにする

この echo サーバーを chat サーバーに作り替えてみましょう。

ここでは単純に受信したテキストを接続しているクライアントすべてに送信することで会話できるものとします。そのためには接続しているクライアントを保持するリストが必要です。また、それらのクライアントすべてにテキストを送信する処理も必要となります。

これらの処理を行うために ChatRoom クラスを作成します。

```
class ChatRoom:
    def __init__(self, loop):
        self.members: web.WebSocketResponse = []
        self.loop = loop
```

ChatRoom は内部でタスクを利用するため、イベントループを必要とします。コンストラクタではイベントループを受け取り、クライアントのリストを空リストで初期化します。

チャットに参加するための join と leave のメソッドを定義します。

```
    def join(self, member):
        logger.info("joined %s" % member)
        self.members.append(member)

    def leave(self, member):
        logger.info("left %s" % member)
        self.members.remove(member)
```

これらは単純にリストへの追加削除のみで行います。

次にメッセージを送信するメソッドです。最終的な処理は send_str となるため、このメソッドもコルーチンとなります。

```
async def send(self, message):
    logger.info("send message to %d clients" % len(self.members))
    tasks = [self.loop.create_task(ws.send_str(message)) for ws in self.members]
    await asyncio.wait(tasks)
```

　接続中のクライアントに対してsend_strするタスクを作成します。それらのタスクの実行完了をasyncio.waitで待ちます。

　では、このchatroomオブジェクトをアプリケーション内で利用できるようにしましょう。リクエストハンドラーからは引数のrequestのappアトリビュートからアプリケーションオブジェクトを参照できます。またアプリケーションはdict likeに値を所持できます。

　aiohttp.webではアプリケーション開始時などさまざまなタイミングでsignalと呼ばれるコールバックを実行します。chatroomの作成をon_startupシグナルで実行するようにします。

```
async def startup(app):
    app["chatroom"] = ChatRoom(app.loop)
```

　この処理自体はコルーチンとする必要はありませんが、シグナルに対する処理はコルーチンでなければならないため、awaitなしでコルーチンとなっています。

　startupコルーチンをアプリケーション開始時に実行させるため、on_startupシグナルに追加します。

```
app.on_startup.append(startup)
```

　このように設定したchatroomを利用して、リクエストハンドラー内の処理を以下のように変更します。

```
chatroom = request.app["chatroom"]
chatroom.join(ws)
try:
    async for msg in ws:
        logger.info("client data")
        if msg.type == aiohttp.WSMsgType.TEXT:
            await chatroom.send(msg.data)
        elif msg.type == aiohttp.WSMsgType.ERROR:
            print("ws connection closed with exception %s" % ws.exception())
finally:
    chatroom.leave(ws)
    logger.info("websocket connection closed")
```

　まず、appからchatroomを取り出します。

　chatroomにクライアントを登録するため、joinメソッドを呼び出します。メッセージを受け取ったときの処理はchatroomのsendコルーチンに変更します。joinメソッド呼出し後、クライアン

トからの切断を確実に処理するため、finally 節で chatroom の leave メソッドを呼び出します（**リスト 12.10**）。

リスト12.10　aiohttp_chatserver.py

```python
import argparse
import asyncio
import logging

import aiohttp
from aiohttp import web

logger = logging.getLogger(__name__)


class ChatRoom:
    def __init__(self, loop):
        self.members: web.WebSocketResponse = []
        self.loop = loop

    def join(self, member):
        logger.info("joined %s" % member)
        self.members.append(member)

    def leave(self, member):
        logger.info("left %s" % member)
        self.members.remove(member)

    async def send(self, message):
        logger.info("send message to %d clients" % len(self.members))
        tasks = [self.loop.create_task(ws.send_str(message)) for ws in self.members]
        await asyncio.wait(tasks)


async def websocket_handler(request):
    logger.info("get client")
    ws = web.WebSocketResponse()
    await ws.prepare(request)
    logger.info("wait client data")
    chatroom = request.app["chatroom"]
    chatroom.join(ws)
    try:
        async for msg in ws:
            logger.info("client data")
            if msg.type == aiohttp.WSMsgType.TEXT:
                await chatroom.send(msg.data)
            elif msg.type == aiohttp.WSMsgType.ERROR:
```

```
                    print("ws connection closed with exception %s" % ws.exception())
        finally:
            chatroom.leave(ws)
            logger.info("websocket connection closed")

    return ws


async def startup(app):
    app["chatroom"] = ChatRoom(app.loop)


def main():
    logging.basicConfig(level=logging.INFO)
    parser = argparse.ArgumentParser()
    parser.add_argument("-p", "--port", type=int, default=8080)
    parser.add_argument("--host", default="127.0.0.1")
    args = parser.parse_args()
    app = web.Application()
    app.add_routes([web.get("/ws", websocket_handler)])
    app.on_startup.append(startup)
    web.run_app(app, host=args.host, port=args.port)


if __name__ == "__main__":
    main()
```

12-6-1 　非同期IOを使うということ

　さて、chatサーバーでは内部でタスクを利用して非同期にクライアントへの送信を行っています。for文でクライアントへの送信を行う場合とどのように動作が異なるのか考えてみましょう。

　for文を使った場合、クライアントへの送信が順番に処理されます。クライアントへの送信がawaitによるものだったとしても、順次送信が完了してから次のクライアントへの送信となります。ここだけみると非同期に実行されるのはどこなのかと疑問に思えるでしょう。

　この場合、非同期になるのは他のクライアントから受信したメッセージを送信する場合です。あるクライアントから受信したメッセージを送信している間、他のクライアントから受信し送信する処理が非同期に実行されます。

　では今回のようにクライアントへの送信をすべてタスクにした場合はどうでしょう。
タスクはすべて非同期に実行されます。もちろん、あるクライアントからの受信メッセージを送信している間、他のクライアントからのメッセージも処理できます。

図12.1 awaitの動作

　このようにコルーチンを利用する場合、単純にawaitをつけただけでは非同期処理となるわけではありません。awaitしている間に他の処理を実行するタスクが存在する場合にそれぞれのタスクが非同期な処理となります。

12-7 PyQt入門

　GUIのアプリケーションを作成するには多くの場合ツールキットと呼ばれるライブラリを利用します。ツールキットはGUIを作成するために必要な部品をまとめたもので、プラットフォーム固有のものやクロスプラットフォームで利用できるものなど数多く存在します。Pythonの標準ライブラリにはTkinterという簡易なクロスプラットフォームで利用できるツールキットが含まれています。

　ここではチャットクライアントをGUIで作成するためにQtというツールキットを利用します。Qtはクロスプラットフォームで利用できる多様なウィジェットやマルチメディア、ネットワークライブラリまで含んだツールキットです。QtをPythonから利用する場合はPyQtやPySideといったバインディングライブラリを用います。現在はQt5に対応したPyQt5が提供されています。

　PyQt5はwheel形式の配布物が用意されており、Qtライブラリも含まれています。PyQt5をインストールするだけですぐにGUIプログラミングを開始できます。

```
$ pip install PyQt5
```

　たいていのプラットフォームでpipによるインストールが可能です。インストール後にPyQt5がインポートできるか確認してみましょう。

```
>>> import PyQt5
>>> from PyQt5 import QtWidgets
```

　PyQt5パッケージ次にウィジェットやネットワークなどに対応したサブパッケージが存在します。まずはQtWidgetを利用してGUIを作成していくことにしましょう。

12-7-1　Hello

　PyQtでGUIアプリケーションを作成するには、QApplicationオブジェクトを作成し、何らかのウィジェットを表示させた後にイベントループを実行します。**リスト12.11**はただラベルを表示するだけの最小限のアプリケーションです。

リスト12.11　pyqt_hello1.py

```python
import sys
from PyQt5 import QtWidgets

app = QtWidgets.QApplication(sys.argv)
label = QtWidgets.QLabel("Hello")
label.show()
app.exec_()
```

　QApplicationオブジェクトは作成時にコマンドライン引数を受け取ります。QLabelはテキストや画像を表示するためのウィジェットです。表示するテキストを渡して作成したラベルを表示するためにshowメソッドを呼び出します。そのあとプリケーションオブジェクトのexec_メソッドを呼び出してイベントループを開始します。
　実行すると、"Hello"を表示するラベルを含むウィンドウが立ち上がります。このウィンドウを閉じるとアプリケーションは終了します。

12-7-2　signal

　GUIアプリケーションはユーザーの操作に応じてさまざまな処理を行います。Qtではユーザーアクションなどを処理するためにsignal/slotという仕組みを利用します。ユーザーがウィジェットに何らかの操作を行うとsignalが発生します。signalの発生に対して事前に結びつけられたslotが処理を行います。

リスト**12.12**はQPushButtonオブジェクトのclicked signalに反応してアプリケーションを終了させるslotを実行させる例です。

リスト12.12 pyqt_button.py

```python
import sys
from PyQt5 import QtWidgets, Qt

app = QtWidgets.QApplication(sys.argv)
button = QtWidgets.QPushButton("Hello")
button.clicked.connect(Qt.qApp.quit)
button.show()
app.exec_()
```

Qtモジュールの**qApp**は実行中のアプリケーションオブジェクトを参照する変数です。また、PyQtでは任意のcallableオブジェクトをslotに利用できます。

```python
button.clicked.connect(lambda: print("Hello"))
```

lambdaで作成した無名関数をsignalとした例です。1つのsignalには複数のslotを設定できます。次のように1回のクリックで2種類の処理を実行できます。

```python
button.clicked.connect(lambda: print("Hello1"))
button.clicked.connect(lambda: print("Hello2"))
```

複数のslotが実行される場合、処理の順序は保証されません。slotの追加順に依存した処理は書かないようにしましょう。

12-7-3 GUIの部品

GUIの部品をウィジェットと呼びます。Qtには多くのウィジェットがQtWidgetモジュールに用意されています。

代表的なウィジェットには次のようなものがあります。

- ラベル
- ボタン
- テキスト入力
- リストボックス

それぞれの部品についてPyQtでの利用方法を見ていきましょう。

QLabelはテキストや画像を表示するためのウィジェットです。

```
label = QtWidgets.QLabel("Hello")
label.show()
```

第一引数で指定した文字列を表示するラベルです。

図12.2　PyQtのラベル

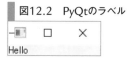

QPushButtonはユーザーがクリックしたときに、処理を実行するためのウィジェットです。

```
button = QtWidgets.QPushButton("Hello")
button.clicked.connect(QtWidgets.qApp.quit)
button.show()
```

すでに例で出したようにclicked signalを利用できます。上記ではクリック時にqAppのquit slotを呼び出しています。

図12.3　PyQtのボタン

QLineEditは一行のテキスト入力を受け付けるためのウィジェットです。

```
lineedit = QtWidgets.QLineEdit()
lineedit.setText("Hello, world!")
lineedit.show()
```

入力内容はtextメソッドで取得できます。また、setTextメソッドでプログラム側からテキストを変更できます。

図12.4　PyQtのテキスト入力

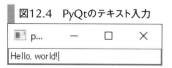

QListWidgetはリストデータを表示するための簡単なウィジェットです。

```
listwidget = QtWidgets.QListWidget()
listwidget.addItems(["item%d" % i for i in range(100)])
listwidget.show()
```

図12.5　PyQtのリストボックス

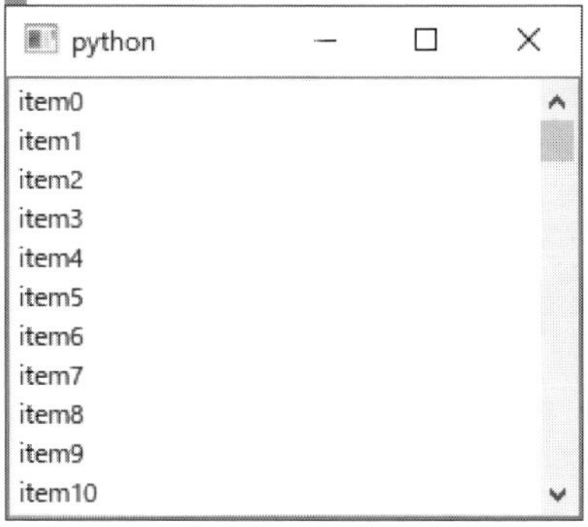

| python | — □ × |

```
item0
item1
item2
item3
item4
item5
item6
item7
item8
item9
item10
```

　addItemsメソッドで表示内容を複数追加できます。1つずつ追加する場合はaddItemメソッド
を利用します。

12-7-4　ウィジェットとレイアウト

　GUIを作成する場合はさまざまな部品を組み合わせることになります。アプリケーションを作
成する場合、部品のまま扱うのではなく機能ごとに複数の部品をまとめたウィジェットを作成し
ていきます。QtではQWidgetクラスに複数の部品をまとめることができます。また、それぞれ
の部品の配置方法を決めるために複数のレイアウトが用意されています。
　主なレイアウトは次のようになります。

- QVBoxLayout
- QHBoxLayout
- QGridLayout
- QFormLayout
- QStackedLayout

　QVBoxLayoutとQHBoxLayoutは単純に追加した順番に縦や横に並べるレイアウトです。簡
易なレイアウト方法ですが、これらのレイアウトを入れ子にすることである程度複雑なレイアウ
トも可能になっています。
　QWidgetにレイアウトを適用するにはsetLayoutメソッドを利用します。レイアウトを設定し
た後はそのレイアウトごとに決められた方法で配置したいウィジェットを追加します。

QVBoxLayoutなどの場合は単純にaddWidgetメソッドを呼びます。

レイアウトの中にさらにレイアウトを追加する場合はaddLayoutメソッドを使います。

QWidgetオブジェクトを作成してチャットアプリケーション向けのウィジェットの配置をしてみましょう。

```
widget = QtWidgets.QWidget()
main_layout = QtWidgets.QVBoxLayout()
widget.setLayout(main_layout)
listbox = QtWidgets.QListWidget(widget)
listbox.addItems(["item %d" % i for i in range(100)])
main_layout.addWidget(listbox)
sub_layout = QtWidgets.QHBoxLayout()
main_layout.addLayout(sub_layout)
entry = QtWidgets.QLineEdit(widget)
sub_layout.addWidget(entry)
send_button = QtWidgets.QPushButton("send", widget)
sub_layout.addWidget(send_button)
widget.show()
```

図12.6　PyQtのレイアウト

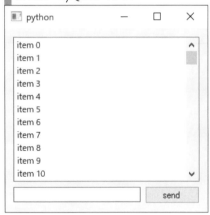

QWidgetを継承して複数のウィジェットをまとめた1つのウィジェットクラスを作成してみましょう。

```
class ChatView(QtWidgets.QWidget):
    def __init__(self, parent=None):
        super().__init__(parent=parent)
        main_layout = QtWidgets.QVBoxLayout()
        self.setLayout(main_layout)
```

```
        listbox = QtWidgets.QListWidget(self)
        listbox.addItems(["item %d" % i for i in range(100)])
        main_layout.addWidget(listbox)
        sub_layout = QtWidgets.QHBoxLayout()
        main_layout.addLayout(sub_layout)
        entry = QtWidgets.QLineEdit(self)
        sub_layout.addWidget(entry)
        send_button = QtWidgets.QPushButton("send", self)
        sub_layout.addWidget(send_button)


chatview = ChatView()
chatview.show()
```

12-7-5 メインウィンドウ

　典型的なGUIアプリケーションではメニューバーやツールバー、ステータスバーを持ったメインウィンドウの中に機能的なウィジェットが配置されています（**図12.7**）。Qtにはあらかじめこのような機能を持ったQMainWindowクラスが用意されています。

```
win = QtWidgets.QMainWindow()
menubar = win.menuBar()
menubar.setNativeMenuBar(False)  # ※MacOSでのメニューバー表示
filemenu = menubar.addMenu("File")
statusbar = win.statusBar()
statusbar.showMessage("Hello, world!")
win.show()
```

※ MacOSを利用している場合、メニューバーの内容がPythonアプリケーションのものから変更されないようです。今のところは setNativeManuBar(False)を呼び、アプリケーションウィンドウ内にメニューバーを表示して回避します。

図12.7 PyQtのメインウィンドウ

　menuBarメソッドやstatusBarメソッドを呼びだすとそれぞれの部品がメインウィンドウに追加されます。

QWidgetと同様に、QMainWindowを継承してMainWindowクラスを定義してみましょう。

```python
class MainWindow(QtWidgets.QMainWindow):
    def __init__(self):
        super().__init__()
        menubar = self.menuBar()
        filemenu = menubar.addMenu("File")
        statusbar = self.statusBar()
        statusbar.showMessage("Hello, world!")
```

QtアプリケーションではアプリケーションごとにこのようなMainWindowクラスを定義するのが一般的です。また、setCentralWidgetにはQWidgetを継承したメインのウィジェットを利用します。

これから作成しようとしているチャットクライアントのMainWindowは次のようになるでしょう。

```python
class MainWindow(QtWidgets.QMainWindow):
    def __init__(self):
        super().__init__()
        self.chatview = ChatView(self)
        self.setup_menus()
        self.setCentralWidget(self.chatview)
        self.show_status_message("started")

    def setup_menus(self):
        menubar = self.menuBar()
        filemenu = menubar.addMenu("File")

    def show_status_message(self, message):
        statusbar = self.statusBar()
        statusbar.showMessage(message)
```

メニュー設定などは別途setup_menusメソッドなどに分離して見やすくしています。

12-7-6　メニューとアクション

QMainWindowではメニューバーを提供しています。メニューバーにはさらにメニューが追加でき、その中にメニューアイテムとして実際の処理を起動するアクションを追加します。

MainWindowのメニューバーにアプリケーションを終了させるQuitアクションを追加してみましょう。

```python
filemenu = menubar.addMenu("File")
quitAction = filemenu.addAction("Quit")
quitAction.triggered.connect(QtWidgets.qApp.quit)
```

アクションは選択されると triggered signal を発行します。qApp.quit slot を接続して、この
アクションが実行されたときにアプリケーションを終了させています。

アクションにはショートカットキーを割り当てることができます。ショートカットキーは
QtGui.QKeySequence で作成できます。

```
quit_action.setShortcuts(QtGui.QKeySequence.Quit)
```

よく使うショートカットキーはあらかじめ定数で提供されています。上記の例では QtGui.
QKeySequence.Quit を利用しています。この指定により各種プラットフォームの GUI に合わせ
たショートカットキーが割り当てられます（例えば MacOS では command + Q となり、Linux では
Ctrl + Q となります。Windows では Quit に対するショートカットキーの割り当ては存在しない
ようです）。

12-7-7　ダイアログ

ユーザーにテキスト入力を促す小さなウィンドウを表示する場合はダイアログを利用します。Qt
にはテキスト以外にもファイル選択や色選択などのさまざまなダイアログが用意されています。

単純なテキストを受け取るには QInputDialog の getText メソッドを利用します。

```
button = QtWidgets.QPushButton("push")


def ask_text():
    text, ok = QtWidgets.QInputDialog.getText(button, "食べ物", "好きな食べ物")
    if ok:
        print(text)
    else:
        print("not answered")


button.clicked.connect(ask_text)
button.show()
```

図12.8　PyQtのテキスト入力ダイアログ

301

　getTextメソッドはスタティック関数として用意されているため、直接呼出しできます。呼出し元となるウィジェットと、ダイアログタイトル、入力ボックスのラベルが最低限必要となります。PyQtでの戻り値は文字列とbool値となります。ユーザーがダイアログを直接閉じたり、キャンセルボタンを押した場合はbool値がFalseとなります。

12-8 ┃ PyQtでwebsocketクライアント

　それではwebsocketによるチャットクライアントをPyQtで作成してみましょう。すでにasyncioでwebsocketクライアントを作成できることを学びましたが、PyQtで利用する場合に利用するには難しい問題があります。

　Qtのイベントループとasyncioのイベントループはそれぞれ異なる仕組みでイベント処理を行っています。それぞれのイベントループをマルチスレッドで処理しながらデータをやりとるする方法もありますが、非常に複雑になります。Qt自体はネットワークやマルチメディアに対応した大きなツールキットであり、websocketもサポートされています。

　QtWebSocketsはwebsocketをQtのsignal slotの仕組みで取り扱えるライブラリです。QtWebSocketを利用してPyQtのwebsocketクライアントを作成していきましょう。

12-8-1　WebSocketのsignalとslot

　QtWebsocketsのQWebSocketがwebsocket接続するためのクラスです。このクラスでは接続を開始するためのopenメソッドや文字列データを送信するためのsendTextMessageメソッドなどが用意されています。また、データ受信時にはtextMessageReceived signal、エラー発生時にはerror signalが発行されます。

　リスト12.8は、文字列を一度送信し、返ってきた文字列を表示するだけの単純なGUIアプリケーションの例です。

リスト12.13　pyqt_echoclient1.py

```python
import sys
from PyQt5 import QtWebSockets, QtWidgets, Qt


def send_receive():
    ws = QtWebSockets.QWebSocket()

    def onstatechanged(state):
        if state == Qt.QAbstractSocket.ConnectedState:
            ws.sendTextMessage("Hello")
```

```
    def onreceived(data):
        print(data)
        QtWidgets.qApp.quit()

    ws.stateChanged.connect(onstatechanged)
    ws.textMessageReceived.connect(onreceived)
    ws.open(Qt.QUrl("ws://localhost:8080/ws"))


app = QtWidgets.QApplication(sys.argv)
button = QtWidgets.QPushButton("Send")
button.clicked.connect(send_receive)
button.show()
app.exec_()
```

　QApplicationのイベントループ内から処理を実行させるために、ボタンを表示しクリックされてから処理を開始します。onreceived, onstatechangedはそれぞれtextMessageReceivedおよびstateChangedのsignalに対応するslotとなります。

　QWebSocketオブジェクトがサーバーに接続したり切断されたりと状態が変化するとstateChange signalが発行されます。このときstateオブジェクトが渡されるため、サーバーと接続された状態(Qt.QAbstractSocket.ConnectedState)となった場合に文字列をsendTextMessageで送信します。サーバーから文字列データが送られてきた場合にはtextMessageReceived signalが発行されます。onreceived slotでは受け取った文字列を表示してそのままアプリケーションを終了させます。

12-9 　WebSocketの操作にUIをつける

　ではwebsocketを使ったGUIクライアントを作成していきましょう。まずは、websocketとのやりとりを行いメッセージを表示するChatWidgetを作成します。

　QWidgetを継承してChatWidgetを定義します。コンストラクタではQWebsocketと親ウィンドウへの参照を受け取ります。

```
class ChatWidget(QtWidgets.QWidget):
    def __init__(self, ws, parent=None):
        super().__init__(parent)
        self.ws = ws
        self.ws.textMessageReceived.connect(self.on_text_received)
        self.initialize()
```

　websocketはのちの処理で利用するために属性として保持しておきます。またテキスト受信時の

textMessageReceived signal に対する on_text_receivedslot をコンストラクタの中で指定します。

ChatWidget は送受信を行うために複数の部品を利用します。initialize メソッドで内部の部品を配置していきます。

```python
def initialize(self):
    self.messages = QtWidgets.QListWidget(self)
    self.input = QtWidgets.QLineEdit(self)
    self.send = QtWidgets.QPushButton("Send", self)

    self.send.clicked.connect(self.on_send)

    self.main_layout = QtWidgets.QVBoxLayout()
    self.main_layout.addWidget(self.messages)
    self.sub_layout = QtWidgets.QHBoxLayout()
    self.main_layout.addLayout(self.sub_layout)
    self.sub_layout.addWidget(self.input)
    self.sub_layout.addWidget(self.send)
    self.setLayout(self.main_layout)
```

利用する部品は前述のレイアウトの例と同様です。送信ボタンの clicked signal で送信処理を行うため、on_send slot を設定しておきます。

メッセージ受信時に呼び出される on_text_received slot を定義しましょう。ここでは受け取ったメッセージをそのまま messages ListWidget に追加して表示させるようにします。

```python
def on_text_received(self, message):
    self.messages.addItem(message)
```

送信時の on_send slot では、lineedit から入力内容を取得して websocket の sendTextMessage を呼び出します。このあと lineedit を空の状態にするため、text メソッドを呼び出しています。

```python
def on_send(self):
    self.ws.sendTextMessage(self.input.text())
    self.input.text("")
```

ではこの ChatWidget を利用する MainWindow を作成しましょう。MainWindow も websocket のメソッドを利用するため、websocket のインスタンスは MainWindow で作成して ChatWidget に渡すこととします。

```python
class MainWindow(QtWidgets.QMainWindow):
    def __init__(self):
        super().__init__()
        self.ws = QtWebSockets.QWebSocket()
        self.initialize()
        self.initialize_menu()
```

　websocketを作成後、initializeメソッドでChatWidgetの作成、initialize_menuメソッドでメニューの作成を行います。

　initializeメソッドではChatWidgetを作成し、setCentralWidgetでMainWindow内のウィジェットとして配置します。

```python
def initialize(self):
    self.chat = ChatWidget(ws, self)
    self.setCentralWidget(self.chat)
    self.chat.ws.stateChanged.connect(self.on_state_changed)
```

　またwebsocketの接続状況の変化をステータスバーに表示するため、stateChanged signalにon_state_changed slotを指定しています。

　on_state_changed slotでは、websocketの状態を表す変数を受け取れます。状態を表す内容は、Qt.QAbstractSocketの中で定数が用意されています。ConnectedStateは対象のwebsocketがサーバーに接続している状態を表します。

```python
def on_state_changed(self, state):
    if state == Qt.QAbstractSocket.ConnectedState:
        self.statusBar().showMessage("connected")
    else:
        self.statusBar().clearMessage()
```

　接続状態の場合にのみステータスバーに"connected"と表示するようしています。

　メニューでは、サーバーに接続するためのConnectとアプリケーションを終了させるQuitの2つのメニューを作成します。

```python
def initialize_menu(self):
    menubar = self.menuBar()
    file_menu = menubar.addMenu("File")
    connect_action = file_menu.addAction("Connect")
    connect_action.triggered.connect(self.connect)
    connect_action.setShortcuts(QtGui.QKeySequence.Open)
    quit_action = file_menu.addAction("Quit")
    quit_action.triggered.connect(QtWidgets.qApp.quit)
    quit_action.setShortcuts(QtGui.QKeySequence.Quit)
```

　Quitメニューはこれまでと同様にqApp.quit slotを使っています。Connectメニューは、MainWindowで接続処理を行うようにconnect slotを指定します。

　connect slotではダイアログを表示してURLを入力後にそのURLでwebsocketの接続処理を呼び出します。ダイアログ表示時にWEBSOCKET_URLで定数として定義したデフォルト設定を表示させるようにしています。

```
WEBSOCKET_URL = "ws://127.0.0.1/ws"
...

def connect(self):
    url = self.ask_url(WEBSOCKET_URL)
    if not url:
        return
    self.chat.ws.open(Qt.QUrl(url))

def ask_url(self, default):
    url, ok = QtWidgets.QInputDialog.getText(
        self, "chatserver", "Connection URL", text=default
    )
    if ok:
        return url
```

以上でGUIクライアントのMainWindowとChatWidgetが作成できました。

いつものようにQApplicationを使ってGUIアプリケーションとして実行できるようにしましょう。

```
app = QtWidgets.QApplication(sys.argv)
win = MainWindow()
win.show()
app.exec_()
```

完全なソースは**リスト12.14**のようになります。

▌リスト12.14　pyqt_chatclient.py

```
import sys
from PyQt5 import Qt, QtWidgets, QtWebSockets, QtGui


WEBSOCKET_URL = "ws://127.0.0.1:8080/ws"


class MainWindow(QtWidgets.QMainWindow):
    def __init__(self):
        super().__init__()
        self.ws = QtWebSockets.QWebSocket()
        self.initialize()
        self.initialize_menu()

    def initialize(self):
        self.chat = ChatWidget(self.ws, self)
        self.setCentralWidget(self.chat)
        self.chat.ws.stateChanged.connect(self.on_state_changed)
```

```
        def on_state_changed(self, state):
            if state == Qt.QAbstractSocket.ConnectedState:
                self.statusBar().showMessage("connected")
            else:
                self.statusBar().clearMessage()

        def initialize_menu(self):
            menubar = self.menuBar()
            file_menu = menubar.addMenu("File")
            connect_action = file_menu.addAction("Connect")
            connect_action.triggered.connect(self.connect)
            connect_action.setShortcuts(QtGui.QKeySequence.Open)
            quit_action = file_menu.addAction("Quit")
            quit_action.triggered.connect(QtWidgets.qApp.quit)
            quit_action.setShortcuts(QtGui.QKeySequence.Quit)

        def connect(self):
            url = self.ask_url(WEBSOCKET_URL)
            if not url:
                return
            self.chat.ws.open(Qt.QUrl(url))

        def ask_url(self, default):
            url, ok = QtWidgets.QInputDialog.getText(
                self, "chatserver", "Connection URL", text=default
            )
            if ok:
                return url


class ChatWidget(QtWidgets.QWidget):
    def __init__(self, ws, parent):
        super().__init__(parent)
        self.initialize()
        self.ws = ws
        self.ws.textMessageReceived.connect(self.on_text_received)

    def initialize(self):
        self.messages = QtWidgets.QListWidget(self)
        self.input = QtWidgets.QLineEdit(self)
        self.send = QtWidgets.QPushButton("Send", self)
        self.send.clicked.connect(self.on_send)
        self.main_layout = QtWidgets.QVBoxLayout()
        self.main_layout.addWidget(self.messages)
        self.sub_layout = QtWidgets.QHBoxLayout()
        self.main_layout.addLayout(self.sub_layout)
        self.sub_layout.addWidget(self.input)
```

```
        self.sub_layout.addWidget(self.send)
        self.setLayout(self.main_layout)

    def on_text_received(self, message):
        self.messages.addItem(message)

    def on_send(self, *args, **kwargs):
        self.ws.sendTextMessage(self.input.text())
        self.input.setText("")


def main():
    app = QtWidgets.QApplication(sys.argv)
    win = MainWindow()
    win.show()
    app.exec_()


if __name__ == "__main__":
    main()
```

　実行する場合はchatサーバーを起動しておいてください。2つのGUIクライアントを起動して
お互いのメッセージが送受信できることを確認してみましょう。各クライアントからメッセージ
を送る前に Ctrl + O （macOSでは command + O）で接続先を設定する必要があります。

12-10 まとめ

　asyncioモジュールを利用するとTCPソケットを利用した低レベルなネットワークサーバーを
作成できます。また、aiohttpを使うとHTTPを利用したアプリケーションサーバーを作成でき
ます。コルーチンを扱うにはこれらのライブラリを利用し、内部ではTaskをうまく扱うことで
非同期で効率よく入出力を処理できるようになります。

　その他リレーショナルデータベースへのアクセスやlibuvを利用した高速なasyncio実装など
のライブラリも目的に応じて利用できます。

- aiopg
  http://aiopg.readthedocs.io/
- uvloop
  http://uvloop.readthedocs.org

　PyQtを使ってGUIアプリケーションを作成しました。GUIはQtという大きなツールキットの
一部ですが、PythonでGUIアプリケーションを作成する強力な手段として利用できます。

　PyQtと同様にQtを利用できるPySideやゲーム向けのSDLライブラリを利用できるPyGame などPythonからGUIを扱えるツールキットはほかにも様々なものが利用できます。目的に応じ て利用するライブラリを探してみるとよいでしょう。

- PySide
  http://qt-project.org/wiki/PySide
- pygame
  http://www.pygame.org/
- PyGObject
  http://live.gnome.org/PyGObject/
- pyobjc
  https://pyobjc.readthedocs.io/en/latest/

　さて、チャットアプリケーションは他の人と使いたくなります。次章では、このアプリケーショ ンを配布可能なパッケージにまとめます。

アプリケーション／ライブラリの配布

Pythonはアプリケーションやライブラリをとりまとめて、配布できるようにパッケージングする機能が備わっています。標準ライブラリに**distutils**があり、**setup.py**というモジュールでプロジェクトの情報を記述します。

13-1 | 配布のための準備

　Pythonでは標準ライブラリにdistutilsというパッケージングする機能が備わっており、distutilsをベースとしたツールが多く存在しており、setuptoolsなどがデファクトスタンダードとして広く使われています。ここでは、「**12章　チャットサーバー**」で作成したチャットアプリケーションをインストール可能な配布物にまとめてみましょう。

　配布物の作成には、setuptoolsとwheelを使います。「**Appendix 仮想環境の準備とpipのインストール**」をもとに環境を作成しておきましょう。

　配布物にはソースコード以外に、配布物の名前や依存ライブラリ、対応しているバージョンなどのメタデータが必要です。また、配布するモジュールはパッケージや名前空間パッケージにまとめて、名前空間を汚さないようにしましょう。

13-1-1　モジュールをパッケージでまとめる

　先ほど作ったチャットアプリケーションのモジュールをそのままインストールすると、他のライブラリと名前がかぶってしまうかもしれません。しかし、わかりやすい名前というのは、多くのプロジェクトで使われるものです。

　プロジェクト特有の名前で、Pythonパッケージを作成し、その下にモジュールを配置するようにしましょう。このパッケージは名前空間を作るだけで、特に機能はもちません。

　また、このパッケージを説明するためのREADME.rstファイルとパッケージ定義をするためのsetup.pyが必要です。

　これらをまとめると、**図13.1**のような構成になります。

図13.1 配布パッケージの構成

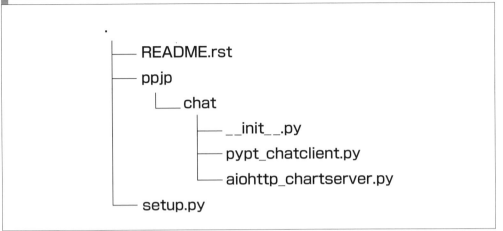

```
.
├── README.rst
├── ppjp
│   └── chat
│       ├── __init__.py
│       ├── pypt_chatclient.py
│       └── aiohttp_chartserver.py
└── setup.py
```

今回は、ppjpという名前空間パッケージを作成しました。その下には、chatパッケージがあり、client／serverの2つのモジュールを配置しています。

chatは通常のPythonパッケージとなるため、__init__.pyファイルを配置します。

では、README.rst、setup.pyにパッケージの内容を記述していきましょう。

13-1-2 プロジェクトを定義する

プロジェクトにはsetup.pyが必要です。

最小のsetup.pyには、setup関数の呼び出しが必要です。setup関数の引数に、さまざまなプロジェクト情報を渡します。

```python
from setuptools import setup

setup(name="ppjp.chat")
```

まずは、配布物に名前をつけました。配布物の名前は自由に決めることができます。しかし、名前空間パッケージやパッケージ名をもとに決めるのがわかり易いでしょう。

名前を決めたので、ひとまずの配布物を作成できます。配布物を作成するにはsdistサブコマンドを使います。

```
$ python setup.py sdist
```

実行するとdistディレクトリ内にppjp.chat-0.0.0.tar.gzが作成されます。中身を確認してみましょう。

```
$ tar tf dist/ppjp.chat-0.0.0.tar.gz
ppjp.chat-0.0.0/
ppjp.chat-0.0.0/PKG-INFO
ppjp.chat-0.0.0/ppjp.chat.egg-info/
ppjp.chat-0.0.0/ppjp.chat.egg-info/PKG-INFO
ppjp.chat-0.0.0/ppjp.chat.egg-info/SOURCES.txt
ppjp.chat-0.0.0/ppjp.chat.egg-info/top_level.txt
ppjp.chat-0.0.0/ppjp.chat.egg-info/dependency_links.txt
ppjp.chat-0.0.0/README.rst
ppjp.chat-0.0.0/setup.cfg
ppjp.chat-0.0.0/setup.py
```

いくつかのファイルが自動生成されています。この時点ではまだソースコードが含まれていません。

13-2 | 実際の配布物を作成する

ひとまず配布物を作れるようになりました。ソースコードを配布物に含めたり、配布物のメタデータを妥当な内容にして、実際に配布できる形にしていきましょう。

13-2-1　配布物にソースコードを含める

配布物にソースコードを含めるには、packages引数で含めたいPythonパッケージ名を指定します。

packagesには配布物に含めたいすべてのPythonパッケージを列挙しなければなりません。

find_namespace_package関数を使うと、指定した名前空間パッケージ、次のPythonパッケージを自動で列挙してくれます。

```python
from setuptools import setup, find_namespace_packages

setup(
    ...
    packages=find_namespace_packages(include=['ppjp.*']),
    ...
)
```

find_namespace_packagesに'ppjp.*'を指定して、ppjp名前空間、次のPythonパッケージを含めるようにしています。

ここで再度sdistを実行して、配布物の中身を確認してみましょう。

```
$ python setup.py sdist
$ tar tf dist/ppjp.chat-0.0.0.tar.gz
ppjp.chat-0.0.0/
ppjp.chat-0.0.0/PKG-INFO
ppjp.chat-0.0.0/README.rst
ppjp.chat-0.0.0/ppjp/
ppjp.chat-0.0.0/ppjp/chat/
ppjp.chat-0.0.0/ppjp/chat/__init__.py
ppjp.chat-0.0.0/ppjp/chat/aiohttp_chatserver.py
ppjp.chat-0.0.0/ppjp/chat/pyqt_chatclient.py
ppjp.chat-0.0.0/ppjp.chat.egg-info/
ppjp.chat-0.0.0/ppjp.chat.egg-info/PKG-INFO
ppjp.chat-0.0.0/ppjp.chat.egg-info/SOURCES.txt
ppjp.chat-0.0.0/ppjp.chat.egg-info/dependency_links.txt
ppjp.chat-0.0.0/ppjp.chat.egg-info/top_level.txt
ppjp.chat-0.0.0/setup.cfg
ppjp.chat-0.0.0/setup.py
```

ppjp名前空間以下のpythonコードも配布物に含まれるようになりました。

13-2-2　依存するライブラリの情報を追加する

チャットアプリケーションはサーバー側でaiohttpを、クライアント側でPyQt5に依存しています。setup関数のinstall_requires関数で実行時に必要となるライブラリを指定します。

```
from setuptools import setup, find_namespace_packages

setup(
    ...
    install_requires=["aiohttp", "PyQt5"],
    ...
)
```

実際にはサーバーとクライアントは別の配布物としたほうがよいかもしれません。今回は配布物を作成する練習ということで1つの配布物にまとめてしまいます。

13-2-3　README.rstを書く

README.rstに、この配布物について簡単な説明や使い方を書きましょう。書式は、Pythonコミュニティで広く利用されているreST記法[注1]を使います（**リスト13.1**）。
reSTファイルはdocatilsというツールでHTMLに変換できます。

(注1)　reST記法については、Sphinxユーザ会（https://sphinx-users.jp/）で詳しく解説されています。

313

リスト13.1 README.rst

```
==================
ppjp.chat
==================

ppjp.chat は、パーフェクトPythonの解説用に作成されたチャットアプリケーションです。

使い方
----------------

まずはサーバーを実行します。

::

  python -m ppjp.chat.server

その後、クライアントを立ち上げます。

::

  python -m ppjp.chat.client
```

このREADME.rstは日本語で書かれていますが、PyPIに公開する場合は世界中の人に見られるため、英語で書くことになります。

13-2-4　プロジェクト情報を書く

パッケージングして配布する場合は、さらに情報が必要です。簡単な説明、作成者、プロジェクトホームページのURLなどを追加しましょう。記載すべき情報を**表13.1**にまとめます。

表13.1　setupのメタデータ

メタデータ項目	意味
name	配布物の名前
version	配布物のバージョン
author	配布物の作成者
author_email	配布物の作成者のメールアドレス
maintainer	作成者以外の管理者
maintainer_email	追加の管理者のメールアドレス
url	プロジェクトのホームページURL
description	1行程度の配布物の説明
long_description	配布物の詳細な説明
download_url	PyPI以外の配布先URL
classifiers	配布物のカテゴリ
platforms	配布物の動作対象プラットフォーム
license	配布物のライセンス

maintainer や download_url、platforms などは必要な場合にだけ追加すればよいでしょう。classifiers には、https://pypi.org/classifiers/ の一覧から適したものを選択します。

■ メタデータの追加

チャットアプリケーションに、メタデータを追加します。

```python
from setuptools import setup, find_packages

setup(
    name="ppjp.chat",
    packages=find_namespace_packages(include=['ppjp.*']),
    version="0.1",
    url="https://pypi.org/project/ppjp.chat/",
    author="Perfect Python",
    author_email="ppjp@example.jp",
    description="a simple gui chat application",
    classifiers=[
        "Development Status :: 3 - Alpha",
        "Programming Language :: Python :: 3",
        "Programming Language :: Python :: 3.6",
        "Programming Language :: Python :: 3.7",
        "Topic :: Communications :: Chat",
    ],
    install_requires=["aiohttp", "PyQt5"],
)
```

これで、ほとんど準備が整いました。

13-2-5 README.rstをプロジェクトメタデータに利用する

long_description は、PyPI のパッケージページに表示されます。その内容は README.rst と同じ内容になることがほとんどでしょう。

setup.py の中で、README.rst ファイルの内容を読み込んで、long_description に使うようにすれば、同じ内容のテキストを管理する手間がなくなります。

```python
with open('README.rst') as f:
    readme = f.read()

setup(
 ...
    long_description=readme,
 ...
)
```

315

13-2-6　setupの内容をテストする

　公開する前に、setupに指定したメタデータの書式が正しいかなど確認しましょう。setup.py
checkを実行して確認できます。

　また、setup.py egg_infoを実行すると、**{配布物名}.egg-info/PKG-INFO**にメタデータファイ
ルが生成されます。

　PKG-INFOファイルは**リスト13.2**のようになります。

リスト13.2　PKG-INFO

```
Metadata-Version: 2.1
Name: ppjp.chat
Version: 0.1
Summary: a simple gui chat application
Home-page: http://pypi.python.org/ppjp.chat
Author: Perfect Python
Author-email: ppjp@example.jp
License: UNKNOWN
Description: ppjp.chat
        ================

        ppjp.chat は、パーフェクトPythonの解説用に作成されたチャットアプリケーションです。

        使い方
        ---------------

        まずはサーバーを実行します。

        ::

          python -m ppjp.chat.server

        その後、クライアントを立ち上げます。

        ::

          python -m ppjp.chat.client


Platform: UNKNOWN
Classifier: Development Status :: 3 - Alpha
Classifier: Programming Language :: Python :: 3
Classifier: Programming Language :: Python :: 3.3
Classifier: Topic :: Communications :: Chat
```

特に、long_descriptionなどはreST形式で変換できなかった場合はPyPIに公開される際HTMLに変換されずに元のテキストがそのまま表示されます。

docutilsをインストールすると、setup.py check時にlong_descriptionがHTMLに変換できるか確認できます。

```
$ pip install docutils
$ python setup.py check -r
running check
warning: check: Possible incomplete section title.
Treating the overline as ordinary text because it's so short. (line 1)
```

-rオプションをつけてcheckサブコマンドを実行するとdocutilsでlong_descriptionを検証してくれます。

上記はREADME.rstの内容をわざとreSTとして正しくない内容とした場合のエラー表示となります。

13-2-7　PyPIへの登録

ライブラリを広く使ってもらうために、また、自分で使う際にも楽ができるようにPyPIという公開リポジトリへ登録できます。どのような流れで登録を行うのか例示しますが、実際にはご自身で公開したライブラリができた際に操作を行ってください。

■ test.pypi.orgを使う

PyPIはとくに審査などなく、アカウントを作成して配布物をアップロードすると即座にPyPI上で公開されます。

しかし、配布物の公開に慣れていない開発者がいきなり公開されてしまうPyPIにアップロードするとなにか間違いを起こすかもしれません。また、単に配布物の公開を練習するためにそれほど意味のない配布物をPyPIにアップロードすることは控えるべきでしょう。

このような場合に利用できるテスト用のPyPIとしてtest.pypi.orgが用意されています。

■ ユーザー登録

PyPIで配布物を公開するにはユーザー登録が必要です。次のURLからユーザー登録しましょう。

https://test.pypi.org/account/register/

図13.2のようなフォームに必要な情報を入力して登録するとログイン状態となります。

登録したメールアドレス宛にメールが届きます。忘れずにメールに記載されているメールアドレス確認のリンクにアクセスするようにしましょう。

図13.2　pypi.orgのユーザー登録画面

Create an account on TestPyPI

Name

Your name

Email address

Your email address

Username

Select a username

Password　☐ Show passwords

Select a password

Choose a strong password that contains letters (uppercase
and lowercase), numbers and special characters. Avoid
common words or repetition.
Password strength:

Confirm password

Confirm password

Create account

■ 配布物をアップロード

続いて、各ライブラリの配布物をアップロードします。

ライブラリのPyPIで公開するには、twineコマンドを使います。twineはensurepipやget-pip.pyでインストールされないのでインストールしましょう。

```
$ pip install twine
```

sdistサブコマンドやbdist_wheelサブコマンドで配布物を作成し、twineのuploadサブコマンドで配布物を指定してアップロードします。

tests.pypi.orgにアップロードするためには--repository-urlオプションで https://test.pypi.org/legacy/ を指定します。

```
$ twine upload --repository-url https://test.pypi.org/legacy/ dist/ppjp.chat-0.1.tar.gz

Enter your username:
Enter your password:
Uploading distributions to https://test.pypi.org/legacy/
Uploading ppjp.chat-0.1.tar.gz
100%|                                                              |
3.29k/3.29k [00:00<00:00, 4.40kB/s]                           実際は一行
```

　アップロードインジケーターが100%になった後にエラーメッセージが表示されなければ成功です。

　アップロードに成功すると、PyPIのパッケージページにダウンロードのリンクが表示されます。

13-3 　まとめ

　setuptoolsを利用すると、簡単に作成したものを配布できるようになります。次章では、ソースコードにテストをして公開するのに十分なものにしましょう。

14章 テスト

作成したアプリケーションを公開する前にテストを追加しましょう。今後バージョンアップ
したり、問題解決のために、さまざまな場所で簡単にテストを実行できるように自動テスト
を作成しましょう。

14-1 Pythonのテストツール

Pythonには、テストケースを実行するためのunittestや、ドキュメント中の実行例を確認す
るdoctest、そして、テスト中のダミーやモックオブジェクトを簡単に作成するためのunittest.
mockなどテスト用のツールが同梱されています。

また、標準ライブラリ以外でも、noseやpytestなど便利な機能を持ったテストランナーがサー
ドパーティライブラリで提供されています。テストツールの一覧を**表14.1**にまとめます。

表14.1　Pythonのテストツール一覧

ツール	特徴
unittest	標準ライブラリ。xunit
doctest	標準ライブラリ。コメントやドキュメント中の実行例でテストを書く
unittest.mock	標準ライブラリ。テストで用いるダミーオブジェクトを簡単に作成する
nose	サードパーティ製のテストランナー。豊富なプラグインが揃っている
pytest	サードパーティ製のテストランナー。詳細なエラーレポートを表示する

14-2 ユニットテスト（unittest）

unittestモジュールには、テストケースを作成するためのTestCaseクラスとテストを実行する
ためのテストランナーが用意されています。

TestCaseクラスのメソッドでテスト内容を記述し、コマンドラインで、

```
$ python -m unittest
```

と実行するとテストが実行され、結果が表示されます。

14-2-1　unittest.TestCase

まずは簡単なテストを書いて実行してみましょう。

strクラスのjoinメソッドを実行して結果を確認するテストです。テストはtest_で始まるメソッド名で記述します。

resultが、期待とおりの値になっているのかを確認するために、assertEqualメソッドを利用しています（**リスト14.1**）。

リスト14.1　simpletest.py

```python
import unittest

class SimpleTests(unittest.TestCase):
    def test_it(self):
        result = " ".join("abc")
        self.assertEqual(result, "a b c")
```

このように、TestCaseクラスには、結果を確認するためのメソッドが用意されています（**表14.2**）。これらのメソッドを使うと、より確認している内容がわかりやすいテストコードとなります。また、結果が期待どおりでなかった場合は、それぞれの状況に応じたわかりやすいメッセージが表示されるようになっています。

表14.2　用意されているassertメソッド一覧

assertメソッド	確認できる内容
assertEqual(a, b)	a == b
assertNotEqual(a, b)	a != b
assertTrue(x)	bool(x) is True
assertFalse(x)	bool(x) is False
assertIs(a, b)	a is b
assertIsNot(a, b)	a is not b
assertIsNone(x)	x is None
assertIsNotNone(x)	x is not None
assertIn(a, b)	a in b
assertNotIn(a, b)	a not in b
assertIsInstance(a, b)	isinstance(a, b)
assertNotIsInstance(a, b)	not isinstance(a, b)

14-2-2　python -m unittest

では、テストを実行してみましょう。実行するには次のように行います。

```
$ python -m unittest simpletest
```

テストが正常に終了した場合は次のようなテストレポートが表示されます。

```
.
----------------------------------------------------------------------
Ran 1 test in 0.000s

OK
```

14-3 doctest

doctestはソースコードのコメント中に実行例としてテストを記述します。ソースコードのすぐそばにテストを書くことができ、そのままドキュメントに含めることもできる一石二鳥のテストになります。

また、コメント以外でも、テキストファイルに書いたドキュメント中の実行例もテストすることができます。

14-3-1 コメントにテストを書く

まずは、ソース中のドックストリング中にdoctestを追加してみましょう（**リスト14.2**）。

リスト14.2 simpledoc.py

```python
def fizzbuzz(num):
    """
    >>> fizzbuzz(0)
    'FizzBuzz'
    >>> fizzbuzz(2)
    '2'
    >>> fizzbuzz(3)
    'Fizz'
    >>> fizzbuzz(4)
    '4'
    >>> fizzbuzz(5)
    'Buzz'
    >>> fizzbuzz(6)
    'Fizz'
    >>> fizzbuzz(15)
    'FizzBuzz'
    """
```

```
    if num % 3 == 0 and num % 5 == 0:
        return "FizzBuzz"
    elif num % 3 == 0:
        return "Fizz"
    elif num % 5 == 0:
        return "Buzz"
    else:
        return str(num)

if __name__ == '__main__':
    from doctest import testmod
    testmod()
```

doctestのテストは、コマンドラインインタプリターで実行しているような記法を使います。>>> で始まる行が実行する内容で、その結果が直後の行であるように記述します。

doctestを実行するには、doctestモジュールのtestmod関数が一番手軽です。testmodを呼びだすと、呼び出し元のモジュール内の関数やクラスに書かれているdoctestを実行して結果を表示します。

14-3-2 ドキュメント中の実行例をテストする

doctestはソースコード中のコメント以外にも単独のテキストファイル中に記述できます。

テキストファイル中のdoctestを実行するには、doctestモジュールのtestfile関数を使います。テストの書き方はコメントに書く場合と同じです。単純にtestfileの引数にファイル名を渡して呼びだすだけでテスト結果が表示されます。

```
>>> import doctest
>>> doctest.testfile('test_fizzbuzz.txt')
TestResults(failed=0, attempted=8)
```

testfileの戻り値がテスト結果のオブジェクトとなっています。

14-3-3 doctestの便利な記法

doctestでは空行がテスト内容の終了と判断されてしまうため、実際の例が空行を期待している場合はそのまま記述できません。テスト内容で空行を扱う場合は、<BLANKLINE>と記述します(リスト14.3)。

リスト14.3　blankline.py

```
def safe_str(s):
    """
    >>> print(safe_str(None))
    <BLANKLINE>
    >>> print(safe_str("test"))
    test
    """
    if s is None:
        return ""
    else:
        return s

if __name__ == '__main__':
    import doctest
    doctest.testmod()
```

　実行ごとに変わってしまう内容や、例外発生時のスタックトレースなど実行例として記述するのが難しい場合があります。

```
def a():
    b()

def b():
    c()

def c():
    raise Exception("exception in c")
```

　このa関数をそのまま実行すると次のようなスタックトレースが表示されます。

```
Traceback (most recent call last):
  File "/opt/python-3.8.0/lib/python3.8/doctest.py", line 1287, in __run
    compileflags, 1), test.globs)
  File "<doctest __main__.a[0]>", line 1, in <module>
    a()
  File "exc.py", line 5, in a
    b()
  File "exc.py", line 8, in b
    c()
  File "exc.py", line 11, in c
    raise Exception("exception in c")
Exception: exception in c
```

　スタックトレース中には、ファイルの行番号なども含まれているため、ここまで詳細な実行例

をテストに書くと、ファイルのちょっとした修正でテストが通らなくなってしまいます。また、外部ライブラリの行番号など把握していられません。

doctestでは例外のスタックトレースなど省略して記述できます（**リスト14.4**）。

リスト14.4 exc.py

```python
def a():
    """
    >>> a()
    Traceback (most recent call last):
      ...
    Exception: exception in c
    """
    b()

def b():
    c()

def c():
    raise Exception("exception in c")

if __name__ == '__main__':
    import doctest
    doctest.testmod()
```

`Traceback (most recent call last):`と、`Exception:`に囲まれた行が`...`となっている場合は、その間にスタックトレースが表示されるという意味になります。このように書くと、doctest実行時スタックトレースが表示され、`Exception:`の後に書かれたメッセージが一致することがテスト内容となります。

14-4 モック

ユニットテスト実行時には、テスト対象以外のオブジェクトはモックというテストに都合のいい偽物を使います。unittest.mockモジュールは、このモックを作成するためのモジュールです。モックを作成するだけでなく、作成したモックを差し替えるなど、テストに便利な機能が用意されています。

14-4-1 Mockでモックを作る

unittest.mockでモックを作成するにはMockクラスを利用します。

Mockクラスから作成したオブジェクトは、属性にアクセスしたりメソッドを実行するとエラーとならずに新たなMockオブジェクトを返すようになっています。

```
>>> from unittest import mock
>>> m = mock.Mock()
>>> m.hoge
<Mock name='mock.hoge' id='140254322490832'>
>>> m.func()
<Mock name='mock.func()' id='140254349244624'>
```

また、呼び出しやアクセス結果をあとから確認できます。

```
>>> m.func.assert_called_with()
>>> m.spam.assert_called_with(None)
Traceback (most recent call last):
    ...
AssertionError: Expected call: spam(None)
Not called
```

メソッド呼び出しを確認するにはそのメソッド自体のassert_called_withメソッドを呼び出します。

funcを引数なしで呼び出していたので、m.func.assert_called_with()ではエラーは発生しません。ここで、Noneを引数として呼んだかを確認してみると、そのような呼び出しは行っていないため、AssertionErrorが発生します。

引数などで渡したオブジェクトのメソッドをどのように呼び出したのかテストする場合に、非常に便利です。

14-4-2　Mockオブジェクトをカスタマイズする

デフォルトでは、Mockオブジェクトのメソッドは新たなMockオブジェクトを作成して返します。テストのために、特定の値を返すようにするには、return_valueを指定します。

```
>>> m.spam.return_value = "SPAM"
>>> m.spam()
'SPAM'
```

return_valueに代入した"SPAM"文字列がspamメソッド実行時に返させるようになります。

また、メソッド呼び出しで例外が発生されるようにするには、side_effectに例外オブジェクトを指定します。

```
>>> m.spamspamspam.side_effect = Exception("No! Without SPAM!")
>>> m.spamspamspam()
Traceback (most recent call last):
    ...
Exception: No! Without SPAM!
```

　spamspamspamメソッドのside_effectに例外を代入してからメソッド呼び出しを行い、例外を発生させています。

　特にエラー時のテストを行う場合は任意のメソッド呼び出しで例外を発生させることで効率的にテストを記述できます。

14-4-3　mock.patch

　テスト対象の関数やメソッド内から呼びだすオブジェクトは引数で渡されるものだけではありません。関数は多くの場合、他のモジュールからインポートされて、そのまま呼び出されるようになっています（**リスト14.5**、**リスト14.6**）。

リスト14.5　mod1.py

```
import random

def func1():
    return random.randint(0, 100)
```

リスト14.6　mod2.py

```
from mod1 import func1

def func2():
    value = func1()
    if value % 2 == 0:
        return "even"
    else:
        return "odd"
```

　func2をテストする場合に、func1の結果をテストコードから制御できません。このような場合は、mock.patchを使って、テスト中だけfunc1をMockに差し替えます（**リスト14.7**）。

リスト14.7　mocktest.py

```python
import unittest
from unittest import mock
from mod2 import func2

class func2Tests(unittest.TestCase):
    @mock.patch("mod2.func1")
    def test_odd(self, func1):
        func1.return_value = 33
        result = func2()
        self.assertEqual(result, "odd")

    @mock.patch("mod2.func1")
    def test_even(self, func1):
        func1.return_value = 24
        result = func2()
        self.assertEqual(result, "even")
```

　テストメソッドにmock.patchデコレータで差し替え対象のオブジェクトを指定します。すると、引数に差し替えられたMockオブジェクトが渡ってくるようになります。

　このMockオブジェクトに、戻り値などを指定してテストを実行します。テストメソッドごとに差し替えが行われるため、それぞれに必要な内容を設定できます。

　ここでmod1のfunc1ではなくmod2のfunc1に対してpatchしていることに注意しましょう。

　mod1のfunc1をpatchしてからmod2でimportされた場合は想定通りにMockに入れ替えたfunc1をテスト対象のfunc2が呼び出します。

　しかし、mod2にimportされてからmod1のfunc1をpatchしてMockに入れ替えてもmod2のfunc1は元の関数のままとなり、import順に依存してテストがうまくいかなくなってしまいます。

　mock.patchを使う場合はテスト対象のモジュール内にpatchするようにしましょう。

14-5 | 実践テスト

　では、これまでに作成しているチャットアプリケーションにユニットテストを追加してみましょう。

14-5-1　チャットアプリケーションのテスト

　まずはクライアントアプリケーションのテストです。

　ユニットテストは、できるだけ環境から切り離して対象のメソッドや関数だけを実行させます。

mockを使うと、完全に環境を切り離してテストを作成できます。EchoClientのメソッドについてテストを追加しましょう（**リスト14.8**）。

■ リスト14.8　test_asyncechoclient.py

```python
import asyncio
import unittest
from unittest import mock
from asyncechoclient import EchoClient

class EchoClientTests(unittest.TestCase):
    def test_init(self):
        message = "test"
        loop = asyncio.get_event_loop()
        result = EchoClient(message, loop)

        self.assertEqual(result.message, message)
        self.assertEqual(result.loop, loop)

    def test_connection_made(self):
        mock_transport = mock.Mock()
        message = "test"
        loop = asyncio.get_event_loop()
        target = EchoClient(message, loop)
        target.connection_made(mock_transport)
        self.assertEqual(target.transport, mock_transport)
        mock_transport.write.assert_called_with(b"test")

    def test_data_received(self):
        mock_transport = mock.Mock()
        message = "test"
        data = b"test-data"
        loop = asyncio.get_event_loop()
        target = EchoClient(message, loop)
        target.transport = mock_transport
        target.data_received(data)
        mock_transport.close.assert_called_with()

    def test_connection_lost(self):
        mock_transport = mock.Mock()
        message = "test"
        data = "test-data"
        mock_loop = mock.Mock()
        target = EchoClient(message, mock_loop)
        target.connection_lost(None)
        mock_loop.stop.assert_called_with()
```

それぞれのメソッドについて、テストを追加しています。

各テストについては、次のことに注意しましょう。

- テストの意図がテストメソッド名から分かること
- テストが次の順序で記述されていること

　　① テスト対象を実行するための前準備
　　② 準備した値などを渡して、1度だけテスト対象のメソッドや関数を実行する
　　③ 実行結果（戻り値や、例外、オブジェクトの状態変化など）をアサーションで確認する
　　④ 上記以外のことは行わない

14-5-2　テストツールを使う

unittestはテストを書いて実行するには十分です。noseやpytestなどのサードパーティ製のツールを使うとテスト結果の表示方法を変更したり、解析したりできます。

また、unittestのみでカバレージを取得するだけであれば、直接coverageツールを利用できます。coverageをインストールして、テストカバレージを測定してみましょう。

```
$ pip install coverage
```

coverageではrunコマンドでスクリプトを実行し、実行中のカバレージを測定します。さらに、reportコマンドで測定結果を表示します。

```
$ env/bin/coverage run --include=asyncechoclient.py -m unittest test_asyncechoclient.py
$ env/bin/covarege report -m
```

実行すると、次のようなレポートが表示されます。

```
Name                 Stmts   Miss  Cover   Missing
----------------------------------------------------
asyncechoclient.py      21      6    71%   22-27, 30
```

14-6 | まとめ

Pythonは、unittestやdoctestなどテストツールが標準で利用できます。また、mockでダミーのオブジェクトを簡単に作成して環境を切り離すことができます。

noseやpytestなどのサードパーティ製のツールは、テスト結果をより有効に活用できるアドオンを利用できます。

15章  Webプログラミング

PythonでWebプログラミングをする際のベースとなるWSGIについて紹介します。WSGIはシンプルな決まりごとですが、WSGIの仕組みに則ることでPythonのWebプログラミング環境は今後も強力になっていきます。

15-1 Web Server Gateway Interface (WSGI)

15-1-1　Webアプリケーション

　PythonでWebアプリケーションを作る方法は古くからあります。一番古いものはCGI(Common Gateway Interface)を使うものです。これはWebサーバーがリクエストを受け取るたびに、プログラムを実行して、プログラムが作成した内容をWebサーバーがレスポンスとして返すものでした。

　リクエストのたびにプログラムが実行されるため、リクエストごとのオーバーヘッドが大きくなっていました。

　その後、mod_pythonが作成され、Apache Webサーバー内でPythonプログラムを実行できるようになりました。リクエストごとのオーバーヘッドは解決されましたが、Apacheでしか動かないWebプログラムとなってしまいました。

　また、別のアプローチとして、Webサーバーまで含んだWebアプリケーションフレームワークが登場しました。Zopeなどの巨大なフレームワークは、単体で実行できるようになっていました。

　このように、フレームワークごとに個別にサーバーをもつようになった結果、アプリケーションは効率的に実行できるようになりました。しかし、フレームワークやアプリケーションとWebサーバーが密に結合したものが多くなり、サーバーとフレームワークをそれぞれ選択することが困難になっていきました。

15-1-2　WSGI

　Web Server Gateway Interface(以下WSGI)(PEP333)で、アプリケーションサーバーと、アプリケーションやフレームワークの間の規約が定義されました。

　WSGIではWebアプリケーションを呼び出し可能なオブジェクトで定義しています。引数を2

つ受け取り、イテレータを返す必要があります。また、2つ目の引数をアプリケーション内で呼び出します。

以下は非常に簡単なWSGIアプリケーションの例です。

```python
def hello(environ, start_response):
    start_response("200 OK",
        [("Content-type", "text/plain;charset=utf-8")])

    return [b"Hello, world"]
```

hello関数がwsgiアプリケーションとなります。"Hello, world"と表示するだけの簡単なwsgiアプリケーションです。

この関数ではenvironとstart_responseの2つの引数を受け取ります。environは実行環境に関わる値やhttpリクエストに関係する値を持つdictです。start_responseはhttpレスポンスを返すために呼び出すためのオブジェクトとなります。

関数内でレスポンスステータスやレスポンスヘッダをstart_responseを呼び出すとレスポンスを開始します。

関数の戻り値ではレスポンスボディとなる内容をイテレータで返します。ここではバイト列(b"Hello, world")を1つだけ返すイテレータとなるlistを返しています。

15-1-3　WSGIアプリケーションを実行してみよう

Pythonは標準ライブラリにwsgirefパッケージを持っています。この中のwsgiref.simple_serverモジュールを使って、WSGIアプリケーションを実行してみましょう。今回はmake_server関数には、ホスト、ポート、WSGIアプリケーションを渡しています。

```python
from wsgiref.simple_server import make_server

httpd = make_server('', 8080, hello)
httpd.serve_forever()
```

先程のhelloアプリケーションと、wsgiサーバーを1ファイルにまとめてみましょう（**リスト15.1**）。

リスト15.1　hello.py

```python
from wsgiref.simple_server import make_server


def hello(environ, start_response):
```

```
    start_response("200 OK",
        [("Content-type", "text/plain;charset=utf-8")])

    return [b"Hello, world"]


httpd = make_server('', 8080, hello)
httpd.serve_forever()
```

この hello.py を実行してブラウザで確認してみましょう。

```
python hello.py
```

Web ブラウザーで http://localhost:8080 にアクセスすると Hello, world と表示されるのが確認できるはずです。

15-1-4　フォーム入力を取り扱う

単純な挨拶を返すだけでなく、ユーザー入力を利用してみましょう。wsgi アプリケーションでは environ 変数に http リクエストの情報が含まれています。たとえば GET パラメータを取得するには environ["QUERY_STRING"] で取得できます。

QUERY_STRING は URL エンコードされた文字列となっています。

QUERY_STRING を dict に変換するためには urllib.parse モジュールの parse_qs 関数を利用します。

```
>>> import urllib.parse
>>> query_string = "name=perfect-python"
>>> urllib.parse.parse_qs("name=perfect-python")
{'name': ['perfect-python']}
>>> urllib.parse.parse_qs("name=perfect-python&name=python+supporters")
{'name': ['perfect-python', 'python supporters']}
```

また、GET パラメータの値は同じキーで複数回指定できるため、パースした結果はリストとなっています。GET パラメータを取得してレスポンスに表示させる wsgi アプリケーションは次のようになります。

```
import urllib.parse

def greeting(environ, start_response):

    query_string = environ['QUERY_STRING']
    params = urllib.parse.parse_qs(query_string)
```

333

```
start_response("200 OK",
    [("Content-type", "text/plain;charset=utf-8")])

name = params.get("name", ["world"])[0]
body = "Hello, {0}".format(name)

return [body.encode('utf-8')]
```

　該当のGETパラメータが存在しない場合にそなえて、パースした結果からはデフォルト値（["world"]）つきのgetメソッドで値を取り出しています。

　hello関数の代わりにgreeting関数をWSGIアプリケーションとしてmake_server関数に渡して、http://localhost:8080?name=youなどにアクセスしてみましょう。また、http://localhost:8080?name=世界などにアクセスして、日本語の表示も確認してみましょう。

```
httpd = make_server('', 8080, greeting)
httpd.serve_forever()
```

■ 15-1-5　WSGIミドルウェア

　WSGIアプリケーションは単純な呼び出し可能オブジェクトです。そのため、関数が別の関数を呼ぶように、WSGIアプリケーションが別のWSGIアプリケーションを呼ぶようにできます。

　内部で別のWSGIアプリケーションを呼ぶものをWSGIミドルウェアと呼びます。WSGIミドルウェアは多くの場合、別のWSGIアプリケーションを差し替え可能にしています。

　リスト15.2は、内部のWSGIアプリケーションに処理を渡す前にアクセス情報をログ出力するWSGIミドルウェアの例です。

■ リスト15.2　accesslog.py

```
class Middleware:
    def __init__(self, app, logger):
        self.app = app
        self.logger = logger

    def __call__(self, environ, start_response):
        request_method = environ["REQUEST_METHOD"]
        path = environ.get("SCRIPT_NAME", "") + environ.get("PATH_INFO", "")
        self.logger.info("access %s %s", request_method, path)
        return self.app(environ, start_response)
```

　このミドルウェアは、クラスで実装しています。コンストラクタで、対象のWSGIアプリケー

ション (app)、ログ出力 (logger) を受け取ります。

　__call__ メソッドがWSGIアプリケーション呼び出し前に実行されると、その内部ではenviron
からリクエスト情報を取得してログに出力しています。

　ミドルウェアはWSGIアプリケーションがWSGIアプリケーションをラップしていくものです。
たとえば前述のhello関数に適用するには次のようにします。

```python
import logging
import accesslog

logging.basicConfig(level=logging.INFO)
logger = logging.getLogger("access log")
httpd = make_server('', 8080, accesslog.Middleware(hello, logger))
httpd.serve_forever()
```

　またWSGIミドルウェア自体がWSGIアプリケーションとしてふるまいます。このためWSGI
ミドルウェアは複数適用することができます。

15-1-6　GETとPOST

　HTTPリクエストにはGETやPOSTのようなメソッドがあります。ブラウザー上で単純にリン
クを遷移するときはGETメソッドでサーバーにHTTPリクエストを送っています。POSTメソッ
ドは、フォームでメソッドをPOSTに指定していた場合などに使用されます。

　WSGIアプリケーションでは、environのREQUEST_METHODの値を利用して、どのメソッ
ドでリクエストされたのか確認できます。

　GETの場合はフォームを表示して、POSTの場合はそのフォームのパラメータを利用する
WSGIアプリケーションを書いてみましょう (リスト15.3)。

リスト15.3　form_handling.py
```python
import urllib.parse

from wsgiref.util import application_uri

def calc(environ, start_response):

    request_method = environ['REQUEST_METHOD']

    if request_method == 'GET':
        return form(environ, start_response)
    elif request_method == 'POST':
        return _calc(environ, start_response)

form_body = """<html>
```

```
<form method="POST" action="{url}">
<input type="text" name="value" />
<input type="text" name="value" />
<input type="submit" value="Add" />
</form>
</html>
"""

def form(environ, start_response):
    start_response("200 OK",
                   [("Content-type", "text/html;charset=utf-8")])
    url = application_uri(environ)
    return [form_body.format(url=url).encode('utf-8')]

calc_body = """
<html>
<dl>
<dt>values:</dt>
<dd> {values}</dd>
<dt>result</dt>
<dd> {result}</dd>
</html>
"""

def _calc(environ, start_response):
    start_response("200 OK",
                   [("Content-type", "text/html;charset=utf-8")])
    content_length = int(environ.get('CONTENT_LENGTH', -1))
    params = urllib.parse.parse_qs(environ['wsgi.input'].read(content_length))
    print(params)
    values = [int(v) for v in params[b'value']]
    result = sum(values)

    return [calc_body.format(values=",".join(str(v) for v in values),
                             result=result).encode('utf-8')]
```

calc関数が大本のWSGIアプリケーションです。calcは内部で、REQUEST_METHODを確認しています。GETメソッドの場合は、form関数でHTMLフォームを表示します。POSTメソッドの場合は、_calc関数で、フォーム入力から数値を取り出して、加算処理を行っています。

たったこれだけの処理で一気に記述量が増えてしまいました。WSGIは非常に低レベルな部分の規約なので、直接アプリケーションを書くには不向きです。

WSGIアプリケーションを作成する場合、HTMLを記述するためのHTMLテンプレートエンジンやリクエストの情報をうまく取り扱うためのリクエストオブジェクトが提供されるライブラリやフレームワークを利用します。

次節ではそのようなライブラリを利用してWSGIアプリケーションを作成していきます。

15-2 WSGIアプリケーションで役立つ外部ライブラリ

WSGIの規約をもっと使いやすくオブジェクトでまとめたライブラリに、WebObがあります。また、Jinja2はHTMLテンプレートとして広く利用されています。ここから先は、これらのライブラリを活用していきましょう。

- WebOb
- Jinja2
- WebDispatch

15-2-1 ライブラリをインストールする

サードパーティライブラリをインストールする場合は、venvを使って仮想環境を作りましょう[注1]。ライブラリの影響範囲を開発中のアプリケーションに限定できます。

```
$ python3 -m venv py3web
$ source py3web/bin/activate
(py3web) $
```

venvをactivateした後はシェルプロンプトにvenvの名前が追加されますが、以降の例では省略します。

では、ライブラリをインストールしましょう。

```
$ pip install webob
$ pip install jinja2
$ pip install webdispatch
```

pipコマンドを使ってvenvに必要なライブラリをインストールします。

15-2-2 WebOb

WebObは、RequestクラスやResponseクラスを提供しています。また、webob.dec.wsgifyデコレータを使うと、Requestオブジェクトを使ったWSGIアプリケーションを簡易に書くことができます。

（注1） Windowsの場合、py3web￥Script￥sactivate.batやpy3web￥Script￥Activate.ps1を実行します。前者は、コマンドプロンプト用で、後者はPowerShell用です。

　wsgifyデコレータをかける対象の呼び出しオブジェクトは、Requestオブジェクトを引数にとります。戻り値は、レスポンスボディとなるbytesやstrに加えてResponseオブジェクトを返せます。

```
from webob.dec import wsgify

@wsgify
def hello_jp(request):
    return "こんにちは"
```

　レスポンスヘッダーを変更するには、requestオブジェクトのresponseプロパティを利用します。レスポンスの文字コードを変更する例を次に示します。

```
from webob.dec import wsgify

@wsgify
def hello_sjis(request):
    request.response.charset = 'shift_JIS'
    return "ああああああ".encode('shift_JIS')
```

　また、WebObは各種のレスポンスステータスに対応したResponseサブクラスが用意されています。

```
from webob.dec import wsgify
from webob.exc import HTTPNotFound

@wsgify
def not_found(request):
    return HTTPNotFound(location=request.url)
```

　Requestオブジェクトからは各種environの内容を扱いやすく取得できます。GETパラメータやPOSTパラメータは、GET, POSTプロパティからdictのように取得できます。また、どちらのメソッドの場合でもparamsプロパティから取得できます。
　また、ある名前のパラメータが複数回指定された場合に、すべての値を取得する場合はgetallメソッドを利用します。
　先ほどの計算は次のようになります。

```
from webob.dec import wsgify

@wsgify
def calc(request):
    values = request.params.getall('value')
    result = sum(int(v) for v in values)
    return f"result = {result}"
```

request.paramsからvalueとして渡された値をすべてとりだしてintに変換したものをすべて足し合わせています。

value=1&value=3のようなGETパラメータの場合、result = 4となります。

15-2-3 Jinja2

Jinja2はテンプレートエンジンです。テンプレート内では「{{」「}}」で囲まれた部分にPythonの式を使用でき、その結果で置き換えてくれます。また、if文やfor文などに対応したディレクティブも利用できたり、テンプレート間で継承(extends)できたりと、豊富な機能を揃えています。

```
{% extends "layout.html" %}
{% block body %}
  <ul>
  {% for user in users %}
    <li><a href="{{ user.url }}">{{ user.username }}</a></li>
  {% endfor %}
  </ul>
{% endblock %}
```

「{%」「%}」で囲まれている部分がディレクティブです。この例では、extends, block, forなどが使われています。

Jinja2では次の構文が用意されています。

- if
- for
- macro, call
- filter
- set
- include
- extends
- import

15-2-4　Jinja2 テンプレートをWSGI アプリケーションで利用する

アプリケーションからは、事前に作成したEnvironからテンプレートを取り出して使います。Environではテンプレートの探し方／取り出し方をloaderというオブジェクトで指定します。

手っ取り早く使うにはjinja2.FileSystemLoaderが便利ですが、色々な場所で動かすにはテンプレートをパッケージに含めておき、jinja2.PackageLoaderを使うのがよいでしょう。

図15.1　テンプレートをパッケージに含めた構成

```
app
├── __init__.py
└── templates
        └── index.html
```

index.htmlの内容が次のようになっています。

```
<html>
  <body>
    <h1>{{message}}</h1>
  </body>
</html>
```

appパッケージのtemplatesディレクトリーにあるindex.htmlテンプレートを使うには次のようにします。

```python
from jinja2 import Environment, PackageLoader

loader = PackageLoader('app', 'templates')
env = Environment(loader=loader)

@wsgify
def hello(request):
    tmpl = env.get_template('index.html')
    return tmpl.render(message="Hello, world!")
```

15-2-5　継承やマクロなどでテンプレートを再利用する

Jinja2では継承やマクロなど、再利用の仕組が提供されています。ヘッダー、フッターの部分、レイアウト、細かなスタイル指定など多くの部分を共通化できます。

図15.2　継承用のテンプレート

```
app
├── __init__.py
└── templates
        ├── base.html
        └── index.html
```

base.htmlを次のように作成します。

```html
<html>
  <head>
    <style>
    body {
        background: lightgray;
     }
    </style>
  </head>
  <body>
    {% block body %}{% endblock %}
  </body>
</html>
```

blockディレクティブを使って継承したテンプレートの内容を埋め込むようにします。

index.htmlはbase.htmlを継承するように変更します。

```html
{% extends "base.html" %}
{% block body %}
<h1>{{ message }}</h1>
{% endblock %}
```

index.htmlを使った場合に、base.htmlのスタイルなどが継承されます。

また、blockディレクティブ内にこのテンプレート固有の内容を記述します。

341

15-2-6　URLで処理を振り分ける

　WebDispatchのwebdispatch.urldispatcher.URLDispatcherは、URLパターンで処理を振り分けるライブラリです。

　URLDispatcherを使って、URLパターンごとにそれぞれのWSGIアプリケーションを実行してみましょう。

```python
from webob.dec import wsgify
from webdispatch.urldispatcher import URLDispatcher

@wsgify
def hello(request):
    return "Hello"

@wsgify
def bye(request):
    return "Bye"

application = URLDispatcher()
application.add_url('hello', '/hello', hello)
application.add_url('bye', '/bye', bye)
```

　http://locahost/helloとhttp://locahost/byeでそれぞれ別のWSGIアプリケーションが実行されます。

　さらに、URLパターンでプレースホルダを使うことができます。

```python
from webob.dec import wsgify
from webdispatch.urldispatcher import URLDispatcher

@wsgify
def hello(request):
    name = request.urlvars.get('name', 'world')
    return "Hello, {name}!".format(name=name)


application = URLDispatcher()
application.add_url('hello', '/hello', hello)
application.add_url('hello_name', '/hello/{name}', hello)
```

　URLパターン中の「{」「}」で囲まれた部分は、プレースホルダとなります。プレースホルダの名前で、urlvarsから内容を取得できます。

　http://localhost/hello/pythonとアクセスすると、"Hello, python!" という内容が表示されます。

15-2-7　URLを生成する

URLDispatcher は `environ['webdispatch.urlgenerator']` に URLGenerator を 作 成 し ま す。URLGenerator の generate メソッドでは、add_url で登録された URL パターンに値を埋め込んで URL を生成します。

```
urlgenerator = request.environ['webdispatch.urlgenerator']
urlgenerator.generate('hello_name', name='python')
```

先ほどの例で登録した `'hello_name'` パターンに `name='python'` を埋め込みます。これで、http://localhost/hello/python という URL が作成されます。

15-2-8　HTTPメソッドで処理を振り分ける

WebDispatch の webdispatch.methoddispatcher.MethodDispatcher では、HTTP リクエストで処理を振り分けます。たとえば、同じ URL でも GET メソッドの場合はフォームを表示し、POST メソッドの場合はフォームからの入力内容を処理するなどといった使い分けが可能になります。

```python
from webob.dec import wsgify
from webdispatch.methoddispatcher import MethodDispatcher

@wsgify
def hello_form(request):
    return """\
<form method="post">
<input name="name">
<button type="submit">POST</button>
</form>
"""

@wsgify
def hello(request):
    name = request.params.get('name', 'world')
    return "Hello, {name}!".format(name=name)

application = MethodDispatcher()
application.register_app("get", hello_form)
application.register_app("post", hello)
```

この例では、HTTP メソッドで GET の場合に hello_form を、POST の場合に hello を呼び出します。

15-3 | Wikiアプリケーションを作る

これらのライブラリを活用してWikiアプリケーションを作成してみましょう。ここで、作成するWikiアプリケーションとは次のようなものです。

- Wikiはテキストページの集合
- それぞれのページは誰でも編集可能
- ページ内では、reST記法で内容を記述

■ 15-3-1 開発環境を作成する

では、Wikiアプリケーション用に再度環境を作成してみましょう。

```
$ python3 -m venv py3wiki
$ source py3wiki/bin/activate
(py3wiki) $
```

次にこのプロジェクト用のsetup.pyを作成します。Wikiアプリケーションのソースコードは15章のサンプルコード (wiki) にあります。

```
from setuptools import setup, find_packages

setup(
    name="py3wiki",
    install_requires=[
        'webob',
        'webdispatch',
        'jinja2',
        'sqlalchemy',
        'docutils>=0.10',
    ],
    packages=find_packages(),
    )
```

setupでは、必須のプロジェクト名と依存ライブラリなどを記述しておきます。

pip installコマンドで、必要なライブラリなどを仮想環境にインストールします。

```
$ pip install --editable .
```

プロジェクトのpythonパッケージ階層を作成します。

```
$ mkdir -p py3wiki/templates
$ mkdir -p py3wiki/static
$ touch py3wiki/__init__.py
$ touch py3wiki/__main__.py
```

　このWikiアプリケーションは非常に小さなアプリケーションなので、すべてを__init__.pyに記述することにします。

　ベースとなる処理は次のようになります。

```
from webdispatch.urldispatcher import URLDispatcher
from wsgiref.simple_server import make_server


def make_app():
    application = URLDispatcher()
    return application


def main():
    application = make_app()
    httpd = make_server('', 8000, application)
    httpd.serve_forever()
```

　make_app関数はWSGIアプリケーションを作成する関数となります。いまのところただURLDispatcherを作成するだけとなっています。

　また、__main__.pyに処理を書いておくと、このパッケージをpythonコマンドからモジュール名指定で実行できるようになります。

```
from . import main
main()
```

　この簡単なWebアプリケーションを実行してみましょう。

```
$ python -m py3wiki
```

　まだ何も機能を追加していないため、ブラウザーで開いても404ページとなるだけです。

15-3-2　モデルを定義する

　WikiアプリケーションではWikiページを作成して保存したり更新したりします。これらのデータはPageクラスを定義してオブジェクトをリレーショナルデータベースに保存することにしましょう。

今回はSQLAlchemyを使ってオブジェクトをリレーショナルデータベースに保存します。
まずは、SQLAlchemyを使ってWikiページのモデルクラスを定義します。

```python
from datetime import datetime
import sqlalchemy as sa
from sqlalchemy.ext.declarative import declarative_base

Base = declarative_base()

class Page(Base):
    __tablename__ = 'pages'
    id = sa.Column(sa.Integer, primary_key=True)
    page_name = sa.Column(sa.Unicode(255), unique=True)
    contents = sa.Column(sa.UnicodeText)
    created = sa.Column(sa.DateTime, default=datetime.now)
    edited = sa.Column(sa.DateTime, onupdate=datetime.now)
```

SQLAlchemyでは様々な方法でモデルの定義を行えます。今回はsqlalchemy.ext.declarative
モジュールによる宣言的なモデル定義を行っています。

declarative_base関数で生成したBaseクラスを継承することでモデルクラスを定義できます。
モデルクラスではテーブル名（__tablename__）やカラムの定義を行います。

カラムの定義はそのままモデルクラスのプロパティとなります。

モデルクラスのデータの部分が定義できました。さらにcontentsプロパティをHTMLに変換
する処理を追加しましょう。

今回はreStructured Text形式のテキストをdocutilsを使ってHTMLに変換します。

```python
from docutils.core import publish_parts

class Page(Base):
    ...
    @property
    def html_contents(self):
        parts = publish_parts(source=self.contents, writer_name="html")
        return parts['html_body']
```

reStructured Textをdocutilsのpublish_parts関数で変換します。
変換した結果の中でhtml_bodyがhtmlに変換されたコンテンツとなります。

15-3-3　DB接続を管理する

　SQLAlchemyはDB接続をSessionオブジェクトで管理します。また、scoped_sessionで、Sessionオブジェクトをマルチスレッドごとの接続管理を一括して取り扱えるようになっています。scoped_sessionはモジュール内で生成しておき、アプリケーション起動時にDB接続の設定を行います。

```
import sqlalchemy.orm as orm

...

DBSession = orm.scoped_session(orm.sessionmaker())

def init_db(engine):
    DBSession.configure(bind=engine)
```

　また、アプリケーションが正常にレスポンスを返した場合に、自動でcommitするようにミドルウェアを設定します。

　webobのwsgifyデコレータを利用するとWSGIミドルウェアも簡単に定義できます。

```
from webob.dec import wsgify

...

@wsgify.middleware
def sqla_transaction(req, app):
    try:
        res = req.get_response(app)
        DBSession.commit()
        return res
    finally:
        DBSession.remove()
```

　webobなしで直接WSGIミドルウェアを定義する場合はクラスにするかクロージャを利用することになりますが、wsgify.middlewareを使うと単純な関数のみで簡易にWSGIミドルウェアを作成できます。

　それでは、main関数の中でDB接続処理の呼び出しを追加しましょう。

```
import os
import sqlalchemy as sa

def main():
    engine = sa.create_engine('sqlite:///{dir}/wiki.db'.format(dir=os.getcwd()))
```

```
    init_db(engine)
    application = make_app()
    httpd = make_server('', 8000, application)
    httpd.serve_forever()
```

　sqlalchemyは接続情報をcreate_engine関数で作成したengineを使って管理します。接続文字列からengineを作成してinit_db関数を通してDBSessionに渡します。
　またWSGIミドルウェアをmake_app内でapplicationに適用しておきましょう。

```
def make_app():
    application = URLDispatcher()
    application = sqla_transaction(application)
    return application
```

　ミドルウェアはapplicationを渡して作成します。このアプリケーションは実行時にリクエストオブジェクト（req）とともにミドルウェア関数（sqla_transaction）に渡されます。

15-3-4　DBのテーブル作成と初期データ作成

　データベースは事前にテーブルなどを定義しておかなければなりません。SQLAlchemyはmetadataのcreate_allメソッドで、必要なテーブル定義を実行してくれます。
　また、FrontPageはWikiの最初のページとなるため、アプリケーション内で自動生成させます。

```
from sqlalchemy.exc import IntegrityError

...


def init_db(engine):
    DBSession.configure(bind=engine)
    Base.metadata.create_all(bind=DBSession.bind)
    try:
        front_page = Page(page_name='FrontPage', contents="""\
FrontPage
====================""")
        DBSession.add(front_page)
        DBSession.commit()
    except IntegrityError:
        DBSession.remove()
```

　作成したfront_pageをDBSession.addメソッドでSQLAlchemyに管理させます。
　その後DBSession.commitメソッドを実行するとfront_pageはデータベースに保存されます。

15-3-5　ベーステンプレートを作成する

　サイトで共通した見た目などを提供するために、ベーステンプレートを作り、その他のテンプレートはすべてそれを継承するようにしましょう。

　継承先のテンプレートで上書きする場所をblockで作成します。

```
<!DOCTYPE html>
<html>
    <head>
        <title>{%block title%}{%endblock%}</title>
        <link rel="stylesheet" type="text/css" href="/css/bootstrap.css">
    </head>
    <body>
        <div class="container">
            {% block main %}{% endblock %}
        </div>
    </body>
</html>
```

　継承先のテンプレートではhtmlタグやbodyタグなどがそのまま展開され、{% block main %}{% endblock %}で定義したブロックを上書きできます。

　jinja2テンプレートを使う用意もしておきましょう。

```
from jinja2 import Environment
from jinja2.loaders import PackageLoader

...

env = Environment(loader=PackageLoader(__name__, 'templates'))
```

　Environmentはテンプレートを扱うための環境を管理するオブジェクトになります。

　jinja2はさまざまな方法でテンプレートの場所を管理しますが、今回はPackegeLoaderを利用しています。

　PackageLoaderには__name__でモジュール名を渡し、HTMLテンプレートがこのモジュールと同じディレクトリー以下のtemplatesディレクトリーにあることを指定しています。

15-3-6　スタティックファイルを取り扱う

　画像やスタイルシート、Javascriptなどのスタティックなファイルを取り扱うには、webob.static.DirectoryAppが最適です。　まずは、HTML5 Boilerplateの、css／img／jsディレクトリー

を py3wiki/static 以下にすべてコピーしましょう[注2]。

これらのディレクトリーを取り扱う DirectoryApp を作成して URLDispatcher に追加します。

```python
import os
from webob.static import DirectoryApp
here = os.path.dirname(__file__)

def main():

    ...


    js_app = DirectoryApp(os.path.join(here, 'static/js'))
    css_app = DirectoryApp(os.path.join(here, 'static/css'))
    img_app = DirectoryApp(os.path.join(here, 'static/img'))

    application.add_url('js', '/js/*', js_app)
    application.add_url('css', '/css/*', css_app)
    application.add_url('img', '/img/*', img_app)
```

扱いたいディレクトリーごとに DirectoryApp を作成します。

application.add_url メソッドで URLDispatcher に追加する際に URL パターンでワイルドカード(*)を使って、ディレクトリ以下のファイルを指定できるようにしています。

このとき __file__ のディレクトリーを取得し、モジュールと同じディレクトリーにある static ディレクトリーのパスを取得できるようにしています。

15-3-7　Page オブジェクトを表示する

/{page_name} でその page_name の Page オブジェクトを表示します。まずはビューを作成しましょう。

```python
def page_view(request):
    page_name = request.urlvars['page_name']
    page = DBSession.query(Page).filter(Page.page_name==page_name).one()
    tmpl = env.get_template('page.html')
    return tmpl.render(page=page, edit_url=edit_url)
```

DBsession.query メソッドで Page オブジェクトを取得します。

取得する条件を filter メソッドを続けて指定し、最後に one メソッドで取り出します。

（注2）　https://html5boilerplate.com/

次にpy3wiki/templates/page.htmlのHTMLテンプレートにPageの内容を埋め込みます。
「**15-3-5　ベーステンプレートを作成する**」で用意したHTMLテンプレート（base.html）を継承して作成します。

```
{% extends "base.html" %}
{% block title %}{{page.page_name}}{% endblock %}
{% block main%}

{{page.html_contents}}
{% endblock %}
```

作成したビューをURLDispatcherに登録します。

```
def main():
    ...
    application.add_url('js', '/js/*', js_app)
    application.add_url('css', '/css/*', css_app)
    application.add_url('img', '/img/*', img_app)
    application.add_url('page', '/{page_name}', page_view)
```

このURLパターンはどのようなものでも受け取ってしまうため、jsやcssなどの登録を受け取らないように、一番最後に登録しましょう。

15-3-8　FrontPageを表示させる

FrontPageがWikiページの一番最初のページとなります。http://localhost/ にアクセスされたときに http://localhost/FrontPage にリダイレクトさせましょう。

リダイレクトさせるには、302 Foundというレスポンスをリダイレクト先のURLとともに返します。このようなレスポンスに対応したResponceオブジェクトがwebobですでに用意されています。

```
from webob.exc import HTTPFound

def main():
    ...
    application.add_url('page', '/{page_name}', page_view)
    application.add_url('top', '/', HTTPFound(location='FrontPage'))
```

HTTPFoundオブジェクトはwsgiアプリケーションとしても動作します。このため新たにHTTPFoundをレスポンスとして返すwsgiアプリケーションを書くことなく直接ディスパッチャーに追加できます。

15-3-9　Pageを編集する

　Wikiのページは誰でもその場で編集可能です。/FrontPage/editといったURLで編集画面を出すようにしましょう。また、このURLにpostした場合に更新処理を行うようにします。

　まずは、編集画面です。

```python
@wsgify
def page_edit_form(request):
    page_name = request.urlvars['page_name']
    page = DBSession.query(Page).filter(Page.page_name==page_name).one()
    tmpl = env.get_template('page_edit.html')
    return tmpl.render(page=page)
```

　単純に表示する場合とほぼ同じ処理になります。テンプレートを作成しましょう。

```html
{% extends "base.html" %}
{% block title %}{{page.page_name}}{% endblock %}
{% block main%}
<form action="" method="post">
<textarea name="contents">{{page.contents}}</textarea>
<button type="submit">Save</button>
</form>
{% endblock %}
```

　続いて、更新処理です。

```python
@wsgify
def page_update(request):
    page_name = request.urlvars['page_name']
    page = DBSession.query(Page).filter(Page.page_name==page_name).one()
    page.contents = request.params['contents']
    location = request.environ['webdispatch.urlgenerator'].generate('page', page_
name=page_name)
    return HTTPFound(location=location)
```

　DBSessionから取り出したオブジェクトは、sqla_transactionのDBSession.commit( )によって自動コミットされます。Pageオブジェクトを変更したら、URLジェネレーターでpageのURLにリダイレクトさせます。

　これらをMethodDispatcherでリクエストメソッドによる分岐ができるようにして、URLDispatcherに登録します。

```
page_edit = MethodDispatcher()
page_edit.register_app('get', page_edit_form)
page_edit.register_app('post', page_update)
```

MethodDispatcherは、register_appでそれぞれのリクエストメソッドに対応したアプリケーションを登録します。

```
application.add_url('page_edit', '/{page_name}/edit', page_edit)
```

MethodDispatcherもWSGIアプリケーションなので、その他の場合と同じようにURLDispatcherに登録できます。

編集処理ができあがったので、表示画面に編集ページへのリンクを追加しましょう。
URLGeneratorでpage_editへのリンクを生成してテンプレートに渡します。

```
edit_url = request.environ['webdispatch.urlgenerator'].generate('page_edit', page_
name=page_name)
return tmpl.render(page=page, edit_url=edit_url)
```

テンプレート内ではURLをリンクとして表示します。

```
<a href="{{edit_url}}">Edit</a>
```

15-3-10　Pageを新しく作成する

Wikiでは、指定されたページがない場合に404 NotFoundとするのではなく、新規ページ作成するようにします。page_viewでPageオブジェクトが取得できない場合は編集ページにリダイレクトするようにします。

SQLAlchemyではoneメソッドでオブジェクトを取得した際に対象のオブジェクトが存在しなかった場合、NoResultFound例外が発生します。

例外処理を追加してみましょう。

```
from sqlalchemy.orm.exc import NoResultFound


def page_view(request):
    page_name = request.urlvars['page_name']
    edit_url = request.environ['webdispatch.urlgenerator'].generate('page_edit',
page_name=page_name)
    try:
        page = DBSession.query(Page).filter(Page.page_name==page_name).one()
        tmpl = env.get_template('page.html')
```

```
        return tmpl.render(page=page, edit_url=edit_url)
    except NoResultFound:
        return HTTPFound(location=edit_url)
```

　例外処理でHTTPFoundを返すことで編集画面にリダイレクトできます。page_edit_formで
も同様にして、Pageが取得できない場合の処理を追加します。

```
def page_edit_form(request):
    page_name = request.urlvars['page_name']
    try:
        page = DBSession.query(Page).filter(Page.page_name==page_name).one()
    except NoResultFound:
        page = Page(page_name=page_name, contents="")

    tmpl = env.get_template('page_edit.html')
    return tmpl.render(page=page)
```

　さらに更新処理にも処理を追加します。
　更新処理の場合は、Pageオブジェクトが存在していない場合は新規追加の処理となるように
します。

```
def page_update(request):
    page_name = request.urlvars['page_name']
    try:
        page = DBSession.query(Page).filter(Page.page_name==page_name).one()
    except NoResultFound:
        page = Page(page_name=page_name, contents="")
        DBSession.add(page)

    page.contents = request.params['contents']
    location = request.environ['webdispatch.urlgenerator'].generate('page', page_
name=page_name)
    return HTTPFound(location=location)
```

　NoResultFound例外を処理する際に、空のコンテンツを持ったPageオブジェクトを作成する
処理を行っています。また更新時は、対象のPageオブジェクトがない場合はDBへの追加処理
に変更しています。
　これでwikiアプリケーションとしての機能がそろいました。

15-4　Webアプリケーションのテスト

　それではできあがったWikiアプリケーションをテストしてみましょう。Webアプリケーションを毎回立ち上げてテストをするのには手間がかかります。こういった場合は擬似的なHTTPリクエストを作成して、実際にはWebサーバーとして起動させずにテストを実行させます。WebTestを使ってテストしてみましょう。

15-4-1　WebTestを使ったテスト

　WebTestはWSGIアプリケーションをテストしやすくするためのライブラリであるため、テストケース自体はunittestを使って作成します。

　テスト中でWebアプリケーションを呼びだすために、TestAppオブジェクトをつかいます。TestAppクラスのコンストラクタにテスト対象のWSGIアプリケーションを渡すと、TestAppオブジェクトを通して、アプリケーションの実行結果を受け取れます。

　wsgiアプリケーションappをテストする場合のコードは以下のようになります。

```
import webtest
app = webtest.TestApp(app)

res = app.get('/')
params = {'contents': "this-is-test-contents"}
res = app.post('/aa', params=params)
```

　主にgetメソッドと、postメソッドを使うことになるでしょう。それぞれ名前のとおり、テスト対象のアプリケーションにGET、POSTのリクエストを実行します。

　TestAppオブジェクトは、テストケースのsetUpメソッドで作成することにしましょう。

```
def setUp(self):
    import sqlalchemy as sa
    from . import make_app, init_db

    engine = sa.create_engine('sqlite:///')
    init_db(engine)
    app = make_app()
    self.app = webtest.TestApp(app)
```

　Wikiアプリケーションはデータベースも使うため、setUpで用意するようにします。テスト用データベースをオンメモリー(sqlite:///)にすると、後始末の必要がないので便利です。

またtearDownメソッドでは、それぞれのテストで作成したデータを削除するためにロールバックを行うようにしておきます。

```
def tearDown(self):
    from . import DBSession
    DBSession.rollback()
```

15-4-2　すでにページがある場合のテスト

すでにページがある場合はそのままページの内容が表示されることを確認しましょう。

テストデータを登録してから、GETリクエストを実行します。レスポンスボディに登録したデータがあることを確認しましょう。

```
def test_page(self):
    from . import Page

    test_page = Page(page_name='TestPage', contents='this-is-test')
    self.session.add(test_page)
    res = self.app.get('/TestPage')
    self.assertIn('this-is-test', res)
```

15-4-3　ページがない場合のテスト

ページがない場合は、編集画面へのリダイレクトレスポンスとなることを確認しましょう。

```
def test_no_page(self):
    res = self.app.get('/TestNoPage')
    self.assertEqual(res.status_int, 302)
    self.assertEqual(res.location, 'http://localhost:80/TestNoPage/edit')
```

15-4-4　ページ作成のテスト

新しくページが作成されることを確認しましょう。formプロパティを使って、フィールドへの値設定や、サブミットを擬似的に行えるようになっています。

```
def test_new_page(self):
    from . import Page

    res = self.app.get('/TestNewPage/edit')
```

356 | パーフェクト *Python*

```
res.form['contents'] = 'create new page'
res.form.submit()

page = self.session.query(Page).filter(Page.page_name=='TestNewPage').one()
self.assertEqual(page.contents, 'create new page')
```

TestApp のレスポンスは、form プロパティを持っています。

15-4-5　ページ更新のテスト

最後のテストは、ページの更新です。テストデータを作成してから、フォームへのサブミットを実行してみましょう。

```
def test_update_page(self):
    from . import Page

    test_page = Page(page_name='TestUpdatePage', contents='old contents')
    self.session.add(test_page)

    res = self.app.get('/TestUpdatePage/edit')
    res.form['contents'] = 'updated contents'
    res.form.submit()

    page = self.session.query(Page).filter(Page.page_name=='TestUpdatePage').one()
    self.assertEqual(page.contents, 'updated contents')
```

15-5　まとめ

小さなライブラリの力を借りて、小さなWebアプリケーションを作成しました。大規模なWebアプリケーションを作るには、フレームワークの力が必要になってくるでしょう。

表15.1に主なWebアプリケーションフレームワークを上げておきます。

表15.1　Pythonの主なWebアプリケーションフレームワーク

フレームワーク	URL
Django	https://www.djangoproject.com/
Pyramid	https://trypyramid.com/
Flask	https://www.palletsprojects.com/p/flask/
Bottle	https://bottlepy.org/

Asynchronous Server Gateway Interface (ASGI)

　WSGIはPEP 333で策定され、その後PEP 3333でpython 3に対応しPythonのWebアプリケーションの基礎として様々なフレームワークが対応してきました。しかし、WSGIはasyncioやasync/awaitで導入された非同期な入出力に対応していません。

　非同期に対応したWebアプリケーションとサーバー間のインターフェイスとしてAsynchronous Server Gateway Interface (ASGI) が策定されています[※1]。現状ではPEPとして提案されていませんが、既にASGIに対応したサーバーやアプリケーションフレームワークがリリースされています。

　ASGIは今後のPythonのWebアプリケーションを支えるプロジェクトとして注目されていくことでしょう。

※1　https://asgi.readthedocs.io

Part 4

外部ライブラリ

サードパーティ製の有名ライブラリを用いて、特定の領域に特化した問題への対処を
解説します。

16章　学術／分析系ライブラリ

学術系を得意としている言語は他にもありますが、Pythonを使えば元となるデータの取得からユーザーインターフェースまですべてPythonで記述することも難しくありません。本章ではNumPyやSciPyといった科学技術計算のライブラリと、MatplotlibやNetworkXといったデータの可視化ライブラリを紹介します。

16-1 statistics

statisticsライブラリは、Python 3.4で追加された数値を統計計算するためのライブラリです。平均値や中央値など標準値の算出や、標準偏差などの分散の測度を行います。statisticsライブラリの各関数の引数には、数値のリストやイテレータを指定します。数値とは、int型やfloat型、decimal.Decimal型とfraction.Fraction型のデータです。複数のデータ型が混在している場合は、事前にデータ型を統一してから利用してください。

入力データが空などの不正なデータの場合は、例外StatisticsErrorが投げられます。

16-1-1　標準値の算出

statisticsライブラリでは平均値や中央値を算出できます（表16.1）。

表16.1　statisticsライブラリでの標準値の算出関数

シグネチャ	用例	結果例	意味
mean(arrays)	mean([1, 2, 2, 4, 4, 5])	3	入力値の算術平均を算出します
harmonic_mean (arrays)	harmonic_mean([1, 2, 2, 4, 4, 5])	2.2222222222222223	入力値の調和平均を算出します
median(arrays)	median([1, 2, 2, 4, 4, 5])	3.0	データの中央値。
median_low(arrays)	median_low([1, 2, 2, 4, 4, 5])	2	入力値の低中央値を算出します
median_high(arrays)	median_high([1, 2, 2, 4, 4, 5])	4	入力値の高中央値を算出します
median_grouped (arrays, interval)	median_grouped([1, 2, 2, 4, 4, 5], interval=1)	3.5	区間によってグループ化されたデータの中央値、すなわち50パーセンタイルを算出します
mode(arrays)	mode([1, 2, 2, 4])	2	離散データの最頻値を算出します

median_groupedでは中央値を算出するときの区間を指定できます。区間を変えることで、中央値の値も変わってきます。

```
>>> import statistics
>>> statistics.median_grouped([1, 2, 2, 4, 4, 5], interval=1)
3.5
>>> statistics.median_grouped([1, 2, 2, 4, 4, 5], interval=2)
3.0
```

　statistics.mode関数で最頻値が複数ある場合は、例外StatisticsErrorが投げられます。また、同様に最頻値がない場合も例外StatisticsErrorが投げられます。

```
>>> import statistics
>>> statistics.mode([1, 2, 2, 4, 4])
Traceback (most recent call last):
  File "<stdin>", line 1, in <module>
  File "lib/python3.7/statistics.py", line 506, in mode
    'no unique mode; found %d equally common values' % len(table)
statistics.StatisticsError: no unique mode; found 2 equally common values

statistics.modeは他の関数とは違い、数値以外の配列やイテレータを入力できます。

>>> import statistics
>>> statistics.mode(['python', 'ruby', 'python', 'kotlin'])
'python'
```

16-1-2　分散の測度

　statisticsライブラリでは、標準偏差などの標準値のデータの偏り具合を算出するための関数が定義されています（**表16.2**）。

表16.2　statisticsライブラリでの分散の測度関数

シグネチャ	用例	結果例	意味
pstdev(arrays, mu)	pstdev([1, 2, 2, 4, 4, 5], mu=None)	1.4142135623730951	データの母標準偏差を算出します
pvariance(arrays, mu)	pvariance([1, 2, 2, 4, 4, 5], mu=None)	2	データの母分散を算出します
stdev(arrays, xbar)	pstdev([1, 2, 2, 4, 4, 5], xbar=None)	1.4142135623730951	データの標本標準偏差を算出します
variance(arrays, xbar)	variance([1, 2, 2, 4, 4, 5], xbar=None)	2.4	データの標本標準分散を算出します

　これらの関数には、第2引数にデータの平均値を指定することができます。デフォルト値のNoneを指定すると、関数の内部で平均値が計算されます。事前に平均値を計算している場合などは、再計算のコストを抑えるために引数で平均値を渡せます。

```
>>> import statistics
>>> xbar = statistics.mean([1, 2, 2, 4, 4, 5])
>>> statistics.stdev([1, 2, 2, 4, 4, 5], xbar=xbar)
1.5491933384829668
>>> statistics.stdev([1, 2, 2, 4, 4, 5])
1.5491933384829668
```

16-2 | NumPy

　NumPyは情報の分析にかかせない配列や行列の演算を高速に行うために利用されるライブラリです。Pythonのシーケンスオブジェクトは非常に便利ですが、大量のデータを扱おうとした場合に処理の速度が問題になることがあります。そこで、Pythonから配列や行列をC言語で書かれたプログラムと同等の速度で扱えることを目的として開発されました。

16-2-1　NumPyの配列

　まずは、基本的な配列の操作を見ていきます。NumPyで二次元配列を定義してみます。

```
>>> import numpy
>>> # 第一引数は配列の中身
... # 第二引数は型。省略すると第一引数の内容から選ばれる
... ar = numpy.array([[1, 2, 3],
...                    [11, 12, 13]],
...                   numpy.int32)
>>> ar
array([[ 1,  2,  3],
       [11, 12, 13]])
```

　配列を定義するにはnumpyモジュールのarray関数を使用します。arrayは多次元配列を扱うためのクラスです。array関数の第一引数には配列に格納するデータ列を渡します。第二引数はオプションです。ここでは32bit整数型を示すint32を渡しています。

　省略すると渡した配列の内容から自動的に型が選ばれます。型はint32以外にも符号なし整数であるuint8,16,32,64や浮動小数点数であるfloat32,64,96などが選べます。

　第二引数で型を指定していることから理解頂けると思いますが、numpyの配列や行列などは単一の型のみを持ちます。これは、データをC言語の配列としてもつことで高速化を計っているためです。

　配列の型はdtype属性を参照することで取得できます。ここで、整数以外のデータ列を渡してみます。

```
>>> import numpy
>>> ar = numpy.array([[1, 2, 3],
...                   [11, 12, 13]],
...                   numpy.int32)
>>>
>>> # 配列の型を表示
... ar.dtype
dtype('int32')
>>>
>>> # 浮動小数点数のリストで初期化してみる
... b = numpy.array([[1.1, 2.2, 3.3],
>>>                  [1.2, 2.3, 3.4]])
>>>
>>> # 浮動小数点数の配列ができる
... b
array([[ 1.1,  2.2,  3.3],
       [ 1.2,  2.3,  3.4]])
>>>
>>> # 配列の型の int ではなく float になる
... b.dtype
dtype('float64')
>>>
>>> # 整数と浮動小数点数を混在させてみる
... c = numpy.array([[1, 2, 3], [1, 2, 3.3]])
>>>
>>> # 結果的に浮動小数点型になる
... c
array([[ 1. ,  2. ,  3. ],
       [ 1. ,  2. ,  3.3]])
>>>
>>> c.dtype
dtype('float64')
```

　配列データの中に浮動小数点数を入れて渡すとfloat64という型の配列ができました。これは64bitの浮動小数点数型で，C言語ではdoubleです。

　同様に今度は整数と浮動小数点数を入れて渡してみるとfloat64になりました。32bit整数と64bit浮動小数点数のどちらも格納できる十分な精度を持った型としてdoubleが選ばれます。

16-2-2　行列

　NumPyにはarrayの他にもう1つmatrixというクラスが存在します。これは、名前のとおり行列を表現するクラスです。matrixは二次元のarrayを継承したクラスになっていて、配列とは若干挙動が違う以外はほぼ二次元のarrayと同じです。

16-2-3　配列に対する演算

作成したnumpy.arrayのインスタンスは、基本的にはPythonのリストと同様に扱えます。

```
>>> import numpy
>>> a = numpy.array([1, 2, 3, 4, 5])
>>>
>>> # インデックスアクセス
... a[0]
1
>>>
>>> # スライス
... a[0:2]
array([1, 2])
>>>
>>> # 書き換え
... a[1] = 10
>>> a
array([ 1, 10,  3,  4,  5])
>>>
>>> # for でのイテレーション
... for x in a:
...     print(x)
...
1
10
3
4
5
```

　ただし、このようにPythonのリストと同様の操作をそのままnumpy.arrayのインスタンスに対して行うことは、NumPyを使う上でのメリットにはあまりなりません。

16-2-4　Universal Functions

　NumPyにおいては、数学で使われる関数と同じ機能をもつ関数を提供しています。これらはUniversal Functionsと呼ばれ、行列や配列どうしや行列や配列とスカラ値との演算をサポートしています。

　arrayにはこのUniversal Functionをメソッドやオーバーロードした演算子として持っているものがいくつかありますが、すべてがメソッドになっているわけではありません。

```
>>> import numpy
>>> a = numpy.array([1, 2, 3], numpy.float64)
>>>
>>> # 配列に定数を掛ける
... a * 2
array([ 2.,  4.,  6.])
>>>
>>> # 配列どうしの足し算
... b = numpy.array([10, 20, 30])
>>> a + b
array([ 11.,  22.,  33.])
>>>
>>> # 配列の内積
... a @ b
140.0
```

NumPyで定義されている関数やメソッドにはさまざまありますが、ここでは一部を紹介します。まずは配列生成関数です（**表16.3**）。これらを使うことで、面倒な配列の生成などが手軽に行えます。

表16.3　NumPyでの配列生成関数

シグネチャ	用例	結果例	意味
numpy.arange(start[, end[, step]])	numpy.arange(0, 10, 2)	array([0, 2, 4, 6, 8])	標準関数rangeと同様にnumpy.arrayを返すrangeです
numpy.identity(n)	numpy.identity(2)	array([[1, 0], [0, 1]])	n次の単位行列を生成します
numpy.ones(n)	numpy.ones((2,2))	array[[1, 1], [1, 1]])	1で埋められたarrayを生成します
numpy.zeros(n)	numpy.zeros((2,2))	array[[0, 0], [0, 0]])	0で埋められたarrayを生成します
numpy.linspace(start, end, num)	numpy.linspace(0, 10, 6)	array([0, 2, 4, 6, 8, 10])	startからendまでnum個に分割した数列を返します

続いて配列どうしの演算を行う関数です（**表16.4**）。

表16.4　NumPyでの演算用関数

シグネチャ	メソッド（定義されていれば）	意味
numpy.add(a, v)	array1 + value	第一引数で渡したarrayに第二引数を足します
numpy.multiply(a, v)	array1 * value	第一引数で渡した arrayに第二引数を掛けます
numpy.dot(a, v)	array1 @ value	第一引数と第二引数の内積を計算します
numpy.cross(a, v)	(none)	第一引数と第二引数の外積を計算します

Python 3.5以前ではnumpy.dot関数を利用して内積を行なっていましたが、Python 3.5で行列の乗算専用の中置演算子@が追加（PEP465）されたことで、より直感的に乗算できるようになりました。現在のところ、この演算子はPython本体だけでは利用できず、numpyなどの一部の外部ライブラリでのみ利用できます。

これらのような行列演算の他に、Pythonのmathモジュールで定義されているような数学関数も存在します。sin, cos, tanなどの三角関数の他にexp, logなども存在します。これらとmathモジュールで提供されている関数との違いは、numpyで定義されている関数は数値とnumpy.arrayやリストなどに全く同じインターフェイスで適用できるということです。

```
>>> import numpy
>>> import math
>>> # math.sinとは違い、ufunc(Universal Functions) 型
... numpy.sin
<ufunc 'sin'>
>>>
>>> # Pythonの整数型に適用できる
... numpy.sin(math.pi/2)
1.0
>>>
>>> # numpyの配列にも適用できる
>>> x = numpy.linspace(0, numpy.pi, 9)
>>> x
array([ 0.        ,  0.39269908,  0.78539816,  1.17809725,  1.57079633,
        1.96349541,  2.35619449,  2.74889357,  3.14159265])
>>>
>>> # 結果は、配列の要素それぞれにsinを適用した配列
>>> numpy.sin(x)
array([ 0.00000000e+00,  3.82683432e-01,  7.07106781e-01,
        9.23879533e-01,  1.00000000e+00,  9.23879533e-01,
        7.07106781e-01,  3.82683432e-01,  1.22460635e-16])
```

このように、数値であろうと数列であろうと同様に受け取り、数値であればそのまま関数を適用して返し、数列であれば要素すべてに関数を適用して返すというような挙動をします。

16-2-5　計算

NumPyは行列演算のためライブラリですので、NumPyを使って簡単な行列演算をしてみます。ここでは、よく使うであろう回転行列を使います。
まずは回転行列を生成する関数を定義します。

```
def make_rotate_matrix(rad):

    return numpy.array([[math.cos(rad), -math.sin(rad)],
                        [math.sin(rad), math.cos(rad)]]).transpose()
```

make_rotate_matrixは、角度をラジアンで受け取って、それに応じた回転行列を生成して返

します。

　そして、make_rotate_matrixで生成した行列を使ってベクトルを回転させてみます。ベクトル（一次元配列）と行列（二次元配列）どうしの積算には、行列の乗算専用の中置演算子@を使います（**リスト16.1**）。

リスト16.1　numpy1.py

```python
import numpy
import math


def make_rotate_matrix(rad):
    ''' 回転行列を生成する '''
    return numpy.array([[math.cos(rad), -math.sin(rad)],
                        [math.sin(rad), math.cos(rad)]]).transpose()


def main():

    num = 20

    # (1, 0) という向きのベクトル
    base = numpy.array([1, 0])

    print('degree \t result')

    for x in range(num+1):

        # 回転させる角度をラジアンで計算
        rad = x * math.pi * 2 / num

        # 回転行列を生成
        rot = make_rotate_matrix(rad)

        # 表示用に度を計算
        deg = 360 / num * x

        # 行列の乗算専用の中置演算子@ を使って回転させる
        result = base @ rot

        # 結果の出力
        print(deg, '\t', result)


if __name__ == '__main__':
    main()
```

これを実行すると、次のような出力が得られます。

```
degree      result
0.0         [ 1.  0.]
18.0        [ 0.95105652  0.30901699]
36.0        [ 0.80901699  0.58778525]
54.0        [ 0.58778525  0.80901699]
72.0        [ 0.30901699  0.95105652]
90.0        [  6.12323400e-17   1.00000000e+00]
108.0       [-0.30901699  0.95105652]
126.0       [-0.58778525  0.80901699]
144.0       [-0.80901699  0.58778525]
162.0       [-0.95105652  0.30901699]
180.0       [ -1.00000000e+00   1.22464680e-16]
198.0       [-0.95105652 -0.30901699]
216.0       [-0.80901699 -0.58778525]
234.0       [-0.58778525 -0.80901699]
252.0       [-0.30901699 -0.95105652]
270.0       [ -1.83697020e-16  -1.00000000e+00]
288.0       [ 0.30901699 -0.95105652]

306.0       [ 0.58778525 -0.80901699]
324.0       [ 0.80901699 -0.58778525]
342.0       [ 0.95105652 -0.30901699]
```

数値だけだと若干分かりづらいのでグラフとしてプロットしてみます（**図16.1**）。円軌道を描いているのが分かるとおもいます。

図16.1　回転行列を適用した結果をプロットした結果

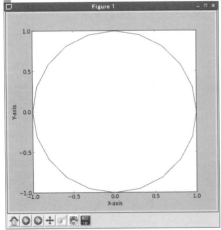

プロットする方法に関してここでは詳しくは触れませんが、この先のmatplotlibの項ではこのデータをプロットする方法を扱っています。興味がある場合はそちらをお読みください。

簡単な紹介でしたが、このようにnumpyを使うことで行列演算が非常に簡単に行えます。より詳しい使い方や、その他の機能についてはNumPyのドキュメント[注1]を参考にするとよいでしょう。

16-3 SciPy

NumPyの配列・行列演算に加えて、高次元の科学技術計算を可能にするライブラリです。NumPy／SciPy／Matplotlibで、MATLABやRのような機能をPythonに統合して利用できます。

MATLABやRは、科学技術計算とプロットを目的としていますが、Pythonでデータの取得からプロットまで一貫してプログラミングできるので、複数のプログラミング言語を覚える必要がありません。

Pythonを利用する大きな理由の1つとなることも多い人気のライブラリです。

SciPyでは、数学アルゴリズムや統計計算などの関数群をNumPyの機能の拡張として提供しています。その機能は計算・統計・分析・信号処理など多岐にわたり、膨大な量が存在するため、ここですべてを紹介することはできません。興味のある方はWeb上にあるSciPyのドキュメント[注2]を参照するとよいでしょう。

16-3-1 積分

scipy.integrateは関数の積分を扱うモジュールです。数学における積分は、方程式から方程式を導くものですが、SciPyにおけるそれは、関数の定積分を扱います。

たとえば、常に1を返す関数を区間[0, 10]で定積分してみます（**リスト16.2**）。

リスト16.2 scipy1.py

```python
from scipy import integrate

def ret1(x):
    ''' 常に 1 を返す関数 '''
    return 1

# 常に 1 を返す関数を 0 から 10 の区間で積分
result, error = integrate.quad(ret1, 0, 10)
```

（注1） https://docs.scipy.org/doc/
（注2） https://docs.scipy.org/doc/scipy/reference/tutorial/index.html

```
# 積分した結果
print(result) #=> 10.0

# 計算誤差
print(error) #=> 1.1102230246251565e-13
```

　値が2要素のタプルとして返ってきました。このタプルの1つ目の要素が定積分結果です。2つ目の要素は計算誤差の範囲を表します（**図16.2**）。

図16.2　quad(ret1, 0, 10)の検算

$$f(x) \quad = \quad 1$$

$$\int_0^{10} f(x)\,dx \quad = \quad \int_0^{10} 1\,dx$$
$$= \quad [x]_0^{10}$$
$$= \quad (10\text{-}0)$$
$$= \quad 10$$

　これを、受け取った値をそのまま返す関数にしてみると**リスト16.3**のようになります。

リスト16.3　scipy2.py

```
from scipy import integrate

def echo(x):
    ''' 受け取った値をそのまま返す関数 '''
    return x

# 受け取った値をそのまま返す関数を 0 から 10 の区間で積分
result, error = integrate.quad(echo, 0, 10)

# 結果
print(result) #=> 50.0

# 誤差
print(error) #=> 5.551115123125783e-13
```

　確認のために計算してみると、**図16.3**となり、正しいことがわかります。

図16.3　quad(echo, 0, 10)の検算

$$f(x) = x$$

$$\int_0^{10} f(x)\,dx = \int_0^{10} x\,dx$$
$$= \left[\frac{x^2}{2}\right]_0^{10}$$
$$= (50\text{-}0)$$
$$= 50$$

　integrate.quadは単純な関数だけでなく、どのような関数に対しても適用できます。ただし、気を付けなければいけないのは、副作用のある関数には適用しないということです。算術関数ですので、最終的な返値が入力以外の値に依存してしまうと、計算結果が変わってしまいます。

　これは、たとえば**リスト16.4**の例のようにグローバル変数に依存しているような関数の場合です。関数を呼ぶ度にグローバル変数を書き換えるような関数に複数回適用すると、その都度結果が変わってしまいます。そのため、quadを適用するような場合は関数の副作用には気をつける必要があります。

リスト16.4　scipy3.py

```python
from scipy import integrate


a = 0

def func(x):
    ''' グローバル変数に依存する関数 '''
    global a

    a += x
    return a


# 1回目の積分
result, error = integrate.quad(func, 0, 10)

# 結果
print(result) #=> 77211.16917935389


# 2回目の積分
result, error = integrate.quad(func, 0, 10)
```

```
# 1回目とは結果が変わってしまう
print(result) #-> 210889.2941793539
```

integrate.quadの中で、渡した関数がどのように呼ばれているかは、渡す関数内でprint( )などを呼んでみるとよくわかります（**リスト16.5**）。

リスト16.5　scipy4.py

```
from scipy import integrate

def func(x):
    print(x)
    return x


# 中でprint関数を呼んでいる関数を積分してみる
integrate.quad(func, 0, 10)
```

この例を実行すると次のような結果が出力されます。

```
5.0
0.13046735741414128
9.86953264258586
0.6746831665550773
9.325316833444923
1.6029521585048778
8.397047841495123
2.8330230293537637
7.166976970646236
4.255628305091844
5.744371694908156
0.021714184870959552
9.978285815129041
0.3492125432214588
9.650787456778541
1.0959113670679155
8.904088632932083
2.1862143266569767
7.813785673343023
3.528035686492699
6.471964313507301
```

このようにintegrate.quadに渡した関数が何度も呼ばれているのがわかります。

16-3-2　補間

scipy.interpolate は補間計算を行うモジュールです。数値の列から数値間の補間計算を行い、間を埋めるために使われます。

■ 単純な補間

まずは一番単純な補間処理を行ってみます。**リスト16.6** の例では45度ずらして sin の値を計算した数列を生成しています。

リスト16.6　scipy5.py

```python
import math

import numpy
from scipy import interpolate
import pylab


def main():

    # 0から2πラジアンまでの区間を9つに区切った配列を生成
    xs = numpy.linspace(0, 2*math.pi, 9)

    # その配列にsinを適用し、0から2πまでのsinを計算する
    ys = numpy.sin(xs)

    # そのままプロット
    # 詳細は Matplotlib の項へ
    pylab.plot(xs, ys, 'o-')
    pylab.show()


if __name__ == '__main__':
    main()
```

この例を実行すると**図16.4**のような図がプロットされます。

図16.4　sinを適用した数列をプロットした結果

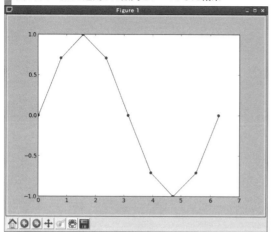

　このままではカクカクしたsinカーブです。この数列に対して補間計算を適用してみます（**リスト16.7**）。

リスト16.7　scipy6.py

```python
import math

import numpy
from scipy import interpolate
import pylab


def main():

    xs = numpy.linspace(0, 2*math.pi, 9)
    ys = numpy.sin(xs)

    # ①  今度は0から2πまでの区間を180に句切った数列を作成
    xn = numpy.linspace(0, 2 * math.pi, 180)

    # ②  元の数列を元にキュービック補間を用いて補間計算をする関数を生成
    f2 = interpolate.interp1d(xs, ys, kind='cubic')

    # 生成した関数を新しく作った数列に適用する
    yn = f2(xn)

    # 補間結果と元の結果をプロット
    # 詳細は Matplotlib の項へ
    pylab.plot(xs, ys, 'o-', xn, yn)
```

```
    pylab.show()


if __name__ == '__main__':
    main()
```

　非常に短いコードですが、1行ずつ説明していきます。①では0から2πまでの値を180分割した数列を作っています。

　②ではinterp1d関数を使って先程計算した9分割したsinの値から補間関数を生成しています。この際、「kind=」で補間方式を指定できます。ここでは「kind='cubic'」としてキュービック補間（三次補間）を使います。この生成した補間関数を180分割した数列に適用することで、補間処理を施した数列が得られます。

　この例を実行してみると、図16.5のようなグラフがプロットされます。

図16.5　sinを適用した曲線とそれを補間した曲線の比較

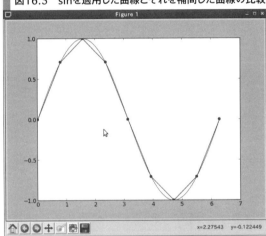

　最初の9分割の数列はoとして表示しています。ガタガタだった線がきれいにsinカーブとして補間されています。このように、数列の間を曲線として補完できます。

■ スプライン補間

　続いてスプライン補間です。スプライン補間よりもスプライン曲線と言ったほうがご存じの方はいらっしゃるかもしれません。

　スプライン曲線は、いくつかの制御点を通る曲線を描く際に使われます。曲線を描くということは、すなわち制御点の間の区間を補間計算するということでもあります。まずは使ってみます（リスト16.8）。

リスト16.8　scipy7.py

```python
import math

import numpy
import scipy
from scipy import interpolate
import pylab


def main():

    # 0から2πラジアンまでの区間を九つに区切った配列を生成
    xs = numpy.linspace(0, 2*math.pi, 9)

    # その配列にsinを適用し、0から2πまでのsinを計算する
    ys = numpy.sin(xs)

    # xs, ysを元にスプライン補間クラスのインスタンスを生成
    ius = interpolate.InterpolatedUnivariateSpline(xs, ys)

    # 最初に作った配列と同じ範囲を200分割した配列を作成
    xn = numpy.linspace(0, 2*math.pi, 180)

    # 補間を行う
    yn = ius(xn)

    # 補間結果と元の結果をプロット
    # 詳細は Matplotlib の項へ
    pylab.plot(xs, ys, 'o-', xn, yn)
    pylab.show()


if __name__ == '__main__':
    main()
```

　リスト16.8でも、生成したsinカーブに対する曲線を補間計算しています。この結果をプロットしてみると図16.6のようになります。

図16.6　スプライン補間を用いた結果を同様にプロットした

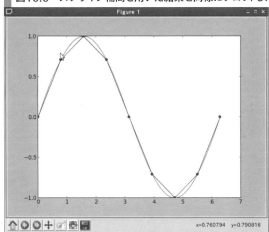

　ポイントを直線で結んだようなカクカクした線はそのままプロットしたもの、滑らかに点と点
の間を曲線で結んでいる曲線がスプライン補間した線です。
　たとえば、補間する際のなめらかさを指定するkを追加してみます（**リスト16.9**）。

リスト16.9　scipy8.py

```python
import math

import numpy
import scipy
from scipy import interpolate
import pylab


def main():

    xs = numpy.linspace(0, 2*math.pi, 10)
    ys = numpy.sin(xs)

    # 先ほどのパラメータに加え、補間のなめらかさを指定する
    ius = interpolate.InterpolatedUnivariateSpline(xs, ys, k=1)

    xn = numpy.linspace(0, 2*math.pi, 180)
    yn = ius(xn)

    pylab.plot(xs, ys, 'o-', xn, yn)
    pylab.show()
```

16章

```
if __name__ == '__main__':
    main()
```

　k=1を指定するとなめらかさが完全になくなり、点を線で結んだだけのグラフがプロットされました（**図16.7**）。kの値は1〜5の範囲で指定できます。

図16.7　k=1でプロットしたグラフ

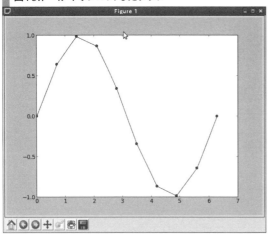

　以上のように、SciPyを利用することで数列に対する補間処理が簡単に行えます。

16-3-3　まとめ

　SciPyを利用することでNumPyよりもさらに高度な数値計算などの処理を行えます。ここで紹介した機能はSciPyの極一部でしかありません。SciPyではこれら以外にも統計・信号処理・フーリエ変換などさまざまな機能が存在します。
　詳細なSciPyに関する情報やリファレンスなどは、SciPyのサイト[注3]から参照できます。

16-4 Matplotlib

　データ列を二次元や三次元のグラフにプロットするライブラリです。プロットするデータはNumPyやSciPyで生成したものに限らず、シーケンスであればなんでも使えます。

（注3）　https://scipy.org/

画像として書き出す他、他のアプリケーションに組み込んでグラフ描画機能を組み込めます。お手軽にデータを可視化できるので、重宝するのではないでしょうか。

16-4-1　描画してみる

手始めに、「**16-2 NumPy**」で出力した円を描画してみます（**図16.1**）。円を計算した部分を書き換え、計算した結果を保持しておき、後からそのデータを描画します（**リスト16.10**）。

リスト16.10　mlib1.py

```python
import math

import numpy
from matplotlib import pyplot


def make_rotate_matrix(rad):

    return numpy.array([[math.cos(rad), -math.sin(rad)],
                        [math.sin(rad), math.cos(rad)]]).transpose()


def main():

    num = 20

    print('degree \t result')

    # 計算結果の保持用
    x_positions = []
    y_positions = []

    base = numpy.array([1, 0])

    for x in range(num+1):

        rad = x * math.pi * 2 / num

        rot = make_rotate_matrix(rad)
        deg = 360 / num * x

        result = base @ rot

        print(deg, '\t', result)

        # 保存しておく
```

```
        x_positions.append(result[0])
        y_positions.append(result[1])

    # プロットする
    pyplot.plot(x_positions, y_positions)

    # y 軸のラベルを設定
    pyplot.ylabel('Y-axis')

    # x 軸のラベルを設定
    pyplot.xlabel('X-axis')

    # UI とともに描画
    pyplot.show()


if __name__ == '__main__':
    main()
```

　描画には matplotlib.pyplot モジュールを用います。pyplot.plot() に保存しておいた値のリストを渡して呼び出し、軸のラベルを設定しています。

　その後 pyplot.show() を呼ぶと新しくウィンドウが開き、その中でグラフがプロットされます（図16.8）。

図16.8　図16.1と同様の出力が得られた

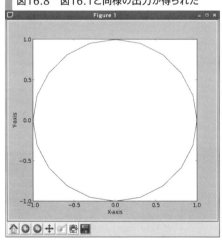

　プロットする線の種類や太さなどは、plot() の返値として取得できる Line2D オブジェクトに対して設定することで変更できます。

たとえば、**リスト16.10**の例のプロットしている部分を次のように書き換えると、**図16.9**の
ようなグラフに変化します。

```
lines = pyplot.plot(x_positions, y_positions)
print(lines) #=> [<matplotlib.lines.Line2D at 0xb5f036c>]

line = lines[0]

# 線種を破線に
line.set_linestyle('--')

# プロット箇所に '+' で点を打つ
line.set_marker('+')

# 線の色を '#ff0000' (=赤) に
line.set_color('#ff0000')
```

図16.9　線種を破線にしてプロットした結果

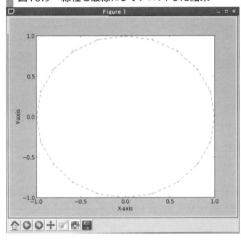

以上のように簡単にグラフがプロットできます。以降では線のグラフだけではなく、さまざま
なグラフを描画してみます。

16章

381

プロットウィンドウが出ない場合

　もしここでpyplot.show( )で何もウィンドウが開かずに実行が終了してしまう場合は、Pythonのビルド自体に問題がある可能性があります。

　matplotlibでは、Pythonの標準モジュールであるtkinterを使ってGUIを立ち上げますが、Python自体のビルド時にtkinterが一緒にビルドされていない場合は、matplotlibのビルド時にtkinterでの描画部分が使えなくなってしまいます。

　pythonの対話シェルを立ち上げて次のように入力し、エラーが出た場合はPythonのビルドをやり直す必要があります。

```
>>> import tkinter
```

　tkinterを有効にしてビルドし直すには、Ubuntuであれば次のようにtk-devパッケージをインストールした後にPython処理系を再ビルドしてください。

```
$ sudo apt-get install tk-dev
```

16-4-2　さまざまなグラフ

　ここでは、matplotlibで描画できるさまざまな種類のグラフを紹介します。

■ ヒストグラム

　まずはヒストグラムです。偏差などをプロットする際に用います。例として、Pythonの標準モジュールのrandomで値を生成してプロットしてみます（**リスト16.11**）。

リスト16.11　mlib2.py

```python
import random
from matplotlib import pyplot

# 乱数の初期化
random.seed()

# 10000個乱数を作る
r = [random.random() for x in range(10000)]

# ヒストグラムとして30に分類して描画する
```

```
pyplot.hist(r, 30)

# UI表示
pyplot.show()
```

　random.random()は一様乱数を返す乱数生成関数です。この一様乱数を10000個生成し、pyplot.histでヒストグラムをプロットしています。これを実行すると**図16.10**のようになります。

図16.10　ヒストグラムのプロット結果

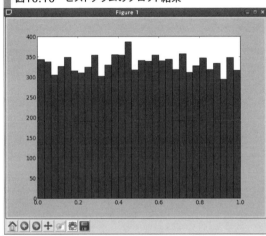

　若干のばらつきがありますが、おおよそ同じくらいの出現頻度であることがわかります。

　たとえばこれをrandom.normalvariate()に変更してプロットしてみます（**リスト16.12**）。結果は**図16.11**のようになります。

リスト16.12　mlib3.py

```python
import random
from matplotlib import pyplot

random.seed()

# random.random の代わりに normalvariate を使って乱数を生成する
r = [random.normalvariate(0.5, 0.2) for x in range(10000)]

pyplot.hist(r, 30)
pyplot.show()
```

図16.11 random.normalvariate()で生成したヒストグラム

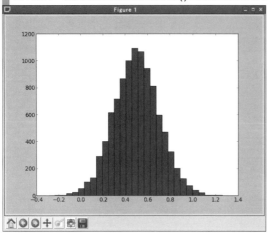

　random.normalvariate()は正規乱数を生成する乱数生成関数です。生成されたヒストグラム
を見てみると、実際に値の出現頻度が正規分布になっていることがわかります。

■ 円グラフ

　続いてよく使われる円グラフを描画してみます。さすがに乱数のサンプルというのは若干味気
ないので、TIOBE[注4]からプログラミング言語のランキングの値を取ってきて表示してみます。
　TIOBEのプログラミング言語のランキング上位20を取ってきて円グラフとして描画してみま
す。円グラフをプロットするには、pie関数を使います（**リスト16.13**）。

リスト16.13　mlib4.py

```
from matplotlib import pyplot

# TIOBE Programming Index の結果
ranking = [('Java', 17.110),
           ('C', 17.087),
           ('C#', 8.244),
           ('C++', 8.047),
           ('Objective-C', 7.737),
           ('PHP', 5.555),
           ('(Visual) Basic', 4.369),
           ('JavaScript', 3.386),
           ('Python', 3.291),
```

（注4）　https://www.tiobe.com/tiobe-index/

```
        ('Perl', 2.703),
        ('Delphi/Object Pascal', 1.727),
        ('PL/SQL', 1.418),
        ('Ruby', 1.413),
        ('Transact-SQL', 0.925),
        ('Lisp', 0.922),
        ('Visual Basic .NET', 0.784),
        ('Pascal', 0.771),
        ('Logo', 0.717),
        ('Ada', 0.633),
        ('NXT-G', 0.604),
        ('other', 12.5570),]

# 割合だけを抜き出す
rates = [x[1] for x in ranking]

# ラベルだけを抜き出す
labels = [x[0] for x in ranking]

# pyplot.pie で円グラフを描画する
pyplot.pie(rates, labels=labels)

pyplot.show()
```

　このようにレートのリストとラベルのリストを渡すと、**図16.12**のようなプロット結果が出力されます。

図16.12　円グラフを描画してみた図

16-4-3　まとめ

　以上のように、非常に手軽にデータをグラフとしてプロットできます。NumPyで計算した結果やSciPyで統計処理をした結果などを可視化し、確認するために使ったり、ウィンドウのみではなく画像データとして出力もできるのでWebサービスに出力するためのデータ生成などにも使えます。

　上記で紹介したグラフ以外にも、3Dグラフをプロットするような機能も存在します。より詳しい情報についてはMatplotlibのサイト[注5]からドキュメントを参照してください。

16-5 NetworkX

　NetworkXはネットワーク分析用ライブラリです。nodeとedge（グラフ）を用いてネットワーク分析を行います。NumPyの配列データを扱えるので、巨大なデータの分析にも適しています。最近ではソーシャルWebサービスのネットワーク分析に利用するといった用途も提案されています。

16-5-1　グラフを定義する

　NetworkXはnodeとedgeを使った解析を行うためのライブラリです。まずは対象となるグラフを定義してみます。

　グラフの定義にはnetworkx.Graphクラスを使います。

```
import networkx as nx

# 引数なしのコンストラクタを呼ぶ
g = nx.Graph()
```

　Graphクラスのコンストラクタに引数を渡さない場合は空のグラフが作られます。すでにグラフデータが存在する場合は、コンストラクタの引数としてグラフのデータを渡して初期化できます。

　グラフのデータを渡す場合は、edgeを構成する2要素のタプルをリストにして渡します。引数としてedgeの構成要素に使えるのは辞書のキーとして使えるhashableな型、すなわち__hash__メソッドが実装されている型のみです。具体的には数値や文字列、hashableな要素のみで構成されたタプルなどが該当します。

（注5）　https://matplotlib.org

```
import networkx as nx

# 引数を付ける場合はタプルのリストを渡す
g = nx.Graph([(1, 2), (2, 3), (3, 4)])
```

■ node や edge の追加

空のグラフを作った後は、node や edge の追加を行います。node を追加する場合は Graph クラスのメソッドである add_node か add_nodes_from を使います。

```
import networkx as nx

g = nx.Graph()

# 新しく node を追加する
g.add_node(1)
g.add_node(2)

# リストから追加する場合は add_nodes_from を使う
g.add_nodes_from([3, 4, 5])
```

node だけを追加した場合、node どうしを繋ぐ edge を構成するわけではなく、node のみが単体で定義されます。

edge を追加する場合は、同様に Graph クラスのメソッドである add_edge か add_edges_from を使います。

```
import networkx as nx

g = nx.Graph()

# edge を追加する
# node をあらかじめ追加しておく必要はない
g.add_edge(10, 20)

# edge のリストを追加する場合は add_edges_from を使う
g.add_edges_from([(30, 40), (40, 50), (1, 2)])
```

■ 追加した node や edge を取得する

追加した Graph のインスタンスから追加した node や edge を取得する場合は、いくつかの方法があります（**リスト16.14**）。

リスト16.14　nx1.py

```python
import networkx as nx


def main():

    # edgeのリストを渡して初期化
    g = nx.Graph([(0, 1),
                  (1, 2),
                  (2, 3),
                  (10, 20),
                  (20, 30),
                  (30, 40),
                  (40, 10)])


    # nodeのリストを取得する
    print(g.nodes()) #=> [0, 1, 2, 3, 40, 10, 20, 30]


    # edgeのリストを取得する
    print(g.edges()) #=> [(0, 1), (1, 2), (2, 3),
                     #    (40, 10), (40, 30), (10, 20), (20, 30)]


    # nodeから出ている edge の数の辞書を返す
    print(g.degree()) #=> {0: 1, 1: 2, 2: 2, 3: 1,
                      #    10: 2, 20: 2, 30: 2, 40: 2}

    # Graphのインスタンスに対してnodeをインデックスアクセスすると、
    # 接続しているedgeの情報が取れる
    print(g[1]) #=> {0: {}, 2: {}}


if __name__ == '__main__':
    main()
```

　nodeやedgeを追加するために、上記のメソッド以外にもいくつかメソッドが存在します。これらを使うと、直接add_edges_fromを呼びだすよりも少ないデータからグラフを作れます（**リスト16.15**）。

リスト16.15　nx2.py

```python
import networkx as nx

g = nx.Graph()

# パスを追加する
# この場合は、g.add_edges_from([(1, 2), (2, 3), (3, 4)]) と等価
nx.add_path(g, [1, 2, 3, 4])

print(g.edges()) #=> [(1, 2), (2, 3), (3, 4)]


g = nx.Graph()

# 星構造を追加する
# リストの1つ目のnodeを中心に、それ以降の要素にそれぞれedgeを作る
# この場合は、add_edges_from([(1, 2), (1, 3), (1, 4)]) と等価
g.add_start([1, 2, 3, 4])

print(g.edges()) #=> [(1, 2), (1, 3), (1, 4)]
```

16-5-2　グラフの可視化

　グラフを作成したら次は描画してみます。描画には先に紹介したMatplotlibを使用して行われます。

　描画を行うこと自体は非常に簡単で、**リスト16.16**のようなコードを書くだけです。

リスト16.16　nx3.py

```python
import networkx as nx

# グラフの描画には Matplotlib を使う
from matplotlib import pyplot

def main():

    g = nx.Graph()

    # node をいくつか追加する
    g.add_nodes_from(['node', 'test'])

    # edge をいくつか追加する
    nx.add_start(g, [1, 2, 3, 4, 5, 6])
    nx.add_start(g, [6, 7, 8, 9, 10])
```

```
    # グラフを描画する
    nx.draw(g)

    # グラフを表示する
    pyplot.show()


if __name__ == '__main__':
    main()
```

このコードを実行すると、**図16.13**のようなグラフが出力されます。

図16.13 プロットしたグラフ

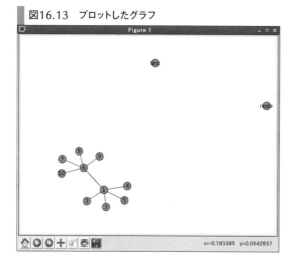

プロット時のグラフは、nx.draw()関数の引数でカスタマイズできます。

ノードの色を変更するにはnode_colorに色を指定します。**リスト16.16**のソースコードの nx.drawを呼び出している部分を次のように指定すると、すべてのノードの色が水色になります。

```
nx.draw(g, node_color='#8080ff')
```

ノードすべてに対する一括での指定ではなく、個別に指定する場合はnode_colorに色のリストを渡します。指定する順番はGraph.nodesの呼び出しで取得できるノードの順番です。

エッジの色もノード同様にedge_colorに値を渡すことで指定できます。

```
nx.draw(g, edge_color='#80ff80')
```

このように指定すると、すべてのエッジの色が黄緑色になります。ノード同様にエッジも Graph.edges( ) で取得できるエッジの順番に色をリストで渡すことで個別に色指定できます。

16-5-3　グラフの処理

NetworkX では、グラフの生成・描画だけではなく、グラフに対してさまざまな処理を行えます。以降で、それらの機能の内のいくつかを紹介します。

■ まとまりに分類する

connected_components関数は、グラフの中のノードを接続されているノードのまとまりに分類する関数です。すなわち、あるノードからエッジを辿って見つけられるすべてのノードをひとまとめとして扱います（**リスト16.17**）。

リスト16.17　nx4.py

```python
import networkx as nx


def main():

    g = nx.Graph()

    nx.add_start(g, range(5))
    nx.add_start(g, range(5, 10))
    g.add_node('aaaa')

    # 接続されているノードごとのまとまりに分ける関数: connected_components
    print(list(nx.connected_components(g))) #=> [[0, 1, 2, 3, 4], [8, 9, 5, 6, 7], ['aaaa']]

    # ここで、'aaaa' を 1 と繋げてみる
    g.add_edge(1, 'aaaa')

    # 'aaaa' が1つ目のグループに組み込まれる
    print(list(nx.connected_components(g))) #=> [[0, 1, 2, 3, 4, 'aaaa'], [8, 9, 5, 6, 7]]


if __name__ == '__main__':
    main()
```

■ 循環を検出する

cycle_basis関数は、グラフ上で循環しているノード群のリストを返します。すなわち、あるノードを起点にエッジを辿って起点となるノードに辿り着いたとき、起点のノードに戻ってくるまで

に辿った一連のノードを返します（**リスト16.18**）。

リスト16.18　nx5.py

```python
import networkx as nx


def main():

    g = nx.Graph()

    nx.add_cycle(g, range(5))
    nx.add_cycle(g, range(5, 10))
    g.add_node(20)

    # 循環しているノードのリストを返す
    print(nx.cycle_basis(g)) #=> [[1, 2, 3, 4, 0], [9, 8, 7, 6, 5]]

    # もう1つ循環を作ってみる
    g.add_edges_from([(0, 5), (3, 8)])

    # 循環しているノードが1つ増えている
    print(nx.cycle_basis(g)) #=> [[9, 8, 7, 6, 5],
                             #    [4, 3, 8, 7, 6, 5, 0],
                             #    [1, 2, 3, 8, 7, 6, 5, 0]]


if __name__ == '__main__':
    main()
```

■ 最短距離の計算

　shortest_path関数は、あるノードからあるノードまで辿る際の最短経路を計算します。**リスト16.19**に示す例では、**図16.14**のようなグラフの上で3〜10まで辿る際の最短経路を計算しています。

リスト16.19　nx6.py

```python
import networkx as nx
from matplotlib import pyplot


def main():

    g = nx.star_graph(5)
```

```
    # パスを追加する
    nx.add_path(g, [5, 6, 7, 8, 9, 10])
    nx.add_path(g, [5, 20, 10])


    # 3から10までの最短経路を計算する
    print(nx.shortest_path(g, 3, 10)) #=> [3, 0, 5, 20, 10]

    nx.draw(g)
    pyplot.show()


if __name__ == '__main__':
    main()
```

図16.14　プロットしたグラフ

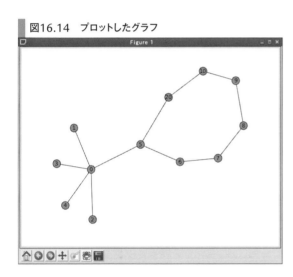

393

図では最短経路を $3, 0, 5, 20, 10$ と辿る経路ですので、正しいことがわかります。

16-5-4　まとめ

　グラフの生成・描画・各種処理を行うためのライブラリ NetworkX の紹介をしました。NetworkX は紹介した機能だけではなく、グラフに対するさまざまな処理を行える高機能なライブラリです。興味のある方は NetworkX のサイト[注6] からドキュメントを参照するなどしてさらに使ってみてはいかがでしょうか。

C O L U M N

その他の学術系ライブラリ

　本章では、学術目的で利用できる Python のライブラリの一部を紹介しました。Python には、これらのライブラリ以外にもさまざまな学術目的で利用できるライブラリが存在します。

　たとえば自然言語処理のツールセットである NLTK や生物学用モジュールである BioPython などです。

　ただスクリプトを書くための言語ではない、Python の適用範囲の広さが分かるのではないでしょうか。

- NLTK
  https://www.nltk.org
- BioPython
  https://biopython.org

（注6）　http://networkx.lanl.gov/

17章　実践データ収集・分析

古くからWebサイトのデータは収集して分析、活用されてきました。そのための技術がクローリング、スクレーピングです。この章ではScrapyを用いて、Webページをクローリング、スクレーピングする手法を説明します。

17-1　Scrapy

17-1-1　Scrapy概要

Scrapy[注1]はWebページをクローリング、スクレイピングするためのフレームワークです。クローリングとは、Webサイトを巡回して情報(Webページ)を取得する技術です。一方、スクレイピングは、クローリングした情報を元にそこから意味のあるデータを抽出する作業です。たとえば、ブログのサイトの巡回して各ページをダウンロードする作業がクローリングです。ダウンロードしたページから、各記事のタイトルと本文やコメントを抜き出す作業がスクレイピングです。

こうした作業は「**19章　ネットワーク**」で紹介するrequestモジュールやBeautifulSoupを組み合わせて自前で構築することもできます。また、クローリングは単にページをダウンロードするだけでなく、

- robotの設置やnofollow属性によってリンクをたどるかどうか
- 効率的にページを収集するために複数スレッドでの実行
- クローリング先の負荷の軽減のために一定の遅延を実施する
- エラー発生時のリトライ処理
- 同一ページを複数回巡回しない
- 相対リンクのURLの解決

など多くのクローリングのテクニックが必要になります。

Scrapyは、こうした一連の作業をフレームワークとして隠蔽して、開発者はデータの収集方法やデータの抽出だけに専念できるようにします。

図17.1はscrapyのデータフロー図です。

(注1)　https://scrapy.org/

図17.1　scrapyのデータフロー図

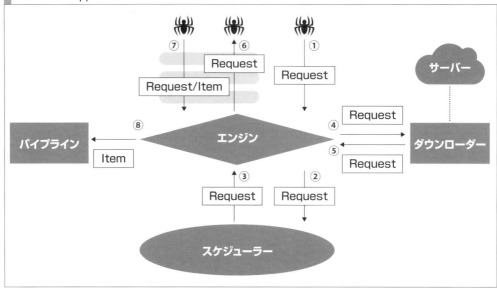

① Spiderの発行したReqeustオブジェクトがScrapyのエンジンに渡されます。Spiderには、ク
　ローラーが最初にクローリングするURLを記述します。また、クローリングしてダウンロードし
　たページから次のクローリング先とデータの抽出を行います。クローリング先はRequestオブ
　ジェクト、抽出したデータはItemオブジェクトとして定義します。

② ①で抽出したRequestオブジェクトはScrapyエンジンからスケジューラに渡されます。スケ
　ジューラはいつRequestオブジェクトをダウンローダーに渡してページのダウンロードを行うか
　を制御します。たとえば、クローリング先のサイトへの負荷を低減するために一定の遅延を発
　生させるのもスケジューラの責務です。

③ ダウンロード可能となったRequestオブジェクトはスケジューラからエンジンに通知されます。

④ スケジューラから渡されたReqeustオブジェクトはダウンローダーに渡されます。ダウンローダー
　はインターネットから対象となるページをダウンロードします。

⑤ ダウンロードしたページはResponseオブジェウトとしてエンジンに戻されます。

⑥ エンジンはResponseオブジェクトをSpiderに渡します。このとき、エンジンとSpiderの間の
　ミドルウェアでResponseやRequestオブジェクトをさらに加工できます。

⑦ SpiderにResponseが渡されると、渡されたデータを解析して、次のクローリング先を
　Requestオブジェクト、抽出したデータをItemオブジェクトとしてエンジンに渡します。

⑧ Spiderから渡されたRequestオブジェクトは②のシークエンスに入ってスケジューラに渡されます。Itemオブジェクトの場合は、パイプラインに渡されて処理されます。パイプラインもScrapyのユーザーが開発するもので、データの加工や保存などの処理を行います。パイプラインは複数の処理を部品として記述して、設定で部品を組み合わせて複数の処理を実行します。

17-1-2　プロジェクトとコマンド

scrapyのコマンドを使って、scrapyの世界を少し覗いてみましょう。まずは、対象となるWebページをscrapyを用いてダウンロードします。コマンドを実行すると、対象となるページのHTMLがコンソールに出力されます。

```
$ scrapy fetch http://gihyo.jp/
```

スクレーピングの対象となるのは、scrapy fetchコマンドなどでダウンロードしたページです。しかし、ユーザーエージェントやクッキーの状態によっては、コマンドラインからダウンロードしたページと実際にWebブラウザーからみているページが同一のものとは限りません。そのため、scrapyがダンロードしたページを確認する必要があります。scrapy fetchコマンドはscrapyがダウンロードしたページをWebブラウザー表示させます。スクレーピングを実施する場合は、scrapyがダウンロードしたHTMLをベースに解析してください。

```
$ scrapy view http://gihyo.jp/
```

scrapyはfetchやviewコマンドによるページの取得だけでなく、scrapy shellコマンドによる対話シェルも用意されています。実際の使い方は「**17-3-2　XPathによるスクレイピング**」を参照してください。

```
$ scrapy shell
```

単純な作業の場合はspiderだけを書いて直接実行できますが、ある程度規模が大きくなったり、デーモンなどのサービスとして動作させたい時があります。その場合は、scrapyのプロジェクトを作成します。startprojectサブコマンドを実行することで、プロジェクトのテンプレートが作られます。ここではscrapysampleというプロジェクトを作成しています。

```
$ scrapy startproject scrapysample
New Scrapy project 'scrapysample', using template directory
[snip]
You can start your first spider with:
    cd scrapysample
    scrapy genspider example example.com
```

作成されたプロジェクトは**図17.2**です。scrapy.cfgは設定ファイルです。設定は大きく分けて

3箇所で行えます。モジュール全体の設定は、scrapysample/settings.pyで行います。それを上書きするようにscrapy.cfgで設定できます。こちらは実行環境ごとに設定をカスタマイズするなどの用途で利用でします。3つ目はscrapyのコマンドラインで行います。

scrapysampleディレクトリー以下が今回のプロジェクトのモジュールです。

items.pyには、スクレーピングして抜き出したデータを格納するオブジェクトを定義します。pipelineは、itemを順番に別の形に変換したり、ストレージへのデータの保存を行います。scrapysample/spiders以下にspiderのモジュールを作成します。プロジェクトのトップディレクトリーでscrapy genspiderコマンドを実行すると、spiderのテンプレートが生成されます。「**17-2-1　Spider による HTML の取得**」で説明するように、プロジェクト外でgenspiderコマンドを実行すると、カレントディレクトリーにspiderのPythonスクリプトが生成されますが、プロジェクト内で実行すると、spidersディレクトリーに生成されます。

> 図17.2　プロジェクトのディレクトリー構造

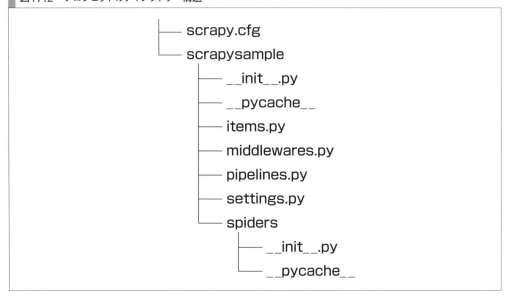

17-2 | クローリング

本節では、Scrapyを用いたクローリングの手法を取り上げます。

17-2-1　Spider による HTML の取得

Scrapyではプロジェクトを作らなくても、spiderを単体で作成、実行できます。「**17-3-3**

スクレイプしたデータの保存」まではプロジェクトを作らずに、Spiderを直接、作成して実行します。

Scrapyではクローリングの指定はspiderによって行います。genspiderサブコマンドの最初の引数はスパイダーの名前、2番目の引数は巡回するサイトのドメインです。コマンドを実行すると、カレントディレクトリーに「スパイダー名.py」でPythonファイルが作成されます。

```
$ scrapy genspider spider1 gihyo.jp
```

今回は通常のテンプレートを利用していますが、一度に複数のページを取得するためのcrawlテンプレートなど、用途に応じてspiderのテンプレートを変更できます。利用するテンプレートは、

```
-t テンプレート名
```

で指定します。**リスト17.1**は生成されたspiderのテンプレートです（コメントは筆者が書き込んだものです）。

リスト17.1　spider1.py

```python
# -*- coding: utf-8 -*-
import scrapy

# ①クラス宣言
class Spider1Spider(scrapy.Spider):
    # ②スパイダーの名前
    name = 'spider1'
    # ③巡回を許可するドメイン
    allowed_domains = ['gihyo.jp']
    # ④巡回するURL
    start_urls = ['http://gihyo.jp/']

    # ⑤取得したURLを処理
    def parse(self, response):
        pass
```

このスクリプトは次のscrapy runspiderによりspiderを実行できます。runspiderの引数には、実行するPythonスクリプトのファイルパスを指定します。このSpiderはまだ、指定したURLからWebページを取得するだけで、データを保存したりHTMLからリンクを抽出して巡回することはできません。

```
$ scrapy runspider spider1.py
```

生成されたスクリプトをもう少し見てみましょう。

　①でクラス宣言しています。クラス名はスパイダーの名前の後ろにSpiderを連結したものになります。標準のSpiderは、scrapy.Spiderクラスを拡張したものです。複雑なクローリング用のSpiderはscrapy.spiders.CrawlSpiderクラスを拡張します。

　②はこのスパイダーの名前です。プロジェクトでspiderを利用する場合は、この名前がspiderの識別子になります。

　③ではspiderが巡回を許可するドメインをホワイトリストで指定します。不用意に他のサイトを巡回したり、世界中のすべてのコンテンツを取得するのを防止します。

　④は巡回するURLのリストを指定します。今回はhttp://gihyo.jp/ のページだけを取得します。

　⑤のparseメソッドで取得したページを処理します。このメソッドでは、取得したページからリンクを抽出してさらに別のページを取得させたり、スクレイピングを実行してItemを抽出します。メソッドの引数、responseは取得したWebページに関する情報が保持されています。今回はページを取得しても何もせずに終了しています。

　次にparseメソッドを書き換えて、取得したページをindex.htmlとしてファイルに保存してみます（**リスト17.3**）。取得したhtmlのコンテンツ（文字列）は、responseオブジェクトのtextに保持されています。取得したページの生のデータ（バイト列）を処理したい場合は、response.bodyを使用します。

　再度、scrapy runspiderコマンドを実行すると、カレントディレクトリーにindex.htmlファイルが生成されています。

リスト17.3　改変したspider1.py

```
# -*- coding: utf-8 -*-
import scrapy


class Spider1Spider(scrapy.Spider):
    name = 'spider1'
    allowed_domains = ['gihyo.jp']
    start_urls = ['http://gihyo.jp/']

    def parse(self, response):
        with open('index.html', 'w') as html_file:
            # ①responseのhtmlをファイルに保存
            html_file.write(response.text)
```

17-2-2　Webサイトの巡回

　次に指定したURLを取得するだけでなく、ページ内のリンクを辿ってサイト内を巡回します（**リスト17.4**）。今回はscrapy.linkextractors.LinkExtractorを使ってページ内のリンクを抽出します。

リスト17.4①は、ページを巡回していることを確認するために取得したページのURLを出力しています。②では、LinkExtractorオブジェクトを作っています。

LinkExtractorはページ内の巡回可能なリンクをすべて抽出してscrapy.link.Linkのリストを返します（**リスト17.4**③）。Linkオブジェクトは、リンク先のURLを表すurlやnofollow属性の有無などのプロパティを持っています。LinkExtractorで抽出したURLは、相対パスなどで指定されているケースもあります。そのため、次のページの取得先は、Responseオブジェクトのfollowメソッドを使用します（**リスト17.4**④）。このメソッドを使うと、相対パスも現在のページから解決されて次のページを取得するためのRequestオブジェクトを生成します。parseメソッドは、Requestオブジェクトをyieldすることで、次の巡回先を指定できます。scrapy runspiderコマンドを実行することで、http://gihyo.jp/ を次々に巡回しているのが確認できると思います。

┃ リスト17.4　spider2.py

```python
# -*- coding: utf-8 -*-
import scrapy
from scrapy.linkextractors import LinkExtractor


class Spider2Spider(scrapy.Spider):
    name = 'spider2'
    allowed_domains = ['gihyo.jp']
    start_urls = ['http://gihyo.jp/']

    def parse(self, response):
        # ①取得したページのURLを出力
        print(response.url)
        # ②ページ内のリンクを抽出するLinkExtractorオブジェクトを作成
        le = LinkExtractor()
        # ③ページ内のリンクを抽出
        for link in le.extract_links(response):
            # ④抽出したリンクからRequestオブジェクトを生成して返す
            yield response.follow(
                link.url,
                self.parse)
```

クローリングの最後に、CrawlSpiderを利用したクローリングを行います。今回は、gihyo.jpのサイトではなく、スクレイピング用に提供されているquotes.toscrape.comを利用してクローリングを行います。では、genspiderのオプションに「-t crawl」を指定してクローリング用のspiderを作成します。収集するサイトが違うために、allowed_domainsとstart_urlsにそれぞれ、quotes.toscrape.com と http://quotes.toscrape.com を指定しています。

リスト17.5がサンプルコードです。通常のテンプレートと違い、scrapy.spiders.CrawlSpiderを拡張したクラスが生成されています。また、parseメソッドが存在しません。CrawlSpiderで

定義されているparseメソッドは、取得したWebページのからURLを抽出して、次にrulesに定義されたルールに対応したメソッドを呼び出します。これにより、後のスクレーピング処理でページごとによる情報の抽出方法を変更できます。

リスト17.5　spider3.py

```python
import scrapy

from scrapy.spiders import CrawlSpider, Rule
from scrapy.linkextractors import LinkExtractor

# ①CrawlSpiderを拡張したクラス
class Spider3Spider(CrawlSpider):
    name = 'spider3'
    allowed_domains = ['quotes.toscrape.com']

    start_urls = ['http://quotes.toscrape.com']

    # ②ruleの定義
    rules = (
        Rule(LinkExtractor(allow='(tag)'), callback='parse_tag'),
        Rule(LinkExtractor(allow='(page)'), callback='parse_page')
    )

    def parse_tag(self, response):
        print("tag: " + response.url)
        for href in response.css('a::attr(href)'):
            yield response.follow(href, callback=self.parse)

    def parse_page(self, response):
        print("page: " + response.url)
        for href in response.css('a::attr(href)'):
            yield response.follow(href, callback=self.parse)
```

②ではURLのパターンやコールバック関数を定義したルールのリストです。上から順番に評価されて最初にマッチしたものが実行されます。LinkExtractor(allow='(tag)')でtagにマッチしたURLの場合に、次のcallbackで指定したコールアック関数を実行するためのRuleが定義されています。今回はサンプルのため、コールバック関数の中では、tagを含むURLの場合は「tag: URL名」、pageを含むURLの場合は「page: URL名」を出力しています。それぞれのメソッドの中では、CSSセレクターでリンク先のURLを取得しています。CSSセレクターについて「**17-3-2 XPathによるスクレイピング**」を参照してください。

17-3 スクレーピング

　クローリングのあとはスクレーピング処理を行います。Webページから情報を取得する方法はいくつかありますが、CSSセレクターとXPathによるデータの抽出が一般的でしょう。

17-3-1　CSSセレクターによるスクレイピング

　ここでは、http://quotes.toscrape.com（図17.3）のサイトをベースにスクレーピング処理を行います。このWebサイトは著名人の言葉を引用しているサイトです。

図17.3　http://quotes.toscrape.com

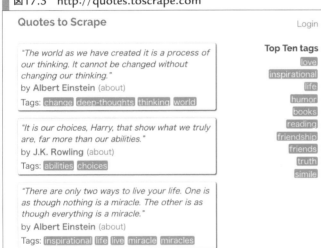

　スクレーピングするためには、対象となるWebページのHTML構造を解析する必要があります。HTML構造を解析しながらscrapyの出力を対話シェルで動作を確認して作業を進めるのが効率的です。scrapy shellコマンドで対話シェルを起動します。対話シェルの中ではPythonの機能もすべて使えます。

```
$ scrapy shell
[s] Available Scrapy objects:
[s]   scrapy      scrapy module (contains scrapy.Request, scrapy.Selector, etc)
[s]   crawler     <scrapy.crawler.Crawler object at 0x1116c33c8>
[s]   item        {}
[s]   settings    <scrapy.settings.Settings object at 0x1117bb9e8>
```

```
[s] Useful shortcuts:
[s]   fetch(url[, redirect=True]) Fetch URL and update local objects (by default, redirects are
followed)                                                                    実際は一行
[s]   fetch(req)                    Fetch a scrapy.Request and update local objects
[s]   shelp()           Shell help (print this help)
[s]   view(response)    View response in a browser
>>> fetch("http://quotes.toscrape.com") # ①
>>> view(response) # ②
>>> response.css("div.quote") # ③
[省略: Selectorオブジェクトのリスト]
>>> for quote in response.css("div.quote"):
...     item = {
...         "text": quote.css("span.text::text").extract_first(),      # ④
...         "author": quote.css("small.author::text").extract_first(), # ⑤
...     }
...     print(item)
...
{'text': '"The world as we have created it is a process of our thinking. It cannot be changed
without changing our thinking."', 'author': 'Albert Einstein'}              実際は一行
{'text': '"It is our choices, Harry, that show what we truly are, far more than our abilities."',
'author': 'J.K. Rowling'}                                                  実際は一行
{'text': '"There are only two ways to live your life. One is as though nothing is a miracle. The
other is as though everything is a miracle."', 'author': 'Albert Einstein'}  実際は一行
{'text': '"The person, be it gentleman or lady, who has not pleasure in a good novel, must be
intolerably stupid."', 'author': 'Jane Austen'}                            実際は一行
{'text': '"Imperfection is beauty, madness is genius and it's better to be absolutely ridiculous
than absolutely boring.""', 'author': 'Marilyn Monroe'}                    実際は一行
{'text': '"Try not to become a man of success. Rather become a man of value."', 'author': 'Albert
Einstein'}                                                                 実際は一行
{'text': '"It is better to be hated for what you are than to be loved for what you are not."',
'author': 'Andr  Gide'}                                                    実際は一行
{'text': '"I have not failed. I've just found 10,000 ways that won't work.""', 'author': 'Thomas A.
Edison'}                                                                   実際は一行
{'text': '"A woman is like a tea bag; you never know how strong it is until it's in hot water.""',
'author': 'Eleanor Roosevelt'}                                             実際は一行
{'text': '"A day without sunshine is like, you know, night."', 'author': 'Steve Martin'}
>>>
```

　①では、fetch(URL)で対象となるページを取得します。取得すると、現在のコンテキストに
responseがセットされます。「**17-2　クローリング**」でクローリング時にspiderのparseメソッ
ドの引数のresponseオブジェクトと同じものです。後の処理ではこのresponseオブジェクトに
対して行います。

　②で取得したWebページをブラウザーに表示させます。ブラウザーのディベロッパーツール
などを利用してHTMLの構造を解析します。このWebページで著名人の言葉は、**リスト17.6**の
ようにclassにquoteがついたdiv要素で表現されています。このHTML要素を切り出すには、
responseオブジェクトのcssメソッドを使います（③）。cssメソッドの引数には、CSSセレク

ター^(注2)を指定します。

　cssメソッドの戻り値は、SelectorListオブジェクト（Selectorオブジェクトのリスト）になります。リストをループで回して、各要素から引用部分と著者を抽出します（④、⑤）。cssメソッドの戻り値もSelectorオブジェクトのリストなので、その要素以下の要素もCSSセレクターで取得できます。cssメソッドの戻り値は配列extract_firstは、リストの先頭の要素からデータ部分を抽出します。

リスト17.6　引用部分のHTML

```
<div class="quote" itemscope="" itemtype="http://schema.org/CreativeWork">
    <span class="text" itemprop="text">"The world as we have created it is a process of our
thinking. It cannot be changed without changing our thinking."</span>          実際は一行
    <span>by <small class="author" itemprop="author">Albert Einstein</small>
    <a href="/author/Albert-Einstein">(about)</a>
    </span>
    <div class="tags">
        Tags:
        <meta class="keywords" itemprop="keywords" content="change,deep-thoughts,thinking,world">

        <a class="tag" href="/tag/change/page/1/">change</a>

        <a class="tag" href="/tag/deep-thoughts/page/1/">deep-thoughts</a>

        <a class="tag" href="/tag/thinking/page/1/">thinking</a>

        <a class="tag" href="/tag/world/page/1/">world</a>

    </div>
</div>
```

　これで、CSSセレクターによるデータの抽出方法がわかりました。実際にspiderによりデータを抽出します（**リスト17.7**）。今回は、サイトを巡回してURLにpageを含むページからだけスクレーピング処理を実施します（①）。②のparse_pageメソッドでCSSセレクターでデータを抽出しています。parse_pageメソッドはscrapy shellコマンドでCSSセレクターによってデータを抽出した時のコードと同じです。

　このスクレイプトをrunspiderコマンドで実行すると引用情報がコンソールに出力されます。

リスト17.7　spider4.py

```
import scrapy

from scrapy.spiders import CrawlSpider, Rule
```

（注2）　CSSセレクターの仕様はhttps://www.w3.org/TR/selectors-3/を参照してください。

```
from scrapy.linkextractors import LinkExtractor

class Spider4Spider(CrawlSpider):
    name = 'spider4'
    allowed_domains = ['quotes.toscrape.com']
    start_urls = ['http://quotes.toscrape.com']

    # ①ルールではURLにpageを含むページだけを処理する
    rules = (
        Rule(LinkExtractor(allow='(page)'), callback='parse_page'),
    )

    # ②parse_pageメソッドでスクレイピング処理
    def parse_page(self, response):
        print("page: " + response.url)
        for quote in response.css("div.quote"):
            item = {
                "text": quote.css("span.text::text").extract_first(),
                "author": quote.css("small.author::text").extract_first(),
            }
            print(item)

        for href in response.css('a::attr(href)'):
            yield response.follow(href, callback=self.parse)
```

■ 17-3-2 XPathによるスクレイピング

　CSSセレクターだけでなく、XPath[注3]による指定も可能です。XPathは極めて柔軟性がある指定ができる反面、その仕様はとても複雑です。詳細が知りたい方は、Webから調べてください。

　次のコードでは、scrapy shellコマンドでXPathの指定によるデータの抽出しています。ここでは「**17-3-1 CSSセレクターによるスクレイピング**」のCSSセレクターと同様にclassがquoteであるすべてのdiv要素を取得しています。xpathメソッドの戻り値はcssメソッドと同様にSelectorListオブジェクトです。

```
>>> response.xpath("//div[@class='quote']")
[省略：Selectorオブジェクトのリスト、上のcssで指定したものと同じ]
```

　リスト17.8は**リスト17.7**のコードをCSSセレクターによる抽出から、xpathによる抽出に変えたものです（①）。指定方法がCSSセレクターからXPathに変わった以外はほとんど同じように記述できます。

（注3）　https://www.w3.org/TR/xpath-31/

リスト17.8　spider5.py

```python
import scrapy

from scrapy.spiders import CrawlSpider, Rule
from scrapy.linkextractors import LinkExtractor

class Spider5Spider(CrawlSpider):
    name = 'spider5'
    allowed_domains = ['quotes.toscrape.com']
    start_urls = ['http://quotes.toscrape.com']

    rules = (
        Rule(LinkExtractor(allow='(page)'), callback='parse_page'),
    )

    def parse_page(self, response):
        print("page: " + response.url)
        # ① XPathによる要素の
        for quote in response.xpath("//div[@class='quote']"):
            item = {
                "text": quote.xpath("//span[@class='text']/text()").extract_first(),
                "author": quote.xpath("//small/text()").extract_first(),
            }
            print(item)

        for href in response.css('a::attr(href)'):
            yield response.follow(href, callback=self.parse)
```

17-3-3　スクレイプしたデータの保存

　scrapyでのデータの保存は少し複雑です。スクレイピングして抽出したデータを保存すると
きは、parseメソッドの中で保存するのではなく、パイプラインで保存します。parseメソッド
ではscrapy.Itemの派生クラスのオブジェクトをyeildすることで、パイプラインに抽出したアイ
テムを渡します。パイプラインでは、Unixパイプのように順次データを加工、処理してます。デー
タの抽出と加工、保存を分離して複数の処理を組み合わせることで、高いフレキシビリティーを
提供しています。

　まず、scrapy startprojectコマンドでscrapysampleプロジェクトを作成します。次に作成さ
れたscrapysampleディレクトリーに移動して、scrapy genspiderコマンドでQuoteSpiderを作
成します。プロジェクト内でscrapy genspiderコマンドを実行すると、カレントディレクトリー
ではなく scrapysample/spiders ディレクトリーに quote.py が作成されます。クローリング用の
spiderを生成したいので、ここでは、-t crawlオプションを指定しています。

```
$ scrapy startproject scrapysample
$ cd scrapysample
$ scrapy genspider -t crawl quote quotes.toscrape.com
```

　リスト17.9のようにscrapysample/scrapysample/items.pyに抽出したデータを格納するためのクラスをscrapy.Itemクラスを派生して作成します（**リスト17.9**①）。②のように、各フィールドはscrapy.Fieldオブジェクトとして定義します。

リスト17.9　scrapysample/scrapysample/items.py

```
import scrapy

# ①scrapy.Itemクラスを派生して、データを保存するQuoteItemクラスを定義
class QuoteItem(scrapy.Item):
    # ②アイテムのデータはscrapy.Fieldのオブジェクトとして定義
    author = scrapy.Field()
    text = scrapy.Field()
```

　アイテムを定義したらspiderを作成します（**リスト17.10**）。

リスト17.10　scrapysample/scrapysample/spiders/quote.py

```
import scrapy
from scrapy.spiders import CrawlSpider, Rule
from scrapy.linkextractors import LinkExtractor

from scrapysample.items import QuoteItem

class QuoteSpider(CrawlSpider):
    name = 'quote'
    allowed_domains = ['quotes.toscrape.com']
    start_urls = ['http://quotes.toscrape.com/']

    rules = (
        Rule(LinkExtractor(allow='(page)'), callback='parse_page'),
    )

    def parse_page(self, response):
        print("page: " + response.url)
        for quote in response.css("div.quote"):
            # ①リスト17.9で定義したQuoteItemオブジェクトの作成
            item = QuoteItem()
            # ②作成したitemの各フィールドに値を設定
            item["text"] = quote.css("span.text::text").extract_first()
            item["author"] = quote.css("small.author::text").extract_first()

            # ③itemをyeildする
```

```
        yield item

    for href in response.css('a::attr(href)'):
        yield response.follow(href, callback=self.parse)
```

　spiderのparse_pageメソッドで、抽出したデータを格納するためのQuoteItemオブジェクトを作成して（①）、itemにtextフィールドとauthorフィールドに値を設定しています。値は辞書に値を設定するように設定します。そして、作成したitemをyeildします（③）。メソッド内でRequestオブジェクトをyeildすると次のページ取得対象になり、アイテムをyeildするとパイプラインでデータを処理します。

　リスト17.10のyeildされたデータはパイプラインに渡されて処理します。**リスト17.11**のようにscrapysample/pipelines.pyにパイプラインを定義します。ScrapysamplePipelineでは各アイテムをCSVファイルとして保存します。

リスト17.11　scrapysample/pipelines.py

```python
import csv

class ScrapysamplePipeline(object):
    # ①スパイダーの開始時にコールされる
    def open_spider(self, spider):
        self.csvfile = open("quote.csv", "w")
        self.csvwriter = csv.writer(self.csvfile)

    # ②スパイダーの終了時にコールされる
    def close_spider(self, spider):
        self.csvfile.close()

    # ③スパイダーでアイテムがyeildされるごとにコールされる
    def process_item(self, item, spider):
        self.csvwriter.writerow([item["author"], item["text"]])

        return item
```

　①のopen_spiderメソッドは、spiderの開始時にコールされます。引数のspiderはパイプラインの渡されるデータの発生源のspiderです。このメソッドの中でcsvフィルをオープンしています。csvの保存は、csvモジュールを使用します。②のclose_spiderはspiderの終了時にコールされます。ここでは①でオープンしたファイルを閉じています。

　③のprocess_itemメソッドでyeildされた各アイテムを処理します。このメソッドでファイルへの書き出しや情報の加工、別のアイテムへの変換などを行います。ここでは、csvファイルに一行、アイテムを書き出しています。

　最後にscrapysample/scrapysample/settings.pyでパイプラインの設定をします（**リスト**

17.12)。ファイルを開いて、ITEM_PIPELINESを検索してください。設定がコメントアウトされているので、コメントを外して設定を有効にしてください。ITEM_PIPELINESはどのパイプラインを実行するか、どの順番に実行するのかを定義した辞書です。キーとして実行するパイプラインのクラスを文字列で定義します。辞書の値は0以上、1000以下の数字で指定して、実行順序を意味します。数字の小さいものから順番に実行されます。

リスト17.12　scrapysample/scrapysample/settings.pyの抜粋

```
# Configure item pipelines
# See https://doc.scrapy.org/en/latest/topics/item-pipeline.html
ITEM_PIPELINES = {
    'scrapysample.pipelines.ScrapysamplePipeline': 300,
}
```

それでは、コマンド「scrapy crawl quote」を実行してください。サイトを巡回してデータをquote.csvファイルに書き出します。**リスト17.13**は書き出されたファイルの先頭部分です。

リスト17.13　head quote.csv

```
Albert Einstein,"The world as we have created it is a process of our thinking. It cannot be
changed without changing our thinking."                                    実際は一行
Steve Martin,""A day without sunshine is like, you know, night.""
Thomas A. Edison,""I have not failed. I've just found 10,000 ways that won't work.""
Mother Teresa,"Not all of us can do great things. But we can do small things with great love."
Steve Martin,""A day without sunshine is like, you know, night.""
Albert Einstein,""Life is like riding a bicycle. To keep your balance, you must keep moving.""
Stephenie Meyer,""He's like a drug for you, Bella.""
...
```

17-3-4　設定

最後にscrapyの設定のいくつかをみてみます。主な設定は**表17.1**です。設定によっては接続先サーバーに大きな負荷をかけるので、気をつけてください。

表17.1　ID3タグの属性とその意味

項目名	説明	デフォルト値
BOT_NAME	scrapyが巡回する時のUser-Agentにセットされます	scrapybot
CONCURRENT_ITEMS	同時実行するパイプライン数	100
CONCURRENT_REQUESTS	ページの最大同時ダウンロード数	16
CONCURRENT_REQUESTS_PER_DOMAIN	ドメインごとの最大同時ダンロード数	8
DOWNLOAD_DELAY	ページの取得間隔の秒数	0
DOWNLOAD_TIMEOUT	ダウンロード時のタイムアウトの秒数	100
DOWNLOAD_MAXSIZE	ダウンロードするデータの最大サイズ	1073741824 (1024MB)

18章  マルチメディア

さまざまなライブラリが揃っているのが特長のPythonですが、それはマルチメディアの分野にもおよびます。画像操作以外にも、3D CGのソフトウェアを操作するスクリプティングまで幅広くPythonが使えることがわかります。本章ではさまざまなメディアを扱うライブラリを紹介します。

18-1 イメージ（pypng）

本節では、Pythonを使った画像の処理を取り上げます。画像処理というと難しいイメージがあるかと思いますが、Pythonでは画像を操作するためのモジュールがあるため簡単に行えます。

18-1-1 pypngとは

pypngはPythonでPNGファイルを読み書きするためのモジュールです。このモジュールを使うと、pngファイルの読み書きが簡単に行えます。

C O L U M N

PIL/Pillowについて

Pythonにおける画像処理といえばPIL（Python Imaging Library）が定番です。PILはさまざまな画像ファイルのフォーマットに対応し、画像の読み書き・変換・加工を行える強力なライブラリです。しかし、PILは本稿執筆時点でもまだPython 3に対応していません。

PILをフォークしてPythonの一般的なパッケージシステムであるdistutilsのお作法に則ってパッケージし直したPillowはPython 3に対応しています。

- Pillow
  https://python-pillow.org

18-1-2　書き込み

まずはpngファイルを書き出してみます。ファイルの書き込みにはpng.Writerクラスを使います。**リスト18.1**のコードを実行すると、output.pngというグレースケールのファイルが出力されます。

リスト18.1　png1.py

```python
import png


def main():

    # 出力先ファイルオブジェクトを開く
    # バイナリーモードにしなけれないけない
    fp = open('output.png', 'wb')

    # Writer オブジェクトを作る
    # サイズは256x256でビット深度8のグレースケール（白黒）に設定する
    w = png.Writer(256, 256, bitdepth=8, greyscale=True)

    # 0〜255までのリストを256個作成
    # 正確にはrangeオブジェクトが256個あるリスト
    # 具体的には次のようなリストが生成される（rangeオブジェクトなので実際は違う）
    # [[1, 2, 3, ..., 255],
    #  [1, 2, 3, ..., 255],
    #  [1, 2, 3, ..., 255],
    #  ...
    #  [1, 2, 3, ..., 255]]
    w.write(fp, [range(256)]*256)


if __name__ == '__main__':
    main()
```

これをブラウザーなどで開いてみると**図18.1**のような黒から白へのグラデーションが表示されます。

図18.1 png1.pyの実行結果

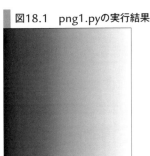

■ 設定を変更する

前述したように簡単に画像ファイルを生成できます。ここで、パラメータを変えて、もう1つ画像データを作成してみます。

リスト18.2のコードを実行すると、四隅の色が別々のグラデーションしているカラーのpngが生成されます。ブラウザーで表示してみると**図18.2**のようになります。

リスト18.2 png2.py

```python
import png
import functools
import operator


def output_gen():
    ''' 出力用のデータ列を作る関数 '''

    result = []

    # 高さ分の繰り返し
    for y in range(256):

        # 1行分のデータの並び
        # データは次のようにr, g, b, の並びで1ピクセルを表現する
        # [r, g, b, r, g, b, ..., r, g, b]
        row = []

        # 幅の分の繰り返し
        for x in range(256):

            # R
            row.append(x)
            # G
            row.append(y)
```

```
            # B
            row.append(255-(x+y)//2)

        result.append(row)

    return result



def main():

    # 出力先ファイルオブジェクトを開く
    # バイナリーモードにしなけれないけない
    fp = open('output2.png', 'wb')

    # Writerオブジェクトを作る
    # サイズは256xでRGB各要素のビット数は8に設定する
    w = png.Writer(256, 256, bitdepth=8, greyscale=False)

    # output_gen関数の返値を出力する
    w = w.write(fp, output_gen())



if __name__ == '__main__':
    main()
```

図18.2　png2.pyの実行結果

18-1-3　読み込み

　続いてファイルを読み込んでみます。ファイルの読み込みにはpng.Readerクラスを使います。
リスト18.3のコードをコマンドライン引数にpngファイルを渡して実行すると、ファイルの情
報が表示されます。

リスト18.3　png3.py

```python
import sys
import png


def main(argv=sys.argv[1:]):

    if len(argv) < 1:
        print('ファイル名を入力してください', file=sys.stderr)
        return

    # コマンドラインオプションの1つ目をファイルパスとして使う
    fpath = argv[0]

    # ファイルパスを渡してReaderクラスのインスタンスを作成
    reader = png.Reader(fpath)

    # 実際に読み込む
    # 結果が4要素のタプルで返ってくるので、適宜受け取る
    width, height, data, info = reader.read()

    # 先ほど生成したoutput2.pngを読み込んだと仮定して

    # 画像の横幅（ピクセル数）
    print(width) #=> 256

    # 画像の高さ（ピクセル数）
    print(height) #=> 256

    # 画像のデータ（dataはiterableなので一旦リストにする）
    buf = list(data)
    print(len(buf)) #=> 256

    # 画像の情報が辞書として返ってくる
    print(info) #=> {'alpha': False,
                #     'bitdepth': 8,
                #     'greyscale': False,
                #     'interlace': 0,
                #     'planes': 3,
                #     'size': (256, 256)}


if __name__ == '__main__':
    main()
```

先ほど生成したoutput2.png（**図18.2**）を渡して実行すると次のような結果が得られます。

```
$ python png3.py output2.png
256
256
256
{'bitdepth': 8, 'interlace': 0, 'planes': 3, 'greyscale': False, 'alpha': False,
'size': (256, 256)}
```

■ データを加工する

単純に読み込むだけではあまり面白くないので、ここで読み込んだデータを加工してみます。

例として、**リスト18.4**のコードを使います。このコードを実行すると、コマンドラインオプションで渡した画像に対してモザイク処理をして'_mosaic'を付加したファイル名の画像として保存しなおします。

リスト18.4　png4.py

```
import sys
import os

import png


def to_pixels(data, channels=4):
    '''
    [r, g, b, r, g, b, ...] と並んでいると処理しづらいので
    [(r, g, b), (r, g, b)] チャンネル数ずつに句切ったタプルの列に直す
    '''
    buf = [0] * channels

    for line in data:

        try:
            it = iter(line)

            while True:

                for i in range(channels):

                    buf[i] = next(it)

                yield tuple(buf)

        except StopIteration:
            pass
```

```python
def mosaic(data, width, height, channels, mosaic_w=16, mosaic_h=16):
    '''
    モザイクをかけてみる
    色のフォーマットは RGB のみ対応
    '''

    result = []

    # タプルのリストに変換
    pixels = list(to_pixels(data, channels))

    for y in range(height):

        line = []

        for x in range(width):

            m_x = x // mosaic_w * mosaic_w
            m_y = y // mosaic_h * mosaic_h

            # 現在の位置にあるピクセルではなく
            # mosaic_w, mosaic_h で句切った範囲を
            # 範囲の左上のピクセルと同色で塗りつぶす
            line.extend(pixels[m_x + m_y * width])

        result.append(line)

    return result


def write(fname, data, info):
    '''
    書き込む
    '''

    with open(fname, 'wb') as fp:

        # ファイルから読み込んだ情報をそのまま出力する
        w = png.Writer(**info)

        w.write(fp, data)


def gen_output_name(fname):
```

417

```
    ''' 出力ファイル名を生成 '''

    name, ext = os.path.splitext(fname)

    return name + '_mosaic' + ext


def main(argv=sys.argv[1:]):

    if len(argv) < 1:
        print('ファイル名を入力してください', file=sys.stderr)
        return

    # コマンドラインオプションの1つ目をファイルパスとして使う
    fpath = argv[0]

    # ファイルパスを渡してReaderクラスのインスタンスを作成
    reader = png.Reader(fpath)

    # 実際に読み込む
    # 結果が4要素のタプルで返ってくるので、適宜受け取る
    width, height, data, info = reader.read()

    # チャンネル数
    channels = info['planes']

    # モザイク処理
    data = mosaic(data, width, height, channels)

    # 出力ファイル名生成
    outputname = gen_output_name(fpath)

    # 書き出し
    write(outputname, data, info)


if __name__ == '__main__':
    main()
```

　図18.3のようなティーポットの画像に対して上記モザイク処理をかけてみます。すると、図18.4のような画像が生成されます。このように、画像の読み書きを簡単に行えます。

図18.3　モザイク処理を施すティーポット画像

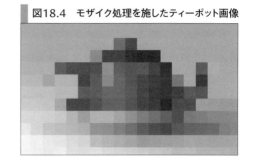

図18.4　モザイク処理を施したティーポット画像

18-2 | サウンド (stagger)

ここでは、オーディオなどのファイルやデータを操作するライブラリを扱います。

18-2-1　staggerとは

staggerはmp3ファイルの楽曲情報を記録するためのメタデータであるID3タグを操作するためのライブラリです。Pure Pythonで書かれたライブラリなのでビルドの必要がなく、インストールするだけで使えるようになります。

ID3タグにはさまざまなバージョンのものがありますが、staggerはv1.0, v1.1, v2.2, v2.3, v2.4のさまざまなバージョンのタグに対応しており、それぞれのバージョンでの読み込みと書き込みをサポートしています。バージョンだけでなく、文字コードもPythonがサポートしているものをそのまま利用できるため便利です。

■ID3タグとは

mp3ファイルのID3タグは最近のデジタルオーディオプレーヤーではプレーヤーが読み込んで処理してくれるものですが、昔リッピングしたようなファイルなどはID3タグが付いていなかったり、ファイル名だけですべての情報が入力されていたりすることがあります。

また、環境やデバイスによってはファイルのメタデータで使われている文字コードとデバイスで扱える文字コードが違っていたりして文字化けしてしまうなども起こります。

そのようなときはstaggerを使うことで面倒なタグ付けを自動化したり、文字コードを変換するなどできます。ID3タグを読み取ってデータベースを作り、検索などをするような時にも役に立ちます。

1章
2章
3章
4章
5章
6章
7章
8章
9章
10章
11章
12章
13章
14章
15章
16章
17章
18章
19章
20章
21章

18-2-2　mp3ファイルを読み込む

　それでは、早速staggerを使ってみます。まずは、すでに存在するmp3ファイルからID3タグ
を読み込んで表示してみます。

　リスト18.5がstaggerを使用してmp3ファイルからID3タグを読み込むサンプルです。

リスト18.5　stagger1.py

```python
#-*- coding:utf-8 -*-

import sys
import os

import stagger
from stagger import id3


def main(args=sys.argv[1:]):

    fpath = args[0]

    # stagger.read_tag関数でmp3ファイルからタグ情報を読み込む
    tag = stagger.read_tag(fpath)

    print(tag) #=>e<Tag23: ID3v2.3 tag with 11 frames> など

    # ID3 タグに記録されたタイトルを取得
    print(tag.title)

    # ID3 タグに記録されたアルバム名を取得
    print(tag.album)


if __name__ == '__main__':
    main()
```

　ファイルの読み込みはstagger.read_tag関数にファイル名を渡すだけなのでとても手軽です。
サンプル中ではタイトルとアルバムを取得していますが、それ以外にも**表18.1**に示すさまざま
な値を取得できます。ただし、ID3タグのバージョンによってはサポートされていないこともあ
りますので、注意が必要です。

表18.1 ID3タグの属性とその意味

属性名	意味
album	楽曲が収録されたアルバム名
album_artist	アルバムのアーティスト
artist	楽曲のアーティスト
comment	埋め込まれたコメント
composer	作曲者
date	発売日
disc	同梱されたディスクの内何枚目か
disc_total	同梱されたディスクの総数
encodings	エンコード情報
genre	ジャンル
picture	カバー画像
title	タイトル
sort_*	ソート用のデータ (title / album / album_artist / artist など)
track	全トラック中何曲目か
track_total	トラック総数
version	ID3タグのバージョン

C O L U M N

値の取得について

表18.1に示す属性はstaggerが用意しているTagクラスで取得できる値ですが、実際はキーと値の
ペアとしてID3フォーマットでは表現されています。それらの元の値はTagクラスを辞書のように扱って
取得できます。

```
# キーを取得
print(list(tag.keys()))  #=> [['TDAT', 'UFID', 'TYER', 'TIT2', ...]

# 辞書アクセスして値を取得
print(tag['TIT2'])        #=> 楽曲タイトルを表示

# stagger.id3 モジュールの定数を指定して取得
print(tag[id3.TIT2])      #=> 楽曲タイトルを表示
```

キーとなる値は定数としてstagger.id3モジュールに定義されているので、その値を指定することも
できます。

18-2-3　ID3タグを書き出す

ID3タグを読み込んだら、編集した後にファイルに書き出すという処理が必要になるでしょう（**リスト18.6**）。

リスト18.6　stagger2.py

```
#-*- coding:utf-8 -*-

import sys
import os

import stagger
from stagger import id3


def main(args=sys.argv[1:]):

    fpath = args[0]

    tag = stagger.read_tag(fpath)

    # タイトルを変更する
    tag.title = 'motto☆派手にね!'

    # アーティストを変更する
    tag.album_artist = '戸松遥'

    # 同じファイルにタグ情報を書き出す
    tag.write()


if __name__ == '__main__':
    main()
```

タグデータの編集は、取得時と同様の属性に書き込むだけです。取得同様、

```
tag['名前'] = 値
```

という書き方もそのまま使えます。

編集をした後はファイルに書き出します。write()メソッドは、引数を渡さずに呼びだすと読み込んだファイルに書き戻します。引数を渡す場合は書き出す対象のファイルにパスを指定しま

すが、ファイルが存在してない場合は例外が発生するので、すでに存在しているmp3ファイルのパスを渡すようにします。

18-2-4　文字化けの修正

ID3タグを読み込んだ際、古いmp3ファイルなどはタグ情報がShift_JISなどで保存されていることがあり、最近のメディアプレーヤーなどで文字化けしてしまうことがあります。

staggerはID3タグから読み込んだバイト列をlatin-1でデコードして文字列オブジェクトに変換しています。そのような場合は、文字列をlatin-1でエンコードした後、対象文字コードでデコードすることで正常に変換できます[注1]。

```
>>> tag.title
'motto\x81\x99\x94h\x8ee\x82E\x82E!'
>>> tag.title.encode('latin-1').decode('sjis')
'motto☆派手にね!'
```

18-2-5　まとめ

以上のようにstaggeerを使用すると、とても簡単にmp3ファイルのID3タグを操作できます。古いmp3ファイルなどをため込んでいたりするような方は、staggerを使ってID3タグを編集するのもいいのかもしれませんね。

最新のソースコードやVCSのリポジトリーはstaggerのプロジェクトページ[注2]に存在します。

18-3 | 3D CG (Blender)

本節では3D CGを取り上げます。3D CGというと絵を描いたり、モデルデータを作ったり、アニメーションを付けたり、それをレンダリングしたりといったようなアーティストの仕事で、プログラマやそもそもPythonとはなんの関係もないと思われがちですがとても深い関係があります。

ここでは、3D CGとPythonの関係を説明した後、フリーで使える3D CG制作ソフトとしてBlenderを取り上げ、具体的なコードを交えつつ説明していきます。

（注1）　文字コードによりますし、必ず変換できるというわけではありませんが、おおよそ変換できると思われます。
（注2）　https://github.com/staggerpkg/stagger

18-3-1　3D CGとプログラミング

3D CGとPythonの関係についての説明の前に、3D CGとプログラミングの関係について説明します。

■ 3D CGとは計算である

そもそも3D CGと一般的な絵(Adobe Illustrator)などで描いたもの)との違いは何でしょうか。最終的にできあがるのはスクリーンなり紙なりに表示された2Dの絵です。

Illustratorなどで描いた絵は元々2Dなので、ディスプレイに表示されるものをそのまま見ることになります。3D CGの場合は、頂点の座標情報からなるポリゴンやテクスチャといったようなものを3D CG制作ソフトで作っていくのですが、その見た目は最終的なできあがりとは全く違います。

このアーティストが作る頂点情報やテクスチャなどを元に実際の絵を「計算」する「レンダリング」という工程が必要になります。

この「レンダリング」は、頂点座標や面の法線といったようなモデル情報と、光源の方向やカメラからの視線情報、テクスチャなどの色情報などからプログラムによる数値計算を経て実際に目にする絵を出力します。今でこそレンダリングを行うためのさまざまなレンダラが存在しますが、昔はこれらの情報から絵を計算するプログラムを書かなければ実際に出力することができなかったのです。

このように、3D CGは2Dの絵よりもプログラマやプログラミングが介入する余地が多く存在します。介入できるとは言っても、モデルデータであるとかテクスチャを作るような工程はセンスが必要です。なのでプログラムしか書けないような人が一朝一夕ですごい映像を作れるというわけではないので注意してください。

18-3-2　Pythonと3D CG

以上のように、3D CGというものはプログラマが手を入れる余地があることがおわかりいただけたと思います。しかし、3D情報から2Dの絵を計算するという処理は膨大な量の計算を行わなければなりません。

Pythonはスクリプト言語ですので、大量の計算をしなければならないような処理はC++などのより低いレイヤで動作する言語に比べて圧倒的に不利です。このような3D CGですが、Pythonはどのように関わっていくのでしょうか。

■ 組み込み言語としてのPython

3D CGを制作するにはモデルデータなどを作るためにソフトウェアを使う必要があります。そのようなソフトウェアには大抵スクリプト言語の処理系が載っているのですが、Pythonは多くのソフトウェアでサポートされています。**表18.2**に実際の制作現場で使われるソフトウェアと載っている処理系をいくつか挙げました。

表18.2　CG制作現場で使われるソフトウェア

ソフトウェア名	説明・特徴など	サポートしている言語処理系	開発元
Maya	3D CGの統合制作環境。スクリプトやプラグインで柔軟に拡張できる	MEL（Maya Embedded Language）, Python	Autodesk
3ds Max	3D CGの統合制作環境。商用のプラグインが豊富	Max Script, .Net, Python	Autodesk
Softimage（旧 SOFTIMAGE|XSI）	3D CGの統合制作環境。標準的な機能が豊富に揃っている	VB, JScriptなど。WSHを使っているのでPythonも利用可能	Autodesk
Houdini（旧 Prisms）	3D CGの統合制作環境。プロシージャルにエフェクトやモデルを作るのが特徴	HScript, Python	Side Effects
Motion Builder	3Dモデルの動きを作るためのソフトウェア	Python	Autodesk
NUKE	エフェクトや合成を行うコンポジットソフト	Python	The Foundry
Fusion（旧 Digital Fusion）	エフェクトや合成を行うコンポジットソフト	Lua, Python	Blackmagic Design

表18.2に示すように多くのソフトウェアでPythonが組み込まれ、ソフトウェア内で動かせます。これらのソフトウェアでは、Pythonスクリプトを使うことで編集中のシーンデータを操作したり、大量のオブジェクトに対して一括で処理するなどができます。

ただし、開発者が処理するプログラムを書いたとしても実際に使うのはデザインを担当するアーティストなので、使いやすいようにGUIを作るといったことにもPythonが使われています。

18-3-3　Blenderとは

前節では3D CG制作スタジオでよく使われるような商用の3D CGソフトウェアを列挙しましたが、これらは個人では手が出せない程の値段であったり、無料で使えるApprentice Editionなどがあったとしてもスクリプト部分などの拡張機能が制限されていたりします。

そこで、ここではオープンソースで開発されている無償の3D CGソフトウェアであるBlenderを扱います。

■ Blenderの特徴

BlenderはBlender Foundationが開発し、オープンソースライセンス（GPLv2）で公開している統合3D制作環境です。オープンソースで開発されているフリーなツールといってもその機能は多岐に渡り、モデリング・セットアップ・アニメーション・レンダリング・コンポジットと

CG 映像制作の工程で必要な機能がひととおり揃っていて、商用で販売されているようなソフトウェアと遜色のない機能を有しています。

Blenderで作られた作品として有名なものはBig Buck Bunny[注3][注]です。2008年に公開された当初は、無償のツールであってもここまでの映像が作れるのか、と感銘を受けた人も多いのではないでしょうか。

また、BlenderはPython 3.x系列を真っ先に組み込むなど、大変先進的なソフトウェアです。他のMayaやHoudiniといったようなソフトウェアに組み込まれていたPythonはほとんどがPython 2.6であったことを考えると、Blenderがいかに前衛的か分かるのではないでしょうか。

■ Blenderのセットアップ

まずはBlenderのセットアップをします。

Blenderの配布サイト[注4]にアクセスし、Downloadページからプラットフォームごとの配布ファイルをダウンロードします。

配布されているバイナリーは、Windows 32/64bit,Linux x86/x86_64,macOS,Free BSDのプラットフォームに対応するものがそれぞれ存在します。

ファイルをダウンロードした後は、zipであれば展開すると実行可能なファイルが中に入っています。Windows用はインストーラー形式もありますが、これも特に問題なくインストールできるでしょう。

筆者が使っている環境は、Ubuntuですので、それに合わせて解説をしますが、他のプラットフォームについてもBlender上の操作であれば基本的に変わりません。

18-3-4 基本的な操作

Blenderを立ち上げると、図18.5のような画面が表示されます。この画面の前にBlenderのロゴがオーバレイしていた場合は適当なところをクリックすると消えます。

(注3) https://peach.blender.org
(注4) https://www.blender.org

図18.5　Blender起動直後

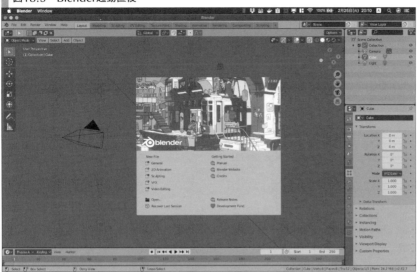

　早速Pythonを使ってオブジェクトに対する操作といきたいところですが、まずはその前にこの画面について軽く説明します。

　立ち上げた際に真ん中辺りに表示される3Dビューでは、実際に編集しているシーンが表示されます（**図18.6**）。このビューでのマウスでの操作を**表18.3**にまとめました。

図18.6　Blenderスクリーンショット

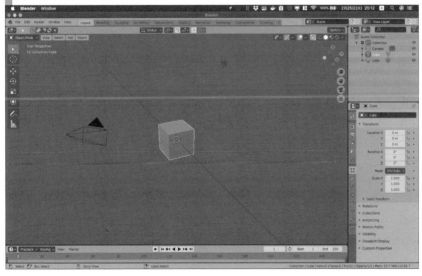

表18.3　3Dビューでのマウス操作

マウス操作	画面上での操作
ホイールドラッグ	ビューを表示しているカメラの回転
ホイールスクロール	カメラの前後移動
Shift ＋ ホイールドラッグ	カメラを画面に対して水平方向に移動
左クリック	オブジェクトの選択

　これらの操作は3Dビュー以外のビューでもおおよそ直感的に使いまわせるので覚えておくとよいでしょう。

18-3-5　オブジェクトに対する操作

　次に、オブジェクトに対する基本的な操作を見ていきます。オブジェクトの移動は先の表18.3に記載したように対象オブジェクトの右ドラッグで行います。

■ 拡大

　オブジェクトを選択した状態で左側にあるメニューボックスからScaleを選ぶか、キーボードのSキーを押すとオブジェクトのサイズを変更するScalingモードに切り替わり、マウス操作でオブジェクトのサイズを変更できます。

　モード中は右クリックでキャンセル、左クリックでサイズを確定します。

■ 回転

　オブジェクトを選択した状態で左側にあるObject ToolsメニューからRotateを選ぶか、キーボードのRキーを押すとオブジェクトを回転させるRotationモードに切り替わり、マウス操作でオブジェクトを回転させられます。

　モード中は右クリックでキャンセル、左クリックでサイズを確定します。

18-3-6　スクリプト上で同様の処理を行う

　ここまでで、オブジェクトの移動・回転・拡大ができるようになりました。ここで、これらの操作をスクリプト上から実行してみます。

■ スクリプトモードに切り替える

　スクリプトを実行するには画面上部のタブを"Scripting"に変更します（図18.7）。

図18.7　モード切り替えメニューの場所

　すると、画面構成が**図18.8**のように切り替わり、画面下部にコンソールが現れ見慣れたプロンプト("`>>>`")が出てきます。このコンソール上でPythonスクリプトを直接実行し、編集中のシーンを操作できます。

図18.8　スクリプティングモード

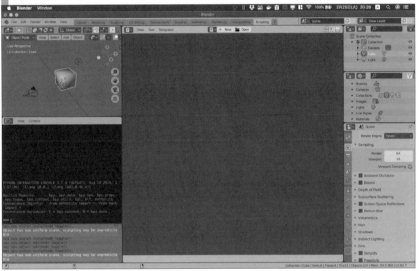

■ Blender Python API

　Blenderに組み込まれたPython環境からBlenderの中のデータを操作する際は、Blender Python APIを使用します。

　Blender APIはPython上ではbpyというモジュールとして参照でき、サブモジュールとして**表18.4**のようなモジュールが存在します。

表18.4　bpyモジュールのサブモジュール

モジュール名	提供している機能
bpy.context	シーンデータなど操作中の情報へのアクセス
bpy.data	Blenderの内部データへのアクセス
bpy.ops	シーン上のデータに対しての操作
bpy.types	bpyモジュール内で使われる型の定義
bpy.utils	各種ユーティリティ
bpy.path	パス操作ユーティリティ
bpy.app	アプリケーションの環境情報
bpy.props	拡張用情報の格納

これらのモジュール以外にもmathutilsやbglといったようなモジュールが存在します。bpyやそれ以外のモジュールに関する情報は、Blender上のメニューからHelp→Python API Referenceと辿るとリファレンスマニュアルがブラウザーで開かれますので、そちらを参照するとよいでしょう[注5]。

それでは、bpyモジュールを使用してBlender上のデータを実際に操作してみます。

たとえば、現在シーン中で選択しているオブジェクトの一覧を取得するには次のようにします。

```
>>> bpy.context.selected_objects
[bpy.data.objects['Cube']]
```

また、このコンソールはモジュール名、クラス名、アトリビュート名などの補完に対応しています。たとえば、次のように途中まで入力した状態で Ctrl - Space を押すと、続く候補を列挙してくれます。

```
>>> bpy.context.selected_
                    bones
                    editable_bones
                    editable_fcurves
                    editable_objects
                    editable_sequences
                    objects
                    pose_bones
                    pose_bones_from_active_object
                    sequences
                    visible_fcurves
>>> bpy.context.selected_
```

18-3-7 オブジェクトに対する操作

bpy.context.selected_objectsで現在選択中のオブジェクトが取得できます。では、この取得したオブジェクトに対して何らかの操作をしてみます。

```
>>> obj = bpy.context.selected_objects[0]
>>> obj
bpy.data.objects['Cube']
>>> obj.location.y = 10
```

実行後、画面の中心にいた箱が移動していると思います。これは、obj.location.y = 10によって箱オブジェクトの座標が変化したためです。このように、Blender上のPythonでは、シーン

(注5)　Blender 2.82であればhttps://docs.blender.org/api/2.82/が開かれます。

COLUMN

blenderとモジュール

　先ほどの例では、ソースコードが長くなっていて、コンソールでそのまま入力するのが辛くなっています。そんな時はPythonらしくモジュールとしてファイルを作成して実行時にimportさせます。

　Blenderでは、メニューのEdit - Preferencesから設定ダイアログを開いて、File PathsのScriptsで任意のフォルダを指定します。

　指定したフォルダの下にmodulesフォルダを作成して再起動します。再起動すると、そのフォルダにあるモジュールをインポートできるようになります。

```
$HOME/.blender/${blender_version}/scripts/modules
```

中のオブジェクトをPython上のオブジェクトとして取得し、簡単に操作できます。

　ここでたとえば、次のようなスクリプトを実行するとどうなるでしょうか。

```
>>> import math
>>> for i in range(30):
...     t = i * 0.2
...     x = (math.sin(t) + math.cos(t)) * 5
...     y = (math.sin(t) - math.cos(t)) * 5
...     z = i
...     bpy.ops.mesh.primitive_cube_add()
...     cube = bpy.context.selected_objects[0]
...     cube.location.x = x
...     cube.location.y = y
...     cube.location.z = z
```

　これは、実行すると、箱オブジェクトを作り、螺旋状に配置することを30回繰り返すものです。このような処理を人の手で行おうとすると、膨大な手間がかかってしまいますが、スクリプトを書けばこのように簡単に処理できます。

18-3-8　まとめ

　Blenderに組み込まれたPython環境を簡単に説明しました。ここではスクリプトとしてPythonを書いて動かしただけですが、それだけでは開発者以外が使いにくいため、実際のCG製作現場ではGUIに組み込むなどして開発者以外の人からも使いやすくするといったようなことも

431

行います。

　オブジェクトに対する操作しか触れていませんが、Blenderには流体演算などの物理演算・アニメーション・レンダリングなどの機能があり、それぞれにPython向けのインターフェースが提供されています。興味のある方は是非Blenderを使ってみるとよいのではないでしょうか。

18-4 ゲーム (pygame)

　ここまで、さまざまなメディアを扱う為のライブラリを紹介しました。最後にメディアの集合としてのゲームを作るためのライブラリであるpygameを紹介します。

18-4-1 pygameとは

　pygameは、SDL (Simple DirectMedia Layer) というライブラリのPythonラッパーです。SDLは、Simple DirectMedia Layerという名前のとおり画像や音声などのメディアを扱うためのライブラリで、Windows, Linux, xBSD, MacOSなどのさまざまなプラットフォームに対応しています。

　Pythonもさまざまなプラットフォームに対応したスクリプト言語ですので、pygameを利用することでさまざまな環境で動作するゲームやマルチメディア処理のソフトウェアを作れるようになります。

　それでは、早速pygameを使ってみましょう。

■ 何もしないウィンドウを開く

　まずは、何もしないウィンドウを開くプログラムです（**リスト18.7**）。

リスト18.7　pygame1.py

```
#-*- coding:utf-8 -*-
import sys

import pygame
from pygame import display, image, time, key

DISPLAY_SIZE = (640, 480)


def event_dispatch():
    '''
    ウィンドウのイベントを処理する
```

```
    '''

    for event in pygame.event.get():

        # 終了イベントであればプログラムを終了する
        if event.type == pygame.QUIT:
            sys.exit()


def main(argv=sys.argv[1:]):

    # pygame の初期化
    pygame.init()

    # サイズ 640x480のウィンドウを生成する
    screen = display.set_mode(DISPLAY_SIZE)

    # プログラムの処理を行うループ
    while True:

        # ウィンドウを閉じるなどのイベント処理
        event_dispatch()

        # ウィンドウを黒で塗りつぶす
        screen.fill((0, 0, 0))

        # ディスプレイに色を反映させる
        display.flip()

        # 0.1秒待つ
        time.delay(100)


if __name__ == '__main__':
    main()
```

　pygame.init関数は、pygameモジュールの初期化処理を行う関数です。pygameを使う前に呼び出さなければいけません。

　続いて、pygame.display.set_modeを使ってウィンドウを生成します。この関数の返値はスクリーンに描画するために必要ですので、変数に入れて保持しておきます。

　screen.fillで黒での画面を塗りつぶしています。これを行わないと前の画面が残ってしまうため、毎回画面をクリアする必要があります。

　screenにひととおりの描画が終わったところでdisplay.flipを呼び、screenに描画した結果を画面に反映させます。

このコードを実行すると、**図18.9**のように黒いウィンドウが開きます。このウィンドウを閉じるとプログラムが終了します。

図18.9　何もしないウィンドウ

■ 画像を表示する

ただ黒い画面を出すだけでは面白くありませんので、画像を表示してみます(**リスト18.8**)。

リスト18.8　pygame2.py

```
#-*- coding:utf-8 -*-
import sys

import pygame
from pygame import display, image, time

DISPLAY_SIZE = (640, 480)


def event_dispatch():
    '''
    ウィンドウのイベントを処理する
    '''

    for event in pygame.event.get():
        if event.type == pygame.QUIT:
            sys.exit()


def main(argv=sys.argv[1:]):
```

```
pygame.init()
screen = display.set_mode(DISPLAY_SIZE)

# 画像を読み込む
ball = image.load('samples/4-2/ball.png')

while True:
    event_dispatch()
    screen.fill((0, 0, 0))

    # 読み込んだ画像をウィンドウの（0, 0）に表示する
    screen.blit(ball, (0, 0))

    display.flip()
    time.delay(100)

if __name__ == '__main__':
    main()
```

image.loadで画像を読み込み、screen.blitで読み込んだイメージをscreenの(0, 0)の位置に表示します。スクリーン上の座標は左上がX:0, Y:0で、右に行く程Xが、下に行く程Y座標が大きくなります。

このコードを実行すると、図18.10のように(手書きの)ゆがんだボールが画面に表示されます。

図18.10　ボールが表示されたウィンドウ

■ 入力を扱う

　画像の表示ができたら、後はプレーヤーからの入力が扱えればゲームが作れるようになります。画像表示のプログラムにキー入力を付けて、画像の表示位置を矢印キーで移動できるようにしたのが**リスト18.9**のサンプルです。

リスト18.9　pygame3.py

```python
#-*- coding:utf-8 -*-
import sys

import pygame
from pygame import display, image, time, key

DISPLAY_SIZE = (640, 480)


keymap = {}

def set_key_state(event):
    ''' キーの状態を保持する '''

    # キーの番号から名前に変換する
    name = key.name(event.key)

    # イベントの種類で 1 か 0 をセットする

    # キーが離されたイベント
    if event.type == pygame.KEYUP:
        keymap[name] = 0

    # キーが押されたイベント
    elif event.type == pygame.KEYDOWN:
        keymap[name] = 1


def get_key_state(name):
    '''キーの状態を取得する '''

    return keymap.get(name, 0)


def event_dispatch():
    '''
    ウィンドウのイベントを処理する
    '''

    for event in pygame.event.get():
```

```
        if event.type == pygame.QUIT:
            sys.exit()

        # キー入力イベントを処理する
        elif event.type in {pygame.KEYDOWN, pygame.KEYUP}:
            set_key_state(event)


def main(argv=sys.argv[1:]):

    pygame.init()
    screen = display.set_mode(DISPLAY_SIZE)

    ball = image.load('samples/4-2/ball.png')

    # 描画座標を保持する変数
    x, y = 0, 0

    while True:
        event_dispatch()
        screen.fill((0, 0, 0))

        # 右矢印キーの入力状態と左矢印キーの入力状態を見て 1, 0, -1 の値を生成する
        dx = get_key_state('right') - get_key_state('left')

        # 下矢印キーの入力状態と上矢印キーの入力状態を見て 1, 0, -1 の値を生成する
        dy = get_key_state('down') - get_key_state('up')

        # キー入力状態から座標を変化させる
        x += dx * 5
        y += dy * 5

        # 変化させた座標に描画する
        screen.blit(ball, (x, y))

        display.flip()
        time.delay(100)


if __name__ == '__main__':
    main()
```

　このサンプルは、キーボードの矢印キーの入力でボールが移動するようになっています（図 18.11）。

図18.11　ボールを動かしてみたところ

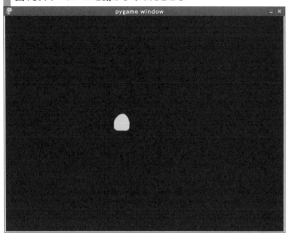

pygameではキー入力はウィンドウのイベントとして取得できます。

キーイベントを取得するためにevent_dispatch関数内でキー入力イベントの分岐処理を追加して、キーが押されたときのイベント（pygame.KEYDOWN）とキーが離されたときのイベント（pygame.KEYUP）を処理するようにしています。

イベントの処理はset_key_state関数の中にあります。キーの入力は、eventオブジェクトのkeyメンバーに設定されているのですが、この値は数値です。たとえば上矢印キーであれば273、スペースであれば32、エンターであれば13、Aキーであれば97といった具合です。

このような数値ではわかりにくいため、pygame.key.name関数を使い、数値からキーの名前の文字列にマッピングします。マッピング後は上矢印キーは"up"、スペースは"space"、エンターは"return"、Aキーは"a"といったような文字列になります。set_key_state関数では、このキー名を辞書のキーとして使い、値を設定しています。保持する値はKEYDOWN時に1を、KEYUP時に0となります。このようにすることで、「キーが押されている時に1」が、「キーが押されていない時に0」が辞書に保存されることになります。

実際のゲームでは「キーが押された」「キーが離された」というイベントよりも「キーが押されている」という状態を取得できたほうが何かと都合がよいため、このような処理を行っています。

main関数ではset_key_stateで保存したキー入力状態をget_key_stateで取得し、その入力値を元にボールの描画位置として使っている変数 x およびyの値を変化させ、ボールが移動しているようにみせています。

ここまでで、画面への描画とキー入力の取得ができるようになりました。ゲームではキー入力に応じてプログラム中の値を変化させ、画面に描画される内容が変わる、というのがすべてですので、これでゲームらしきものが作れるようになります。

18-4-2 まとめ

　ここではすべてを紹介できませんが、pygameには前述した機能以外にも次のような機能もあります。

- ジョイスティックの入力処理
- サウンドの再生
- 画像の回転
- 3D 描画

　これらを駆使しておもしろいゲームを作るのもいいでしょうし、マルチメディアライブラリとしてゲーム以外にも活用できるでしょう。

　pygameに関するドキュメントはpygameのサイト[注6]のPygame Documentation[注7]にあります。

（注6）　https://www.pygame.org/
（注7）　https://www.pygame.org/docs/

19章 ネットワーク

日常で毎日生み出される膨大な情報を賢く切り取るために、ネットワーク上のデータを取り出したりしたくなった場合には、本章で紹介するライブラリを用いると便利です。ネットワークを使ってコミュニケーションをとるためのライブラリも紹介します。

19-1 HTTPクライアント（requests）

19-1-1 requestsとは

requestsモジュール[注1]はシンプルで高機能なHTTPライブラリです。Pythonでは標準ライブラリ（urllib）がHTTPプロトコルの処理を提供しています。しかし、urllibは低レベルな基本的な機能のみを提供しているため、処理が煩雑になっています。

たとえば、基本認証によるユーザー認証のコードはurllibでは**リスト19.1**のようになります。

リスト19.1　req1.py

```python
from urllib.request import Request
from urllib.request import HTTPPasswordMgrWithDefaultRealm
from urllib.request import HTTPBasicAuthHandler
from urllib.request import build_opener
from urllib.request import install_opener
from urllib.request import urlopen


req = Request("http://example.com/")

password_manager = HTTPPasswordMgrWithDefaultRealm()
password_manager.add_password(None, "http://example.com/", 'user', 'pass')
auth_manager = HTTPBasicAuthHandler(password_manager)
opener = build_opener(auth_manager)
install_opener(opener)

handler = urlopen(req)

print(handler.getcode())
```

（注1）　https://requests.readthedocs.io/en/master/

　基本認証を処理するためのハンドラーを作成して自分で管理する必要があります。requestsモジュールを使うことで、**リスト19.2**のように簡潔に記述できます。

▌リスト19.2　req2.py

```
import requests

res = requests.get('http://example.com', auth=('user', 'pass'))

print(res.status_code)
```

　ハンドラーの作成などは行わず、引数authでユーザーIDとパスワードを指定するだけです。このように煩雑な処理を隠蔽し、シンプルで統一されたAPIを提供することで、Pythonらしいシンプルなコードを記述できます。

　requestsモジュールは主に次のような機能を提供しています。

- 国際化ドメインとURLのサポート
- キープアライブとコネクションプーリング
- クッキーの永続化によるセッション管理
- ブラウザーのようなSSL検証
- 基本認証／ダイジェスト認証機能
- エレガントなクッキーのキーバリュー管理
- 自動での圧縮データの展開
- レスポンス本文のユニコード文字列
- ファイルアップロード機能
- 接続タイムアウト

■ HTTPの基本処理

　まず、技術評論社のサイト（https://gihyo.jp）のHTMLを取得してみましょう。

```
import requests

res = requests.get("https://gihyo.jp")
```

　HTTPのGETメソッドはrequestsモジュールのgetメソッドを利用します。同様にPOSTメソッドはrequestsモジュールのpostメソッドに対応しています。HTTPのメソッド名とrequestsモジュールのそれを呼びだすためのメソッド名に対称性があります。

　getメソッドを呼びだすと、HTTPプロトコルでの通信が行われデータが取得できます。取得したデータはresオブジェクトに格納されています。HTTPステータスコードはres.status_code

で確認できます。requestsモジュールのcodesにはHTTPステータスコードを簡単に参照できます。レスポンスのステータスが成功したコードかどうかは、

```
res.status_code == requests.codes.ok
```

で確認できます。

　ネットワーク上の問題など、HTTPプロトコル以外のエラーが発生した場合は、例外が送出されます。DNSが解決できない場合や接続が拒否されたり、途中で切断された場合は、ConnectionErrorの例外が送出されます。それ以外にもHTTPプロトコルとして不正な場合のHTTPErrorや、タイムアウトした場合のTimeout、リダイレクト回数の最大値を超えた場合のTooManyRedirectsなどの例外が送出されます。これらの例外はrequests.exceptions.RequestExceptionを継承しています。

　ヘッダーやクッキーの情報はresオブジェクトのcookies、headersで取得できます。それぞれ、辞書のインターフェースを実装しています。HTTPヘッダーのキーは大文字小文字を区別しません。レスポンスオブジェクトのheadersも大文字小文字を区別せずに取得できます。

　コンテンツはcontentで取得できます。contentのタイプはbytesです。contentがgzipやdeflateで圧縮されている場合は、自動で展開されます。また、contentを文字列に変換したものはtextにセットされています。textはHTTPヘッダーをベースにユニコードにデコードされます。もし、HTTPヘッダーにエンコードが指定されていない場合は、HTMLヘッダーから文字コードを取得します。さらにHTMLヘッダーにも文字コードが指定されていない場合は、コンテンツから文字コードを推測します。

■ POSTメソッドの処理

　urllibを使用する場合、POSTリクエストの処理は次のようになります。

```
from urllib.request import urlopen
from urllib.parse import urlencode

params = urlencode({"key1": "value1", "key2": "value2"})
handler = urlopen("http://example.com/", params.encode("utf-8"))
print(handler.read())
```

　HTTPメソッドのGETもPOSTも同じurlopenメソッドで処理し、パラメータを指定するかどうかでメソッドを暗黙に区別しています。requestsモジュールでは、暗黙にメソッドを区別するのではなく、プログラマが明示的に次のようにメソッドを呼び出します。また、パラメータは辞書で渡すことで、自動でエンコードされ、Pythonらしいコードになります。

```
import requests

res = requests.post("http://example.com/",
    {"key1": "value1", "key2": "value2"})
print(res.text)
```

postメソッドの第2引数のdataには、辞書か文字列を指定します。jsonなどのデータをPOSTする場合は、jsonデータをダンプした文字列を指定します。

urllibでのファイルのアップロードはとても煩雑です。requestsモジュールでは、postメソッドの引数filesにアップロードするファイルの辞書を指定するだけです。辞書のキーにはフィールド名、値にはファイル名とファイルオブジェクトのタプルで指定します。

```
import requests

files = {"attachment": ("myfile.xlsx", open("myfile.xlsx", "rb"))}
res = requests.post("http://example.com/",
    {"key1": "value1", "key2": "value2"},
    files=files)
print(res.text)
```

以上のようにrequestsモジュールは簡単なAPIでありながら、多くの機能を提供しています。セッション管理など、より高度な処理を行いたい場合は、requestsモジュールのサイトを確認してください。

19-2 | HTML/XMLパージング (lxml)

19-2-1 lxmlとは

PythonでのXML処理機能は、標準ライブラリのxml.etree.ElementTreeモジュールで行います。lxml XMLツールキット[注2]は、XMLを処理するための標準ライブラリElementTreeと互換APIを備えています。

このライブラリはlibxml2とlibxsltのCライブラリをベースに開発されているため、標準ライブラリと比較して高速なXML操作を行うことができます。また、XMLは仕様として厳格なエラー処理を行うことになっていますが、開始タグと終了タグのミスマッチなど、多少のエラーがあってもパースできるという特徴があります。

lxmlは標準ライブラリと互換APIを供えていますが、いくつかのAPIは標準ライブラリの機能

(注2)　https://lxml.de/

443

をさらに増強したものになっています。また、標準ライブラリはDOM APIでの処理しかサポートしていませんが、lxmlはSAXのようなイベント駆動によるパース処理が行えるなどの特徴があります。

■ import処理

lxmlのインポートは通常、次のように行います。

```
try:
    from lxml import etree
except ImportError:
    import xml.etree.ElementTree as etree
```

このように記述することで、lxmlがインストールされていない環境では標準ライブラリのElementTreeを使って処理を行うことができます。

■ パース処理

XMLファイルをパースするには、parseメソッドまたは、fromstringメソッドを使用します。parseメソッドには、ファイルへのパス、または、IOストリームを渡します。fromstringはXMLの文字列を渡してパースします。

リスト19.3のように技術評論社のサイトからatomファイルを取得して、lxmlを使ってパースを行います。

リスト19.3　lxml1.py

```
import requests
from lxml import etree

res = requests.get("http://rss.rssad.jp/rss/gihyo/feed/atom")
open("gihyo.xml", "wb").write(res.content)
tree = etree.parse("gihyo.xml")
root = tree.getroot()
```

etree.parseの戻り値はElementTreeのオブジェクトを利用します。ElementTreeのオブジェクトからルート要素を取得するためにはgetrootメソッドで取得します。

etree.fromstringメソッドは、引数にXML断片の文字列を指定します。fromstringの戻り値はルート要素になります(**リスト19.4**)。

リスト19.4　lxml2.py

```
import requests
from lxml import etree

res = requests.get("http://rss.rssad.jp/rss/gihyo/feed/atom")
root = etree.fromstring(res.text.encode("utf-8"))
```

■ 要素の探索

ElementTreeでは要素名はtagにセットされています。

```
print(root.tag)
```

要素はリストのように振る舞い、子要素を取得できます。

```
for child in root:
    print(child)
```

各要素の属性は辞書のように取得できます。ここではXPathを使ってlink要素を検索して、その属性を出力しています。

```
link = root.find("{http://www.w3.org/2005/Atom}link")
print(link.attrib)
```

上の例のように、属性の検索はfindメソッド、またはfindallメソッドを使用します。findメソッドは最初に見つかった要素を返します。findallはすべての検索結果を返します。両方のメソッドは引数にXPathを指定した文字列を引数にとります。

XPath(注3)はW3Cによって標準が定めれている XML用のクエリ言語です。標準ライブラリのElementTreeはXPathのサブセットの機能のみを提供しています。一方lxmlはフルセットのXPathをサポートしています。

■ XMLの作成

次にXMLを自分で作成します。ここでは、ATOMフィードの一部を作成します（**リスト19.5**）。

リスト19.5　lxml3.py

```
from lxml import etree
nsmap = {None: "http://www.w3.org/2005/Atom"}
new_elem = etree.Element("feed", nsmap=nsmap)
```

(注3)　https://www.w3.org/TR/xpath/

```
sub1 = etree.SubElement(new_elem, "title")
sub1.text = "my test feed"
sub2 = etree.Element("link", attrib={"href": "http://gihyo.jp"})
new_elem.append(sub2)

print(etree.tounicode(new_elem, pretty_print=True))
```

最初のルート要素の作成はetree.Elementを使います。作成されたnew_elementに子要素を追加するには、etree.SubElementメソッド、または、要素を作成後に親要素のinsertメソッドやappendメソッドを実行します。各要素にテキストを指定するには、textに値をセットしています。

最後に、etree.tounicodeメソッドで文字列としてXMLを出力します。pretty_print=Trueを指定しない場合、1行の文字列として出力されます。このオプションを指定することで、適切な位置で改行されて、各要素はインデントされるので、人が読みやすくなります。

19-3 HTML/XMLパージング（Beautiful Soup 4）

19-3-1 Beautiful Soup 4とは

Beautiful Soup 4は、HTMLとXMLファイルを処理するためのライブラリです。HTMLとXMLファイルをパースして、パースツリーの各要素の移動／検索／変更を容易に行うことができます。

開始タグと閉じタグが一致していない、要素の属性がシングルクォーテーションやダブルクォーテーションで囲まれていないことがあるなど、HTMLは一般的に表記の揺れが大きいです。Beautiful Soup 4はこうしたHTMLファイルでもパースすることができるのが特徴です。

■ パース処理

gihyo.jpのサイトからHTMLファイルを取得して、Beautiful Soup4でパースします（**リスト19.6**）。ここでは本稿執筆時点でのHTMLの構造に基づいて説明します。Beautiful Soup4のコンストラクタにはパースしたいHTMLファイルの文字列かファイルオブジェクトを指定します。ここではrequestsモジュールを使って取得したHTMLを指定しています。

リスト19.6　soup1.py

```
import requests
from bs4 import BeautifulSoup

res = requests.get("http://gihyo.jp/")
soup = BeautifulSoup(res.text)
```

HTMLのパース処理は、bs4.BeautifulSoupを使います。XMLをパースする場合はbs4.BeautifulStoneSoupを使います。

■ パーサーの選択

BeautifulSoupは、デフォルトでは最適なHTMLパーサーを自動で選択してHTMLを解析します。最適なHTMLパーサーが見つからない場合は、BeautifulSoup内臓のHTMLパーサー（html.parser）を利用します（html.parserはPythonのみで実装されているため、比較的処理が遅いです）。

BeautifulSoupはHTMLパーサーを明示的に指定することで、用途にあったパーサーを選択できます。「**19-2-1 lxmlとは**」で紹介したlxmlはC言語で実装されており、次のようにパーサーにlxmlを指定できます。

```
soup = BeautifulSoup(res.text, "lxml")
```

BeautifulSoupは、html.parser、lxml以外にHTML5のパースに特化したhtml5libを指定できます。

■ HTMLを探索する

パースしたHTMLを探索してみます。取得したsoupのプロパティにタグ名を指定すると、最初に見つかったタグを検索します。取得できるのはbs4.element.Tagオブジェクトです。nameプロパティで要素名を取得します。要素の値はstringプロパティで取得します。

```
title_tag = soup.head.title
print(type(title_tag))
print("tag name : " + title_tag.name)
print("value : " + title_tag.string)
```

上のコードを実行すると次のように出力され、ページのタイトルが取得できているのが分かると思います。

```
<class 'bs4.element.Tag'>
tag name : title
value : トップページ | gihyo.jp … 技術評論
```

要素の検索は、プロパティによる検索だけでなく、findメソッドでも検索できます。すべての要素を検索する場合は、findAllメソッドを使用します。findAllメソッドでは、検索で見つかったTagオブジェクトのリストを取得できます。

findメソッドとfindAllメソッドでは、要素名だけでなく要素の属性によっても検索できます。属性検索は文字列での完全一致だけでなく、正規表現での検索も可能です。

次のコードは、p要素でidにcopyrightが指定されている要素を検索します。

```
p_tag = soup.find("p", id="copyright")
```

　要素の値を書き換えるにはreplaceWithメソッドを使います。次のコードは、title_tagの内容を「技術評論社のサイト」に変更しています。

```
title_tag.contents[0].replaceWith("技術評論社のサイト")
print(title_tag)
```

　上のコードを実行すると次のように出力され、タイトル要素のテキストが変更されているのが確認できます。

```
<title>技術評論社のサイト</title>
```

　要素はparentプロパティで、HTMLのタグツリーの1つ上の要素が取得できます。next_siblingで同一階層の次の要素、previous_siblingで同一階層の直前の要素が取得できます。childrenで子要素すべてが取得できます。attrsで要素の属性が取得できます。
　最後に、Beautiful Soup 4で整形したHTMLを出力するには、prettifyメソッドを実行します。str関数で文字列として出力できますが、prettifyメソッドでは適切な位置に改行コードが挿入されインデントされるので、人が読みやすいHTMLとして出力できます。

19-4　RSS/Atomパージング (feedparser)

19-4-1　Universal Feed Parserとは

　Universal Feed Parser（以降feedparser）は、フィードを取得して解析するライブラリです。feedparserは次のフォーマットに対応しているほか、AppleのiTunes拡張などのモジュールにも対応しています。パース後、基本的な情報はフォーマットの違いをほとんど意識することなく、統一的にフィードを処理できます。

- RSS 0.90
- Netscape RSS 0.91
- Userland RSS 0.91
- RSS 0.92
- RSS 0.93
- RSS 0.94

- RSS 1.0
- RSS 2.0
- Atom 0.3
- Atom 1.0
- CDF (Channel Definition Format)

■ 基本処理

feedparserはparseメソッドを利用してフィードを解析します。parseの引数には、フィードへのURLやローカルファイルへのパスだけでなく、フィードの文字列を指定することもできます。

リスト19.7のコードはURL指定により技術評論社のサイトのATOMフィードを解析しています。

リスト19.7 feedparser1.py

```
import feedparser

parsed = feedparser.parse("http://gihyo/feed/atom")
feed = parsed.feed
print(feed.title)
```

parseメソッドの戻り値は、辞書のようなオブジェクトです。フィードの基本情報は、parsed["feed"]、もしくはparsed.feedで取得します。フィードの基本情報には、フィードのタイトルを示すtitleプロパティやフィードのサイト名を示すlinkプロパティなどが設定されています。**リスト19.7**のコードはfeed.titleを出力しています。コードを実行すると「gihyo.jp：総合」と出力されます。

最終更新日を示すupdateフィールドは、フィード中に指定されていた最終更新日の文字列がセットされています。update_parsedフィールドはタイムゾーンや日付フォーマットを解析して、timeモジュールのstruct_timeにパースされた日付情報がセットされています。フィードの各エントリーは、parsed.entriesにセットされています。parsed.entriesはエントリーのリストです。エントリーには、タイトル（title）やリンク先（link）、最終更新日（updateとupdate_parsed）がセットされています。エントリーの詳細はsummary_detailにセットされています。summary_detailも辞書ライクなオブジェクトです。詳細はvalueにセットされています。typeにはvalueのフォーマットがセットされています。技術評論社のAtomフィードはtext/htmlになっています。

RSSのバージョンやAtom固有の情報も辞書のエントリーとしてセットされています。各フォーマット固有の情報にアクセスする場合は、キーの存在チェックを行ってアクセスします。フィードの基本情報のimageはRSS固有の情報です。このimageにアクセスする場合は次のように記述します。

```
feed = parsed.feed
image = feed.get("image")
if image:
    print(image)
```

19-5 | チャット (slackclient)

19-5-1 Slackとは

　Slackは2013年8月にSlack Technologies社がリリースしたビジネスチャットサービスです。Slackはグループチャットや個人間のダイレクトメッセージだけでなく、音声通話機能なども Webサービスとして提供しています。

　リリース初期からSlackアプリ開発キットを提供しており、ボットアプリを簡単に開発できることから、開発者を中心に幅広い人気を集めています。サーバー監視のアラートをSlackに通知したり、Slackにメッセージを投げることでサーバーにプログラムをディプロイするなど、様々なボットアプリが活躍しています。

　Slackでは様々なAPIを提供しています。今回は、Real Time Messaging API(RTM API)を用いてSlackのチャネルに投稿されたメッセージを返信する簡単なエコーボットを作成します。

　RTMとは、SlackのサーバーとWebsocketで接続して、メッセージの投稿やファイルのアップロードなど、サーバーで発生したイベントをリアルタイムにボットに通知するための機能を提供しています。サーバーで発生したイベントをボットに伝えるにはRTM以外にもEvent APIを利用できますが、Event APIは外部に公開されたWebサーバーが必要になるため敷居が高いです。RTMは、自宅のPCのボットからでも利用できる手軽さがあります。

19-5-2 Slackの設定

　RTM APIを作成するために、Slackの設定を行います。Slackのボットは、通常のボットとクラシックボットの2種類があります。RTM APIを利用できるのはクラシックボットだけです。クラシックボットを作成するために、ブラウザーでhttps://api.slack.com/rtmを開きます。ページの最後部の「Create a classic Slack app」ボタンを押します(**図19.1**)。App Nameとボットアプリを利用するワークスペースを選択します。今回は、App Nameに「PerfectPythonSampleBot」に設定して、「Create app」ボタンを押します(**図19.2**)。

1章
2章
3章
4章
5章
6章
7章
8章
9章
10章
11章
12章
13章
14章
15章
16章
17章
18章
19章
20章
21章

図19.1 Real Time Messging APIページのアプリ作成ボタン

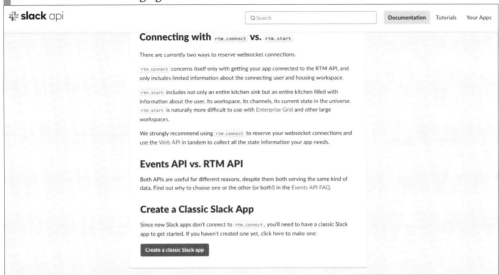

図19.2 ボットの作成画面

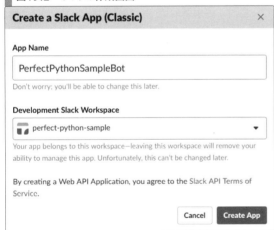

　アプリの作成後、App Home（**図19.3**）に移動して、「Add Legacy Bot User」ボタンを押下して、ボットユーザを作成します。作成画面（**図19.4**）では、ボットの表示名とユーザ名を指定します。今回は表示名にはPerfectPythonSampleBotを、ユーザ名にはppsamplebotを指定しました。

図19.3　App Homeページ

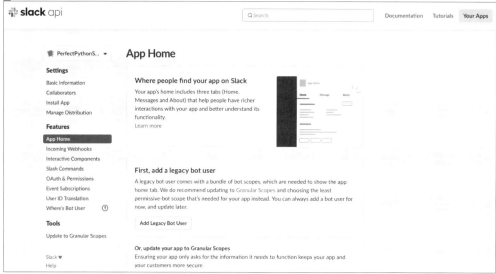

図19.4　レガシーボットユーザの作成画面

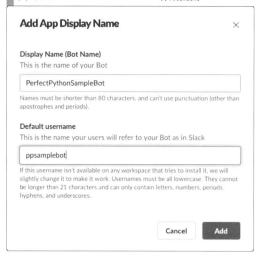

　次にInstall App（**図19.5**）に移動して、Install App to Workspaceボタンを押して、ボットアプ
リをワークスペースにインストールします。インスールが終了すると、画面にトークンが二つ表
示されます（**図19.6**）。「Bot User OAuth Access Token」が今回のアプリケーションで利用する
トークンです。

■ 図19.5　Install App画面

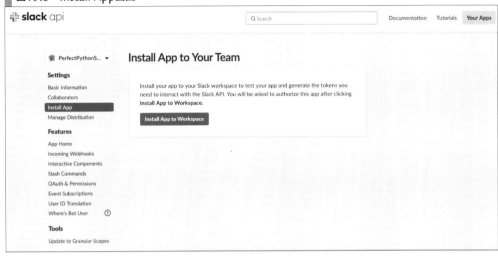

■ 図19.6　トークンの確認画面

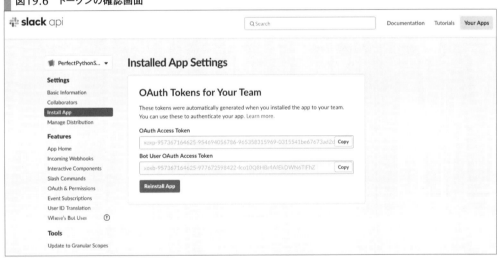

19-5-3　プログラムの作成

　今回は、slackclient[注4] を利用してボットアプリケーションを作成します。slackclientは
Python用のSlack開発キットです。

（注4）　注4　https://slack.dev/python-slackclient/

リスト19.8はSlackに接続して、メッセージを受信したらスレッドにメンション付きで、受信したメッセージを送信するプログラムです。

リスト19.8 SlackEchoBot.py

```python
import slack

# ①受信するイベントを指定
@slack.RTMClient.run_on(event='message')
def echo(**payload):
    # ②ボットクライアントのオブジェクトの取得
    web_client = payload['web_client']

    # ③dataからメッセージに関する情報を取得
    data = payload['data']
    channel_id = data['channel']
    thread_ts = data['ts']
    user = data.get('user', None)
    message = data.get('text', [])


    if user and message:
        # ④チャネルにメッセージを送信
        web_client.chat_postMessage(
            channel = channel_id,
            thread_ts = thread_ts,
            text = f"<@{user}> Re: {message}"
        )

slack_token = 'Slackのボット用トークン'
# ⑤RTMのクライアントを作成して、イベントに応じて処理を実行
rtm_client = slack.RTMClient(token=slack_token)
rtm_client.start()
```

■ イベントループの開始

　④でRTMClientを作成しています。RTMClientには「**19-5-2　Slackの設定**」で作成したトークンを指定します。そして、rtm_client.start()でSlackのサーバーに接続してイベントの受信を開始します。

■ イベントごとの処理

　Slackからのイベントは、①のRTMClient.run_onデコレータで指定したメソッドで処理します。どのイベントを処理するかは、run_onの引数のeventで指定します。ここでは、チャネルへの投稿を処理するために、'message'を指定しています。

　②のpayloadのweb_clientはWebClientクラスのオブジェクトです。このオブジェクトを利用

して、メッセージ送信などのWeb APIを実行します。

③のpayloadのdataに、投稿されたメッセージの詳細が設定されています。ここでは、チャネルID(channel)、メッセージのスレッドID(ts)、投稿したユーザのユーザ名(user)と投稿したテキストのメッセージ(text)を利用します。

これらの情報を元に、④のweb_clientのchat_postMessageでメッセージを投稿します。ここでは投稿先のチャネルIDとスレッド、投稿するテキストメッセージを指定しています。メッセージの中のメンションは、<@{user}>のように記述します。

19-5-4　SlackEchoBot.pyの実行方法

ボットアプリを利用する前に、作成したボットをワークスペースのチャネルで利用できるように設定します。ボットを利用したいSlackのワークスペースのチャネルを開いて、「アプリを追加する」から前節で登録したPerfectPythonSampleBotを選択してください。

その後、次のコマンドで実行します。

```
$ python SlackEchoBot.py
```

図19.7はSlackで前述に設定したチャネルにメッセージを投稿したときのものです。ボットがメッセージを送り返しています。

図19.7　チャネルにメッセージを投稿したときの図

19-6 チャット（irc）

19-6-1 ircとは

IRC（Internet Relay Chat）は、ツリー上に配置されたサーバー群を介してクライアント同士がチャットを行うための仕組みです。RFCとして通信プロトコルが規定されています。irc[注5]はIRCのクライアントライブラリです。スレッドセーフでイベント駆動型の開発スタイルを特徴とします。

ircライブラリは、クライアントモジュール（irc.clientとirc.client_aio）、ボットモジュール（irc.bot）、サーバーモジュール（irc.server）の3つから構成されます。サーバーモジュールは開発のテスト用サーバーという位置付けのため、実運用には適しません。クライアントモジュールは、ベースとなるirc.clientモジュールとasyncioライブラリのイベントループに対応したirc.client_aioの二つから構成されます。ボットの作成にはirc.botモジュールを使うと便利です。

19-6-2 GreetingBotを作ろう

今回は次の機能をもつあいさつボットを作成します（**リスト19.9**）。なお、サンプルではirc.botではなくirc.clientを使って実装します。

#perfect_python_botというチャネル（チャットルームのこと）に参加
helloというメッセージが送信されてきた時に、そのメッセージに返信

リスト19.9 ircbot.py

```
#!/usr/bin/env python

"""
① ircライブラリのインポート
"""
import irc.client

def on_connect(connection, event):
    """
    ② on_connectメソッドはIRCのネットワークに接続したときに呼び出されます。
    ここでは、#perfect_python_botというチャネルを検索して、
    チャネルが見つかれば接続します。
    """
    if irc.client.is_channel('#perfect_python_bot'):
        connection.join('#perfect_python_bot')
```

（注5） https://github.com/jaraco/irc

```
        return
    else:
        raise SystemExit(1)


def on_join(connection, event):
    """
    ③ on_joinメソッドはチャネルに参加が完了したときに呼び出されます。
    """
    print("joined")

def on_pubmsg(connection, event):
    """
    ④ on_pubmsgメソッドはチャネル宛のメッセージを受信したときに呼び出されます。
    ここではメッセージがhelloのとき、チャネルにhiというメッセージを送ります。
    """
    if event.arguments[0] == "hello":
        sender = event.source.split("!")[0]
        connection.privmsg('#perfect_python_bot', "hi, " + sender )


def on_disconnect(connection, event):
    """
    ⑤ on_disconnectメソッドは接続が切れたときに呼びされます。
    """
    raise SystemExit()


if __name__ == '__main__':
    """
    ⑥ ircクライアントオブジェクトを作成して、reactor.server().connectでサーバーの接続情報を作成します。
    """
    reactor = irc.client.Reactor()
    conn = reactor.server().connect('irc.friend-chat.jp', 6667, "PerfectPythonBot")

    """
    ⑦ イベントハンドラーを設定します。ircプロトコルのコマンドに対応したイベントを指定します。
    """
    conn.add_global_handler("welcome", on_connect)
    conn.add_global_handler("join", on_join)
    conn.add_global_handler("pubmsg", on_pubmsg)
    conn.add_global_handler("disconnect", on_disconnect)

    """
    ⑧ イベントループを回して処理を実行します。
    """
    reactor.process_forever()
```

■ 初期化処理

①でircライブラリをインポートします。次に⑥でircのクライアントオブジェクトを作成します。そして、reactor.server().connectでサーバーの接続情報を作成します。引数には、IRCサーバー名、サーバーのポート番号と接続するユーザーのニックネームを指定します。ニックネームはここではPerfectPythonBotを指定しています。

⑦では、reactor.server().connectで作成したコネクションオブジェクトに対してイベントハンドラーを指定します。第1引数はIRCのコマンド名、第2引数には実行するコールバック関数を指定します。ここでは、サーバーに接続時のwelcome、チャネルに接続したときにjoin、チャネルにメッセージを受信したときにpubmsg、そしてサーバーと切断したときのdisconnectを登録しています。代表的なイベントには表19.1のようなものがあります。

そして、イベントハンドラーを登録後に、⑧でイベントループを回して処理を実行します。

表19.1 代表的なイベント

イベント	意味
connect	IRCサーバーと接続時
kick	チャネルから追放時
cmode	チャネルのモード変更時
invite	チャネルに招待時
channotice	チャネルに通知を受信時
pubmsg	チャネルにメッセージ受信時
privmsg	個人にメッセージ受信時

■ イベントの処理

今回のサンプルではon_connect、on_joinとon_pubmsg、そしてon_disconnectのイベントを処理しています。各イベントハンドラーは、コネクションオブジェクトとイベント情報を引数にとります。

③のon_connectメソッドでは、#perfect_python_botチャネルがサーバーに登録されているか確認して、存在している場合は#perfect_python_botチャネルへの参加命令を発行しています。ircでは、このようにイベントの発生に応じて何らかのアクションを実行することが基本となります。時報を定期的に通知するなど、IRCのイベントとは別にアクションを実行したい場合は、irc.scheduleモジュールを利用すると定期的に処理を実行できます。

チャネルへの参加命令はコネクションオブジェクトのjoin_メソッドを実行します。join_メソッドには、参加するチャネルを指定します。チャネル名は#で始まる英数字です。チャネルへの参加が完了すると、on_joinメソッドが呼び出されます（③）。

チャネル宛てのメッセージを受信するとon_pubmsgメソッドがコールされます（④）。on_pubmsgのイベント情報（event）には、送信者のユーザーID（source）、チャネル名（target）、そして実際のメッセージ（arguments）などがセットされています。今回のサンプルでは、メッセージがhelloだった場合、コネクションオブジェクトのprivmsgメソッドでメッセージを送信します。

```
privmsg(target, message)
```

　privmsgは2つの引数をとります。targetは送信先です。#で始まるチャネルを指定するとチャネル宛てのメッセージになります。ユーザーIDを指定するとそのユーザーへのプライベートメッセージになります。messageには送信するメッセージを指定します。

19-6-3　ircbot.pyの実行

　次のコマンドで実行することができます。botを実行後にIRCクライアントを立ち上げて、#perfect_python_botチャネルに参加してみてください。helloとチャネルにメッセージを送ると、「hello, あなたのユーザー ID 」とボットがメッセージを返してくれます。

```
$ python ircbot.py
```

1章

2章

3章

4章

5章

6章

7章

8章

9章

10章

11章

12章

13章

14章

15章

16章

17章

18章

19章

20章

21章

20章　データストア

プログラムはデータの操作を行うものですが、操作したデータはどこかへ保持しておく必要
があります。そのデータの保持の仕方は用途によってさまざまです。単純に保存すればよい
ものから、素早く出し入れすることに特化したもの、複数のプロセスの交通整理をするもの
まであります。本章ではデータストアという切り口でライブラリを紹介します。

20-1　KeyValueStore

20-1-1　python-memcached

　memcached[注1]はオンメモリーの分散キーバリューストアサービスです。主にRDBMSのクエ
リをキャッシュすることにより、動的なWebアプリケーションのパフォーマンス向上の用途に
使用されます。

　memcachedを使用するためのPython 3のクライアントがpython-memcached[注2]です。
100%ピュアPythonで実装されています。

　リスト20.1のコードは、ローカルにあるmemcachedサーバーに接続して値をセット／取得す
るサンプルです。

リスト20.1　memcache1.py

```python
import memcache
# ① クライアントオブジェクトの生成
client = memcache.Client(["localhost:11211"])

# ② キーをセット
client.set("key1", "some value 1")
client.set("key2", "some value 2")

# ③ 値の取得
value1 = client.get("key1")
print(value1)
value2 = client.get("key10")
```

（注1）　http://memcached.org/
（注2）　https://github.com/linsomniac/python-memcached

```
print(value2)

# ④ キーの削除
client.delete("key1")
value1 = client.get("key1")
print(value1)
```

■ オブジェクトの作成
①でmemcache.Clientオブジェクトを作成しています。Clientの最初の引数はサーバー情報のリストで、次の形式で指定します。

> ホスト名:ポート番号

今回はlocalhostの11211（memcachedのデフォルトのポート番号）に接続しています。Python 3のmemcacheクライアントは、値を設定／取得するときにPythonのオブジェクトを指定できます。このとき、Pythonのオブジェクトはピックルされます。ピックルするときのプロトコルやピックル、アンピックル方法をpickleProtocol、pickler、unpicklerでカスタマイズできます。

■ 値のセット
②ではsetメソッドでmemcachedに値をセットしています。最初の引数はキーバリューストアのキーです。ここでは、key1,key2になります。
第2引数がキーに対応した値になります。some value 1、およびsome value 2が値になります。
setメソッドはオプションでtimeを指定できます。これはmemcachedにセットしたキーが使用できる有効期間になります。timeは秒で指定します。

■ 値の取得
③ではgetメソッドでキーに対応した値を取得しています。getは引数を1つだけとります。引数にはキーを指定します。
memcachedにキーが存在する場合はキーに対応する値が、存在しない場合はNoneが返ります。③のprint文ではsome value 1とNoneが出力されます。

■ 削除
④ではdeleteメソッドでmemcachedからキーを削除しています。引数にはキーをとります。deleteにはtime引数を指定できます。
timeは秒でdeleteコマンドを発行後、指定時間、updateやsetコマンドが失敗します。デフォ

ルトは0です。④でdeleteによりキーを削除しているため、getでkey1を取得してもNoneが返ってきます。続くprint文ではNoneが出力されます。

これ以外にもincr／decr／set_multi／get_multiなどmemcachedがサポートするほとんどのコマンドをサポートしています。

20-1-2　redis

redisはmemcachedと同様、キーバリュー型のデータストアです。後発のredisはmemcachedと比べて、次のような特徴があります。

- ファイルシステムへの書き出し可能（永続化）
- マスターレプリケーション方式による多重化
- リスト／セットやハッシュといった文字列以外のサポート
- トランザクション

memcachedのようにデータベースの手前にキャッシュとして置く使い方もできますが、redisは永続化の機構を持っているため、高速なデータストアとしての利用もできます。

もちろん、MySQLなどの普及したデータベースに比べると障害時の復旧などに関するノウハウを持ったエンジニアが少ないことには注意が必要です。

文字列の扱いに関してはmemcachedとあまり変わりませんので、redisの特徴であるリストとハッシュの扱いを例としてみてみましょう（**リスト20.2**）。

Pythonからredisを操作するクライアントはredis-pyというライブラリを使います。

リスト20.2　redis1.py

```
import redis

# ① クライアントオブジェクトの生成
client = redis.Redis(host='localhost', port=6379, db=0)

# ② リストの生成と追加
client.rpush('mylist', 'eggs')
client.rpush('mylist', 'ham')
client.lpush('mylist', 'spam')

# ③ リストの取得
result = client.lrange('mylist', 0, -1)
print(result)

# ④ リストから値の削除
client.lrem('mylist', 0, 'eggs')
```

```
# ⑤ ハッシュの生成と値の設定
client.hset('words', 'jugem', 'goko')
print(client.hget('words', 'jugem'))

# ⑥ Pythonの辞書を一気に登録
d = {'spam': 'salty', 'eggs': 'mild', 'ham': 'ioly'}
client.hmset('words', d)
print(client.hgetall('words'))
```

■ オブジェクトの生成

①でredis.Redisオブジェクトを作成しています。ホストとポートを使った指定の他、Unix Domain Socketで指定もできます。

第三引数のdbは、データベースを数値で指定します。redisはSELECTコマンドでデータベースを切り替えられますが、redis-pyのSELECTのサポートは限定的です。SELECTに関して詳しくはredis-pyのドキュメントを参照してください。

■ 値の追加

②ではlpush／rpushメソッドで'mylist'というキーのリストに値を追加しています。lpushは先頭に、rpushは末尾に値を追加します。

追加した時点で指定したキーのリストがない場合には、空のリストが生成されてから値が追加されます。

■ リストの取得

③ではlrangeメソッドでキーに対応したリストを取得しています。lrangeは引数を3つとります。

引数はキー、開始位置、終了位置の順に指定をします。位置は先頭は0から、末尾から指定する場合には、-1から指定します。③のprint文ではが出力されます。範囲を超えた部分については無視されます。

■ 削除

④ではlremメソッドでredisからキーを削除しています。引数にはキーと条件、値をとります。

条件が正の場合は先頭から指定された値を最大で指定数分を削除します。条件が負の場合は末尾から指定された値を最大で指定数分削除します。条件がゼロの場合は指定された値をすべて削除します。

例ではゼロを指定しているので、指定した'eggs'がリストからすべて削除されます（例では1つしかありませんが）。

■ フィールドに値を設定

⑤ではhsetメソッドで'words'というキーのハッシュの'jugem'というフィールドに値を設定しています。設定した時点で'words'というキーのハッシュがない場合には、空のハッシュが生成されてから値が追加されます。hgetメソッドにキーとフィールドを指定することで値を取り出せます。この例の場合、b'goko'が出力されます。

■ キーと値の設定

⑥では、Pythonの辞書のキーと値をすべて'words'というキーのハッシュに設定しています。続いて、'words'キーのハッシュを取得しています。この例の場合、が出力されます。

■ 20-1-3　より高速に

redisは処理ごとにサーバーと都度やり取りする仕組みの他に、複数の処理をまとめて実行するpipelineという仕組みを備えています。

複数のコマンドを一度に大量に発行する場合、4倍以上高速に動作します。redis-pyからもpipelineを使えますので、複数の操作を行う場合にはpipelineを使うとコストを削減できます（**リスト20.3**）。

リスト20.3　redis2.py

```python
import redis

client = redis.Redis(host='localhost', port=6379, db=0)
# ① クライアントオブジェクトの生成
pipe = client.pipeline()

d = {'id': 2012, 'email': 'foo@example.com', 'birthday': '2112/09/03'}
# ② pipeline にコマンドを溜めてから実行する
pipe = pipe.hmset('user:{id}'.format(**d), d).set('lookup:email:{email}'.format(**d),
d['id'])
pipe.execute()
```

■ オブジェクトの作成

①でpipelineのオブジェクトを生成しています。redisはトランザクションをサポートしており、redis-pyのpipelineはデフォルトでトランザクションを使うようになっています。生成時にtransaction=Falseとすることで、トランザクションをオフにしたpipelineの生成も可能です。

■ pipelineに登録

②で、hmsetとsetをpipelineに登録しています。各メソッドはpipelineのオブジェクトを返

すため、メソッドをチェーンして書けます。

　今回の場合、'user:2012' というキーのハッシュを設定しつつ、メールアドレスからも辿れるように 'lookup:email:foo@example.com' というキーに '2012' を設定する2つの処理をpipelineで一気に処理をしています。executeメソッドを呼びだすと、結果がリストで返ってきます（今回の場合[True, True]が戻っています）。

　また、redis-pyはサーバーからの応答にPythonで書かれたパーサを利用します。hiredis-pyを別途インストールしておくことで、C言語で書かれた高速なhiredisパーサも利用できます。hiredis-pyはpipでインストールできますので、より速度を得たい場合には試してみるとよいでしょう。

20-2 DBドライバ

20-2-1 SQLite 3

　SQLite 3はSQLite3自体とデータベースドライバが標準ライブラリに含まれているため、すぐに試すことができます。

　リスト20.4のコードはオンメモリーのSQLite3データベースに接続してデータの入力後、データベースの中のすべてのデータを取得して出力するサンプルです。テーブルは名前とメールアドレスの2つのフィールドがあります。

　DBAPI（Part3を参照）をPython 3でサポートしているドライバは表20.1のテーブルを参考にしてください。

表20.1　各DB用ドライバの一覧

データベース	ドライバ	URL
DB2/Informix IDS	ibm-db	https://github.com/ibmdb/python-ibmdb
Microsoft Access	pyodbc	http://code.google.com/p/pyodbc/
Microsoft SQL Server	adodbapi	http://adodbapi.sourceforge.net/
MySQL	MySQL Connector/Python	https://github.com/mysql/mysql-connector-python
MySQL	OurSQL	https://pythonhosted.org/oursql/
MySQL	pymysql	https://github.com/PyMySQL/PyMySQL
Oracle	cx_oracle	https://oracle.github.io/python-cx_Oracle/
Postgresql	pg8000	http://pybrary.net/pg8000/
Postgresql	psycopg2	https://www.psycopg.org
SQLite	sqlite3	https://docs.python.org/3/library/sqlite3.html

リスト20.4　dbapi1.py

```python
# ① インポート
import sqlite3

# ② メールアドレスのデータを格納するクラス
class MailAddress:
    def __init__(self, name, addr):
        self.name = name
        self.addr = addr

# ③ データのインサート
def insert(conn, address):
    sql = "insert into mailaddress values (?, ?)"
    conn.execute(sql, (address.name, address.addr))

# ④ データの取得
def select_all(conn):
    sql = "select * from mailaddress"
    cursor = conn.cursor()
    cursor.execute(sql)
    result = []
    for row in cursor:
        result.append(MailAddress(row[0], row[1]))
    return result

# ⑤ 初期化
conn = sqlite3.connect(":memory:")
conn.execute("""
  create table mailaddress (
      name varchar(20),
      address varchar(64)
  );
  """)

# ⑥ データの挿入と結果の取得
addr = MailAddress("Foo Bar", "foo@example.com")
insert(conn, addr)
result = select_all(conn)
for item in result:
    print(item.name + " : " + item.addr)

# ⑦ 後始末
conn.close()
```

●モジュールのインポート

①でsqlite3モジュールをインポートします。

●クラス宣言

②ではメールアドレスの情報を格納するMailAddressクラスを宣言しています。名前（name）とメールアドレス（addr）の2つのフィールドがあります。

●データの挿入

③ではコネクションオブジェクトに対して、executeメソッドを実行して、データを挿入しています。executeメソッドの第一引数はSQL文になります。第二引数はタプルになり、SQLのバインディング変数をセットします。

●データの取得

④ではすべてのデータをデータベースから取得しています。

まず、コネクションオブジェクトからcursorメソッドでカーソルを取得しています。取得したカーソルに対してexecuteメソッドを実行して結果を取得します。

executeの引数は③同様SQL文になります。カーソルはイテレーティブに動作します。forループを回すことですべてのデータに順次アクセスできます。ここでは、結果をMailAddressオブジェクトに格納して、resultに追加しています。

●初期化

⑤では初期化を行っています。sqlite3.connectメソッドでSQLiteのデータベースに接続しています。引数はデータベースになります。ここではオンメモリーデータベースを指定しています。その後、SQL文でテーブルを作成しています。

●データの入力と取得

⑥では③と④で指定したメソッドを実行して、データの入力と取得を行っています。今回のサンプルでは、⑥のprint文により「Foo Bar : foo@example.com」と出力されます。

●コネクションの終了

⑦で最後にcloseメソッドによりコネクションを閉じています。

20-3 | ORマッパ

20-3-1 SQLAlchemy

SQLAlchemy[注3]はPython製のオブジェクトリレーショナルマッパ (ORM) です。RDBMSの
データアクセスに対してのアクティブレコードやデータマッパなど、エンタープライズアプリ
ケーションの開発に必要とされるすべての機能を提供しています。また、RDBMSをPython的
に扱えるため、とても利用しやすくなっています。

SQLAlchemyはDBAPIに対応したデータベースに対応しています。そのため、PostgreSQLや
MySQL, Oracle, MS SQL Serverなどのデータベースを利用できます。データベース透過的に扱
えるだけでなく、各データベースに固有の処理を行うことやSQLを直接実行できるため、パフォー
マンスが要求される場面でチューニングできる仕組みも提供しています。

ここでは、メールアドレスを管理するテーブルを作成して、データの挿入、閲覧、更新、削除
の方法を説明します。データベースにはSQLiteのオンメモリーデータベースを使用します。

■ データベースへの接続

データベースへの接続はsqlalchemyモジュールのcreate_engineメソッドを使用します。

```
from sqlalchemy import create_engine
engine = create_engine("sqlite:///:memory:")
```

create_engineの第一引数でデータベースを指定します。データベースの指定は次の形式とな
ります。

```
dialect+driver://user:password@host/dbname[?key=value..]
```

dialect+driverはデータベース名とDBAPIのドライバ名です。dialectは省略可能です。

データベースがユーザーID／パスワードでの認証を要求する場合はuserにデータベースに接
続するユーザーID、passwordにそのユーザーのパスワードを指定します。

hostはデータベースが稼働しているホストです。dbnameは接続するデータベース名です。今
回はSQLiteのメモリーデータベースに接続するために「sqlite:///:memory:」を指定しています。

（注3）　https://www.sqlalchemy.org/

■ テーブルの設定と作成

次にメールアドレスを格納するためのmail_addressテーブルを作成します。mail_addressテーブルはプライマリキーにid、名前の文字列を格納するname、メールアドレスの文字列を格納するaddressフィールドを持ちます。

```
from sqlalchemy import Table, Column, Integer, String, MetaData
metadata = MetaData()
mail_address_table = Table("mail_addresses", metadata,
    Column("id", Integer, primary_key=True),
    Column("name", String),
    Column("address", String)
)
```

Tableクラスでテーブルオブジェクトを作成して、テーブル定義を行います。Tableのコンストラクタは、第一引数がデータベースのテーブル名になります。第二引数はMetaDataのオブジェクトです。SQLAlchemyでは、テーブルをMetaDataと呼ばれるカタログに登録して管理されます。

続いて、Columnオブジェクトを設定します。これは、RDBMS上の実際のカラム設定になります。Columnオブジェクトは、第一引数がカラム名、第二引数がカラムの型を指定します。Stringは実際のSQLではvarcharになります。

SQLiteはvarcharのサイズが可変でも動作しますがデータベースによってはサポートされていません。その場合は、String(length=32)のように文字列のサイズを指定します。Columnのコンストラクタにはいくつかのオプションを指定できます。primary_key=Trueの場合は、そのカラムはプライマリキーになります。それ以外にも、null値を許可するかどうかのnullable、デフォルト値を指定するdefaultなどがあります。

テーブル宣言が終わったので、テーブルを作成します。

```
metadata.create_all(engine)
```

MetaDataのcreate_allメソッドを呼び出して、実際のテーブルを作成します。引数は接続するデータベースエンジンになります。このメソッドは、テーブルの作成前にテーブルの存在チェックを行うので、何度呼び出してもかまいません。ただし、データベースのスキーマ構造の変更には対応していないので注意が必要です。

■ テーブルとPythonクラスのマッピング

テーブル定義の次は、テーブルに紐付いたPythonのクラス（ビジネスロジック）を定義します。

```
class MailAddress:
    def __init__(self, name, address):
        self.name = name
        self.address = address
```

```
    def __repr__(self):
        return "<MailAddress(%s, %s)>" % (self.name, self.address)
```

MailAddressクラスはコンストラクタに名前nameとメールアドレスaddressを引数にとるクラスです。プログラマはこのクラスオブジェクトを操作することでデータ操作を行います。

__repr__メソッドを定義しているのは、データの内容を出力できるため、デバッグしやすくなります。

MailAddressクラスを定義しただけでは、テーブルとクラスが関連づけられていません。mapperメソッドを使って、mail_address_tableとMailAddressクラスを関連づけます。

```
from sqlalchemy.orm import mapper
mapper(MailAddress, mail_address_table)
```

■ セッションの生成と破棄

セッションオブジェクトを介して、実際にデータベースにアクセスしてデータの作成や検索を行います。

セッションオブジェクトは、まず、sqlalchemy.ormモジュールのsessionmaker関数でSessionクラスを作成します。

次に、作成されたSessionクラスをインスタンス化して、セッションオブジェクトを取得します。データベースとの実際のセッションは、セッションプールにより管理されています。

```
from sqlalchemy.orm import sessionmaker
Session = sessionmaker(bind=engine)
session = Session()
```

作成されたセッションオブジェクトを通して、データの作成や検索を行います。データの状態を変更（作成や更新、削除）を行ったら、セッションオブジェクトのcommitメソッドで変更をデータベースに反映させます。

```
session.commit()
```

もしコミット中に例外が発生してロールバックが必要になった場合は、rollbackメソッドを使用してロールバックします。

```
session.rollback()
```

セッションオブジェクトを使い終わったら、セッションオブジェクトのcloseメソッドにより、セッションを閉じます。

```
session.close()
```

全体の流れをまとめて記述すると次のようになります。

```
from sqlalchemy.orm import sessionmaker
Session = sessionmaker(bind=engine)
session = Session()
try:
    # セッションに対して操作
    session.commit()
except:
    session.rollback
finally:
    session.close()
```

■ データの作成

データの作成はMailAddressオブジェクトを作成して、セッションにaddメソッドで追加するだけです。

```
obj = MailAddress("Foo Bar", "foo@example.com")
session.add(obj)
```

セッションにaddしたときは、実際には処理待ちキューにデータが格納されるだけです。その後、データの取得やcommitが実行されるまで、データベースへの反映は遅延されます。

複数のデータをまとめて追加する場合は、add_allメソッドを使用します。add_allは、追加したいオブジェクトのリストを引数にとります。

```
session.add_all([
  MailAddress("bar baz", "bar@example.com"),
  MailAddress("hoge fuga", "hoge@example.com"),
  MailAddress("fuga moge", "fuga@example.com")
])
```

■ 検索

データの検索(クエリ)はセッションオブジェクトのqueryメソッドを使用します。queryメソッドの最初の引数は、検索したいクラス名になります。今回はMailAddressクラスを使用します。検索した結果のすべてのデータを取得するにはallメソッドを使用します。

```
for row in session.query(MailAddress).all():
    print(row)
```

上記のコードの出力結果は次のようになります

```
<MailAddress(Foo Bar, foo@example.com>
<MailAddress(bar baz, bar@example.com>
<MailAddress(hoge fuga, hoge@example.com>
<MailAddress(fuga moge, fuga@example.com>
```

　データの並び替えはorder_byメソッドで、並び替えフィールドを指定します。次のコードは
nameフィールドでソートした結果です。

```
for row in session.query(MailAddress).order_by(MailAddress.name).all():
    print(row)
```

```
<MailAddress(Foo Bar, foo@example.com>
<MailAddress(bar baz, bar@example.com>
<MailAddress(fuga moge, fuga@example.com>
<MailAddress(hoge fuga, hoge@example.com>
```

　検索に条件をつける場合は、queryメソッドに続いてfilterメソッドで条件を指定します。名
前が「Foo Bar」のレコードを検索する場合は、次のようになります。

```
query = session.query(MailAddress)
for row in query.filter(MailAddress.name=="Foo Bar").all():
    print(row)
```

```
<MailAddress(Foo Bar, foo@example.com>
```

　filterメソッドは、柔軟性のある検索を指定できます。**表20.2**に代表的な検索の指定方法を示
します。

表20.2　filterの指定方法

パターン	例
等しい	query.filter(MailAddress.name == "Foo Bar")
等しくない	query.filter(MailAddress.name != "Foo Bar")
Like	query.filter(MailAddress.name.like("%oo%"))
IN	query.filter(MailAddress.name.in_(["Foo Bar", "Bar Baz"])
NOT IN	query.filter(~MailAddress.name.in_(["Foo Bar", "Bar Baz"])
AND	query.filter(and_(MailAddress.name == 'Foo Bar', MailAddress.address == 'foo@example.com'))
OR	query.filter(or_(MailAddress.name == 'Foo Bar', MailAddress.name == 'hoge fuga'))

■ データの削除

データの削除は削除したいデータを検索後に、セッションのdeleteメソッドで削除します。次の例では、「hoge fuga」という名前のデータを検索して削除しています。

```
query = session.query(MailAddress)
for row in query.filter(MailAddress.name=="hoge fuga").all():
    session.delete(row)
```

簡単な操作方法の説明でしたが、SQLAlchemyはこれ以外にもリレーションの管理やより複雑な検索方法の指定、データマッパ的な使い方などとても多くの機能が提供されています。

より詳細な使い方は、SQLAlchemyのドキュメント[注4]を参照してください。

20-4 タスクキュー

20-4-1 Celery

Celery[注5]はタスクキューのクライアントとサーバーを実装したライブラリです。サーバーの実装が含まれているために、他のプロダクトのインストールは必要ありません。

タスクキューでは、クライアントはタスクキューにデータを入れます(処理を依頼します)。タスクキューサーバーは、キューにあるデータ(処理内容)を元に非同期で随時、処理を実行します。

クライアントはタスクキューに非同期で処理を依頼できるので、重い処理やレスポンスが要求される作業に向いています。タスクキューに依頼した処理は、あとで結果を受け取ることができます。

今回は足し算をするというとても簡単な処理をCeleryを使用して行います。まずは、タスクの定義を行います。**リスト20.5**のコードをmytask.pyとして保存します。

リスト20.5 mytask.py

```
# ① Celeryのインポート
from celery import Celery

# ② Celeryオブジェクトの初期化
celery = Celery('mytasks',
                backend='rpc://',
                broker='amqp://localhost//'
```

(注4) https://docs.sqlalchemy.org/
(注5) http://www.celeryproject.org/

```
)

# ③ タスクの実装
@celery.task
def add(x, y):
return x + y
```

■ インポートと初期化

①でCeleryのインポートを行います。②でceleryオブジェクトを初期化します。コンストラクタの最初の引数は、タスクの名前で通常は現在のモジュールを指定します。backendはタスクの実行結果を保存します。ブローカーに応じて適切なバックエンドを使用します。今回は、AMQPメッセージを利用するので、rpc://を指定します。celeryはタスクメッセージの送受信はブローカという仕組みを利用して行います。利用できるブローカは次のものがあります。

- RabbitMQ
- Redis
- データベース（SQLAlchemy／Djangoのデータベース）
- Amazon SQS
- MongoDB

今回はRabbitMQをブローカとして利用します。RabbitMQはErlangという言語のMessageQueueサーバーで、非常に高速に動作します。実際、CeleryはRabbitMQと利用されるか、またはDjangoと組み合わせて利用されることが多いようです。

RabbitMQのインストールに関しては、RabbitMQ(注6)のサイトを参照してください。各プラットフォーム向けのインストールドキュメントや、Windowsバイナリーインストーラーなどが充実していて、インストールは難しくありません。

■ タスクの実装

③では実際のタスクを実装しています。タスクのメソッドには、celery.taskの関数デコレータを指定します。今回のadd関数は引数の値を足し合わせるという単純なものです。

■ サーバーの実行

それでは、サーバーを実行してみます。mytask.pyがあるディレクトリーで次のコマンドを実行します。Windowsの場合は、`--pool = solo`を引数に追加しないと起動できないことがあるので気をつけてください。

(注6)　https://www.rabbitmq.com/

```
$ celery -A mytask worker --loglevel=info
```

これでタスクキューサーバーが実行されました。

■ クライアント側の処理

次にクライアントのコードを記述します(**リスト20.6**)。

リスト20.6　celery1.py

```python
# ① mytaskからadd関数のインポート
from mytask import add
import time

# ② タスクの実行を依頼
delayed = add.delay(3,2)

# ③ タスクの処理の終了を待つ
while delayed.ready() == False:
    time.sleep(1)

# ④ 実行結果の出力
print(delayed.get())
```

　①でmytask.pyで作成したadd関数をインポートしています。celery.task関数デコレータによってadd関数のオブジェクトにはdelay関数が追加されています。

　②ではdelay関数を実行することでタスクキューに処理を依頼します。delay関数の引数は、add関数に渡す引数になります。

　delay関数は、タスクキューサーバーに非同期で処理を依頼するだけです。タスクサーバー側の処理が終了したかどうかは、ready()メソッドで判定します。③では処理が終了するまで、sleepを繰り返します。

　処理が完了すると、④でgetメソッドで処理結果を取得して出力します。今回の例では「5」が出力されます。

20-5 シリアライズ

20-5-1 MessagePack

MessagePack[注7]は、高速なシリアライズ・デシリアライズライブラリです。

データ交換のフォーマットとしてよく利用されるXMLとJSONがあり、Pythonの標準ライブラリにもxmlモジュールとjsonモジュールが含まれています。ここで紹介するMessagePackは、XMLやJSONよりも速度や効率の面で優れているとされているライブラリです。XMLやJSONは、データや区切り文字をテキストで保持するため人間による可読性はよいのですが、データのサイズとしては大きくなる傾向があります。

■ シリアライズ

MessagePackでシリアライズするには、packかpackbを使います。packはシリアライズ対象のオブジェクトと出力先を引数にとり、packbはシリアライズ対象のオブジェクトを引数にとって文字列として返します。標準モジュールのpickleやjsonのdumpとdumpsの関係と同じです(実はmsgpackモジュールにもシリアライズ系モジュールの命名にあわせたdump、dumps、load、loadsという関数が用意されています)。

```
>>> import msgpack
>>> data1 = dict()
>>> data1['spam'] = 'egg'
>>> data1['スパム'] = '卵'
>>> data1['ham'] = [1.0,2,3]
>>> packed_data1 = msgpack.packb(data1)
>>> len(packed_data1)
40
```

pickleとJSONで同じデータをシリアライズした場合のサイズを見てみましょう。

```
>>> import json
>>> jsoned_data1 = json.dumps(data1)
>>> len(jsoned_data1)
67
>>> import pickle
>>> pickled_data1 = pickle.dumps(data1)
>>> len(pickled_data1)
70
```

(注7) https://msgpack.org/

■ デシリアライズ

シリアライズされたデータを元に戻す場合には、unpackかunpackbを使います。

```
>>> unpacked_data1 = msgpack.unpackb(packed_data1)
>>> print(unpacked_data1)
{'spam': 'egg', 'スパム': '卵', 'ham': [1.0, 2, 3]}
```

■ ストリーミング

MessagePackの特徴に、すべてのデータが揃う前にデシリアライズが可能であるという点があります。

たとえばネットワークを通じてシリアライズされたデータのやり取りをする際に、データの取得と平行してデシリアライズが可能です。

```
>>> from io import BytesIO
>>> buf = BytesIO()
>>> msgpack.pack('一文字', buf)
>>> msgpack.pack([1,2,3], buf)
>>> unpacker = msgpack.Unpacker()
>>> buf.seek(0)          # バッファーの位置を最初に移動しています
>>> unpacker.feed(buf.read(8))  # 8byte読み込ませます
>>> list(unpacker)       #強制的にデシリアライズされたオブジェクトがないか確認します
[]
>>> unpacker.feed(buf.read(5))  # 次の5byte読み込ませます
>>> list(unpacker)
['一文字']
>>> unpacker.feed(buf.read(1))
>>> list(unpacker)
[(1, 2, 3)]
>>> buf.seek(0)                 # 再度バッファーの位置を最初に移動します
>>> unpacker.feed(buf.read(64)) # 十分に読み込ませます
>>> list(unpacker)              # 2つともデシリアライズされています
['一文字', (1, 2, 3)]
```

packしたオブジェクトごとに必要なデータ分を読み終わった時点でデシリアライズできています。

MessagePackはメジャーな言語の実装があり、データ交換のフォーマットとして有力な候補の1つでしょう。各言語の実装についてはMessagePackのサイトに記載があるので参照してください。

21章 運用／監視

Webアプリケーションを開発した後はデプロイ／運用などの保守作業が待っています。サーバーの状態を監視する用途にもPythonは使えますし、バージョン管理しやすくPDFも生成できるドキュメンテーションツールも開発の継続には有用でしょう。本章では、そんな保守作業や開発継続に役立つ便利なライブラリを紹介します。

21-1 運用（InvokeとFabric）

21-1-1 InvokeとFabric

　Invokeはシェルコマンドを実行するタスクランナーです。FabricはホストにSSH経由で接続をしてシェルコマンドを実行するライブラリです。FabricはInvokeを利用して複数のホストに対して順次ないしは並列で同じ処理を行えます。

　InvokeとFabricは元々はFabricという1つのライブラリでした。Fabricのバージョン1系統はPython2.xで動作するライブラリでしたが、タスクランナーとリモートホストに接続する機能を分離したのです。

　Fabricのバージョン1系統とバージョン2系統は大きく違いAPIの互換性がありません。Python 3系統で動作するFabricのバージョン2は2018年の初夏にリリースされたため、本稿執筆時点ではインターネット上の情報はFabricバージョン1系統のものがほとんどです。参照する際には対象のバージョンをよく確認するようにしてください。

21-1-2 Invokeでタスクを実行する

　Invokeをインストールするとinvokeというコマンドがインストールされます。このinvokeコマンドを使って定義したタスクを実行します。

　Invokeのタスクはtasks.pyに記述します。Invokeがタスクを探す時にどれがタスクなのか分かるように、関数をinvokeモジュールのtaskデコレーターでラップします。第一引数にはinvoke.context.Contextのインスタンスが渡ってくることになっています。このContextのインスタンスには実行や設定に関するコンテキストが詰め込まれています。Contextに関してはInvokeのドキュメントを参照してください。まずはシェルコマンドの実行もしないただ呼び出せるだけのタスクを例に見てみましょう。

```
from invoke import task


@task
def my_task(ctx):
    print('hello invoke')
```

　この例ではただ呼び出されたことが分かるようにprint関数を記述しています。タスクの関数名にアンダースコアがある場合にはタスク名ではアンダースコアがハイフンに変換されることになっています。呼び出せるタスクの一覧はinvokeコマンドに-lを指定するとリストできます。

```
$ invoke -l
Available tasks:

  my-task
```

　実行はinvokeコマンドに続けてタスク名を指定します。半角のスペースで区切ってタスクを複数指定すると続けて実行されます。

```
$ invoke my-task
hello invoke
```

　タスクはシェルコマンドを実行できます。tasks.pyに1つタスクを追加します。

```
@task
def ls_root(ctx):
    ctx.run('cd /')
    ctx.run('ls')
```

　シェルコマンドの実行は第一引数に渡されてくるContextのインスタンスを通じて行います。通常の権限でシェルコマンドを実行するには、Contextのrunメソッドを使います。この例のls_rootではルートディレクトリーに移動をしてディレクトリー内をリストしようとしているように見えます。ですが、この書き方では思ったとおりの動作にはなりません。試しに実行をしてみると、tasks.pyを置いているカレントディレクトリーがlsされました（lsはディレクトリーにあるファイル一覧をリストするコマンドです）。

```
$ invoke ls-root
tasks.py
```

　ディレクトリーの移動を維持したままシェルコマンドを実行したい場合にはをwith構文でcdメソッドを利用します。ls_root関数を書き換えます。改めてタスクを実行すると想定どおりの

結果が出力されます。

```
@task
def ls_root(ctx):
    with ctx.cd('/'):
        ctx.run('ls')
```

```
$ invoke ls-root
Applications
... 省略
var
```

21-1-3　Invokeの設定

　スーパーユーザー権限が必要なシェルコマンド実行をタスクで行いたい場合にはContextの sudoメソッドを利用します。sudoは権限昇格操作ですので通常はパスワードを求められます。

　Invokeの実行コンテキスト、つまりContextにsudo用のパスワードを渡す方法はいくつかあります。タスクの第一引数に渡されてくるContextはconfigという設定の情報を持っています。この設定はContextを経由して参照・設定できます。sudoのパスワードは次のように設定できます。

```
@task
def ls_use_sudo(ctx):
    ctx['sudo']['password'] = 'passwordforsudo'
    ctx.sudo('ls')
```

　これはconfigの設定としてsudo.passwordに'passwordforsudo'を設定してからsudoコマンドを実行しています。

　しかし、このようにプログラムの中にパスワードを直接書くのは抵抗があることでしょう。Invokeは設定ファイルから設定を読み取ってContext.configに設定してくれる仕組みがあります。Invokeは特定の場所に置かれたinvoke.ymlから設定を読み取ります。システム単位、ユーザー単位、プロジェクト単位でそれぞれ設定ファイルを設置でき、広域から局所へ情報を上書きできます。今回はプロジェクト単位の設定ファイルの置き方を紹介します。

　tasks.pyと同じディレクトリーにinvoke.ymlというファイルを作成して次のように記述します。先ほどのls_use_sudo関数から直接パスワードを設定している行は削除しておきましょう。

```
sudo:
    password: passwordforsudo
```

これでcontextには先ほどと同じ設定が格納されることになります。直接タスク内で記述したPythonはネストしたdict、このYAMLファイルでも設定はネストしています。

設定は環境変数で行うこともできます。環境変数はInvokeのコンテキスト内のものではないため、他のライブラリやOSのものと名前が重複する可能性があります。名前の重複を避けるためにInvokeの環境変数はINVOKE_というプリフィックスつけます。また、ネストはアンダースコアで表現します。sudoのpasswordを環境変数で設定するには次のようにします。

```
$ export INVOKE_SUDO_PASSWORD=passwordforsudo
```

sudoのパスワードに関しては、ほかにも特定の文字列が出現した場合に指定の文字列で応答するwatchersとResponderという仕組みもあります。用途に合わせて設定方法を検討してください。

21-1-4　オプションの自動設定

タスクは実行時に条件をコマンドライン引数で渡したいことがあるでしょう。Pythonでコマンドラインツールを作る際にはoptparseモジュールを用いたりして定義を行うのが通例ですが、Invokeはタスクの定義から自動でオプションを設定してくれます。Invokeのタスクに引数を指定して実行したい場合は、taskの第2引数以降に定義します。

```
@task
def with_options(ctx, arg1, some_flag=False, number_option=0, other=None):
    print(arg1, some_flag, number_option, other)
```

このような定義を行うと次のようにオプションが定義されます。オプションを確認するにはhelpオプションを指定します。

```
$ invoke --help with-options
Usage: inv[oke] [--core-opts] with-options [--options] [other tasks here ...]

Docstring:
  none

Options:
  -a STRING, --arg1=STRING
  -n INT, --number-option=INT
  -o STRING, --other=STRING
  -s, --some-flag
```

ショートオプションとロングオプション、どちらでも指定ができます。初期値を設定したものは数値やBooleanとして値が渡されます。

```
$ invoke with-options -a egg --number-option=1 -o spam -s
egg True 1 spam
```

21-1-5　FabricのConnectionを理解する

　FabricはInvokeのタスクランナー機能を使って複数のホストでコマンドを実行します。まず
はタスクを使わずにホストに接続してコマンドを実行するところを見ていきましょう。

　FabricのConnectionを使ってホストへ接続を行います。

```
>>> from fabric import Connection
>>> conn = Connection('172.16.99.141', user='user1', connect_kwargs = {'password':
'passwordforlogin'})
>>> result = conn.run('ls')
file1
file2
>>> result.stdout
'file1\nfile2\n'
>>> result.ok
True
```

　ホストへ接続しますので、ホスト（ここではipアドレスを指定しました）とホストへの接続
userと接続passwordが必要です。Connectionへの引数に必要な情報を渡してConnectionのイ
ンスタンスを生成後、InvokeのContextと同様に、Connectionのrunメソッドを利用します。
runやsudoは実行結果を格納したfabric.runners.Resultオブジェクトを返します。コマンドや実
行した結果やコマンドの出力などが格納されています。

21-1-6　Fabricでタスクを実行する

　Fabricのタスク定義はfabfile.pyというファイルに行います。

```
from fabric import task


@task(hosts=[{'host': '172.16.99.141', 'user': 'user1', 'connect_kwargs': {'password':
'passwordforlogin'}}])                                                      実際は一行
def remotels(con):
  con.run('ls')
```

　実行はfabfile.pyと同じディレクトリーでfabコマンドを利用します。

```
$ fab remotels
file1
file2
```

Invokeでも直接タスクに設定を記述しない方法を学びました。Fabricも同様の方法があります。

```
@task
def remotels(con):
  con.run('ls')
```

Fabricの設定ファイルはfabric.ymlです。ユーザー名やパスワードをfabric.ymlに記述してみましょう。考え方はInvokeと同様ですが、環境変数を利用する場合のプリフィックスはFABRIC_に変わります。

```
sudo:
    password: passwordforsudo
user: user1
connect_kwargs:
    password: passwordforlogin
```

タスクを実行する接続先のホストの指定は実行時に行えます。-Hに続けてホスト名やIPアドレスを記述します。複数指定する場合はカンマで区切ります。

```
$ fab -H 172.16.99.141,172.16.99.142 remotels
file1
file2
file1
file2
```

実際は接続先のホストに関する情報はssh_configに記載していることが多いと思います。Fabricはssh_configの情報を読み取ってくれるのでホストの指定でssh_config上の名前を指定すればよいでしょう。インタラクションが発生しないssh_configを書くことも可能ですので各OSのconfigの設定の仕方を確認してみましょう。

Fabricには他にもタスク間の依存関係の定義や並列での実行などさまざまな機能があります。詳しくは公式のドキュメントをあたってください。

21-2 | 監視 (PySNMP)

21-2-1 PySNMPとは

　PySNMPは名前のとおりSNMP (Simple Network Management Protocol) によるサーバーなどの状態監視を行うためのモジュールです。PySNMPを使用すると、SNMPを用いて対象コンピューターのCPU使用率や空きメモリー量といったような情報を取得できます。

■ snmpgetする

　まずは、PySNMPを使って情報を取得してみます。

　リスト21.1のコードがPySNMPを使用して情報を取得するサンプルです。なお、コードを実行するにはlocalhost上でsnmpdが動いている必要があります。

▎リスト21.1　pysnmp_get.py

```python
from pysnmp.entity.rfc3413.oneliner import cmdgen


# コマンド生成器を作る
cmd_generator = cmdgen.CommandGenerator()

# 接続情報を設定する
community_data = cmdgen.CommunityData('agent', 'public', 0)

# 接続先
target = cmdgen.UdpTransportTarget(('localhost', 161))

# 取得するOID (Object ID)
oid = (1,3,6,1,2,1,1,1,0)

# SNMPGETでデータを取得する
result = cmd_generator.getCmd(community_data, target, oid)
error_indication, error_status, error_index, var_binds = result

# OIDで指定した情報が取得できる
print(var_binds)
```

　これを実行すると次のような文字列が出力されます。

```
$ python pysnmp_get.py
[(ObjectName(1.3.6.1.2.1.1.1.0), OctetString('b'Linux myhost 2.6.32-21-generic
#32-Ubuntu SMP Fri Apr 16 08:10:02 UTC 2010 i686''))]
```

これをsnmpgetコマンドで実行すると次のようになります。

```
$ snmpget -v2c -c public localhost 1.3.6.1.2.1.1.1.0
SNMPv2-MIB::sysDescr.0 = STRING: Linux myhost 2.6.32-21-generic #32-Ubuntu SMP Fri
Apr 16 08:10:02 UTC 2010 i686
```

上記例のようにただSNMPで情報を取得するだけの小規模なものであれば素直にsnmpgetコマンドを使ってしまうのが手っ取り早いでしょう。

リスト21.1で指定している（1,3,6,1,2,1,1,1,0）というタプルはOID（Object IDentifier）というもので、SNMPを用いて取得できる情報の識別子です。snmpgetなどのコマンドで取得する場合はタプルではなく 1.3.6.1.2.1.1.1.0 というようなドット区切りの文字列で指定します。

OIDごとに取得できる情報はNet-SNMPのドキュメント[注1]やNet-SNMPのWiki[注2]などが参考になります。ただし、公開されている情報はSNMPエージェントごとに異なるために注意が必要です。

■ snmpwalkする

snmpgetはSNMPを用いて情報を取得するためのコマンドでした。次は操作対象のSNMPエージェントからどのような情報が取得できるかを調べるsnmpwalkコマンドのサンプルを示します（リスト21.2）。

snmpgetの例では**1.3.6.1.2.1.1.1.0**というOIDの値を取得しましたが、snmpwalkでは**1.3.6.1.2.1.1**といったような途中までの分類のOIDを渡すことで、その下に分類されるエントリーの情報を列挙できます。

▌ リスト21.2　pysnmp_walk.py

```python
import pprint
from pysnmp.entity.rfc3413.oneliner import cmdgen


# コマンド生成器を作る
cmd_generator = cmdgen.CommandGenerator()

# 接続情報を設定する
community_data = cmdgen.CommunityData('agent', 'public', 0)

# 接続先
target = cmdgen.UdpTransportTarget(('localhost', 161))

# 取得するOID（Object ID）
```

（注1）　http://net-snmp.sourceforge.net/docs/mibs/
（注2）　http://net-snmp.sourceforge.net/wiki

```
oid = (1,3,6,1,2,1,1)

# SNMPNEXTでデータを取得する
result = cmd_generator.nextCmd(community_data, target, oid)
error_indication, error_status, error_index, var_binds = result

# OIDで指定した情報が取得できる
pprint.pprint(var_binds)
```

これを実行すると、次のような文字列が出力されます。

```
$ ./python samples/4-5/pysnmp_walk.py
[[(ObjectName(1.3.6.1.2.1.1.1.0),
   OctetString('b'Linux myhost 2.6.32-21-generic #32-Ubuntu SMP Fri Apr 16 08:10:02
UTC 2010 i686''))],
 [(ObjectName(1.3.6.1.2.1.1.2.0), ObjectIdentifier(1.3.6.1.4.1.8072.3.2.10))],
 [(ObjectName(1.3.6.1.2.1.1.3.0), TimeTicks(187832))],
 [(ObjectName(1.3.6.1.2.1.1.4.0),
   OctetString('b'Root <root@localhost> (configure /etc/snmp/snmpd.local.conf)''))],
 [(ObjectName(1.3.6.1.2.1.1.5.0), OctetString('b'myhost''))],
 # .. 省略 ..
 [(ObjectName(1.3.6.1.2.1.1.9.1.4.7), TimeTicks(4))],
 [(ObjectName(1.3.6.1.2.1.1.9.1.4.8), TimeTicks(4))]]
```

長いので省略していますが、OIDとその値のタプルのリストのリストが返ってきています。
このままだと若干扱いにくいので、次のように変換する関数を適用します。

```
def transform(binds):
    '''
    扱いやすいように辞書に変換
    '''

    result = {}

    for items in binds:

        for k, v in items:

            result[k.asTuple()] = v

    return result
```

このtransform関数をvar_bindsに適用すると次のように辞書に変換されます。

```
{(1, 3, 6, 1, 2, 1, 1, 1, 0): OctetString('b'Linux hazuki 2.6.32-21-generic
#32-Ubuntu SMP Fri Apr 16 08:10:02 UTC 2010 i686''),
 (1, 3, 6, 1, 2, 1, 1, 2, 0): ObjectIdentifier(1.3.6.1.4.1.8072.3.2.10),
 (1, 3, 6, 1, 2, 1, 1, 3, 0): TimeTicks(263826),
 (1, 3, 6, 1, 2, 1, 1, 4, 0): OctetString('b'Root <root@localhost> (configure /etc/
snmp/snmpd.local.conf)''),
 (1, 3, 6, 1, 2, 1, 1, 5, 0): OctetString('b'hazuki''),
 # .. 省略 ..
 (1, 3, 6, 1, 2, 1, 1, 9, 1, 4, 7): TimeTicks(4),
 (1, 3, 6, 1, 2, 1, 1, 9, 1, 4, 8): TimeTicks(4)}
```

以上の操作はsnmpwalkコマンドを用いると、

```
$ snmpwalk -v2c -c public localhost 1.3.6.1.2.1.1
```

というコマンドと同等になります。

21-2-2　まとめ

PySNMPではsnmpget, snmpwalkの他にもsnmpsetなども扱えます。より詳しい情報は
PySNMPモジュールのドキュメント[注3]を読むとよいでしょう。

21-3　ドキュメンテーション（Sphinx）

21-3-1　Sphinxとは

Pythonの特徴として、Pythonそのものや周辺ライブラリのドキュメントが豊富であることが
挙げられます。これはPythonの文化としてドキュメントを書くことが重視されているというこ
ともありますが、文化のみではなくドキュメントを書く環境も充実しています。

ツールを作ったり、サーバーを構築したら対象に関するドキュメントを残す、ということはツー
ルを作った人以外が使ったり保守・運用をしていく上でとても重要です。

ここでは、ドキュメントを書くためのツールとしてSphinxを取り上げます。Sphinxは次のよ
うな特徴を持ったドキュメンテーションツールです。

■ 平易なマークアップ言語（reStructuredText）

SphinxのドキュメントはreStructuredText（通称reST, ReST, RST など以降 reST）という軽量

（注3）　http://snmplabs.com/pysnmp/

487

マークアップ言語を用いて記述します。reSTはWiki記法のような簡単な記述でドキュメントを書いていきます。reSTはそのままでも読めるような簡単なフォーマットですので、誰でも簡単に書き始められます。

　また、テキストファイルのみを使用してドキュメントを書いていくため、バージョン管理システムなどとの連携が非常にとりやすいのもうれしいところです。

■ テーマによる見栄えのかっこ良さ

　ドキュメントを書く上で内容も重要ですが、見栄えも重要です。かと言って見栄えばかりに気を取られてしまって肝心のドキュメントの内容が疎かになってしまっては本末転倒です。

　Sphinxはテーマ機能を標準で持っており、テーマを適用するだけで出力結果がそれなりの見栄えになるため、見栄えのためだけに大きな労力を割かなくてもよく、本筋であるドキュメントを書く作業に集中できます。

■ さまざまな出力形式

　reStructuredTextで記述したドキュメントは、そのままドキュメントとして配布や公開に使用してもよいのですが、Sphinxを使用することでreStructuredTextで書いたドキュメントをHTML, PDF, e-pubなどのさまざまなフォーマットに変換して出力できます。

■ さまざまな拡張

　Sphinxは素のままでもかなり強力なドキュメンテーションツールですが、ベースの機能以外にも追加でモジュールをインストールすることでさまざまな拡張機能を追加できます。

　拡張機能には各種プログラミング言語との連携強化からSphinx自体の拡張、出力形式の追加などさまざまなものがあります。

　Sphinxで作られたドキュメントの一例を**表21.1**に挙げます。

表21.1　Sphinxで作られたドキュメント例

名前	URL	説明
Python v3.8.1 Documentation	https://docs.python.org/py3k/	Pythonの公式ドキュメント
PyCon JP 2012	http://2012.pycon.jp/	PyCon JP 2012の公式サイト

■ 21-3-2　sphinx-quickstart

　それでは、Sphinxでのドキュメントの作成方法を見ていきましょう。Sphinxでのドキュメント作成を始めるためにsphinx-quickstartコマンドを使用してプロジェクトを作ります。sphinx-quickstartを実行すると、ドキュメントに関するいくつかの項目を対話形式で聞かれます。

```
$ sphinx-quickstart
Sphinx 2.3.1 クイックスタートユーティリティへようこそ。

以下の設定値を入力してください (Enter キーのみ押した場合、
かっこで囲まれた値をデフォルト値として受け入れます)。

選択されたルートパス: .

Sphinx 出力用のビルドディレクトリを配置する方法は2つあります。
ルートパス内にある "_build" ディレクトリを使うか、
ルートパス内に "source" と "build" ディレクトリを分ける方法です。
> ソースディレクトリとビルドディレクトリを分ける (y / n) [n]:
# ビルドするディレクトリーとソースを置くディレクトリーを変更する場合は y

プロジェクト名は、ビルドされたドキュメントのいくつかの場所にあります。
> プロジェクト名: Perfect Python Sample
# プロジェクト名

> 著者名 (複数可): Perfect Python Authors
# 著者名

> プロジェクトのリリース []: 1.0.0
# プロジェクトのリリースバージョン

If the documents are to be written in a language other than English,
you can select a language here by its language code. Sphinx will then
translate text that it generates into that language.

For a list of supported codes, see
https://www.sphinx-doc.org/en/master/usage/configuration.html#confval-language.
> プロジェクトの言語 [en]: ja
# ここで日本語を選択するのでjaを指定
ファイル ./conf.py を作成しています。
ファイル ./index.rst を作成しています。
ファイル ./Makefile を作成しています。
ファイル ./make.bat を作成しています。

終了：初期ディレクトリ構造が作成されました。

マスターファイル ./index.rst を作成して
他のドキュメントソースファイルを作成します。次のように Makefile を使ってドキュメントを作成します。
 make builder
"builder" はサポートされているビルダーの 1 つです。 例: html, latex, または linkcheck。
```

sphinx-quickstart の結果生成されるファイルは**表21.2** のようなものです。

表21.2　生成されるファイル一覧

ファイル	意味
Makefile	make用のMakefile
_build	ビルドした結果の出力先
_static	静的ファイル置き場
_templates	テンプレート置き場
conf.py	プロジェクト設定
index.rst	エントリーポイント
make.bat	Windows用ビルドスクリプト

　sphinx-quickstartによる設定は、生成されたconf.pyに書き込まれています。後から設定を変更する場合はconf.pyを書き換えるだけですので、あまり深く考えずにプロジェクトを作ってしてしまっても問題ありません。

21-3-3　ドキュメントのビルド

　プロジェクトができたところで、まずは何も手を加えていない初期状態でビルドしてみます。
　ビルドをするにはプロジェクトを作ったディレクトリーに移動し、次のようにmakeコマンドを実行します。

```
$ make html
```

　ここでは、htmlを生成していますが、html以外を生成したい場合は、別のビルドターゲットを指定します。使えるターゲットはmakeコマンドに引数を渡さずに実行すると表示されます。

```
$ make
Please use 'make <target>' where <target> is one of
  html       to make standalone HTML files
  dirhtml    to make HTML files named index.html in directories
  singlehtml to make a single large HTML file
  pickle     to make pickle files
  json       to make JSON files
  htmlhelp   to make HTML files and a HTML help project
  qthelp     to make HTML files and a qthelp project
  devhelp    to make HTML files and a Devhelp project
  epub       to make an epub
  latex      to make LaTeX files, you can set PAPER=a4 or PAPER=letter
  latexpdf   to make LaTeX files and run them through pdflatex
  text       to make text files
  man        to make manual pages
  changes    to make an overview of all changed/added/deprecated items
  linkcheck  to check all external links for integrity
  doctest    to run all doctests embedded in the documentation (if enabled)
```

HTMLをビルドした結果は_build/html/index.htmlにあります。作成直後でデフォルトビルドした結果をブラウザーで開いてみると**図21.1**のようなページが表示されます。

内容に何も手を加えていませんが、ナビゲーションのメニューがついていたり、検索フォームなどを自動生成してくれます。

図21.1　そのままビルドしただけのドキュメント

21-3-4　reStructuredText

ビルドができたところで、内容を書いていきます。reSTについてはそれだけでかなりの量になってしまうため、若干の紹介をして、リファレンスのサイトを紹介するにとどめます。

reSTはPythonのdocutilsパッケージでサポートしている軽量マークアップ記法です。docutilsはとても柔軟に拡張できるため、Sphinxではdocutilsをベースにドキュメントを書く上で便利な機能を色々と追加しています。ここでは、Sphinxで追加された拡張機能ではなく、docutillsでサポートしているreSTについて若干紹介します。

■ 見出し

次のように文字列の上下もしくは下に同じ長さの記号を並べるように書くと見出しとして扱われます。

```
======
見出し1
======
一番大きな見出し
上下に並べる記号の数は等幅フォントで同じ幅になるように並べる必要がある。

見出し2
======

次に大きな見出し

見出し3
-------
```

```
見出し4
++++++

見出し3と同じレベル
--------------------
同じ記号がすでに使われていると、同じ見出しレベルとして扱われる

見出し4と同じレベル
++++++++++++++++++++

見出し5
#######

@#$%^ なども使える。
```

これをビルドしてブラウザーで表示すると**図21.2**のように表示されます。

図21.2　見出しを表示してみた例

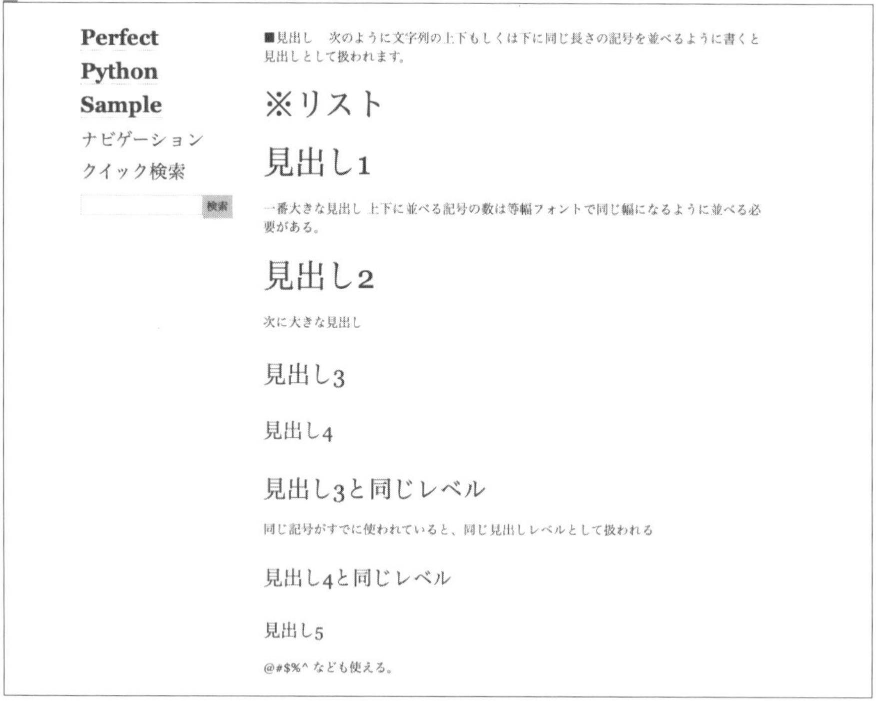

■ リスト

要素を列挙するリストです。

```
– リスト1
– リスト2
– リスト3

1. 数値リスト1
2. 数値リスト2
3. 数値リスト3
```

これをビルドすると**図21.3**のようになります。

図21.3　リストの表示例

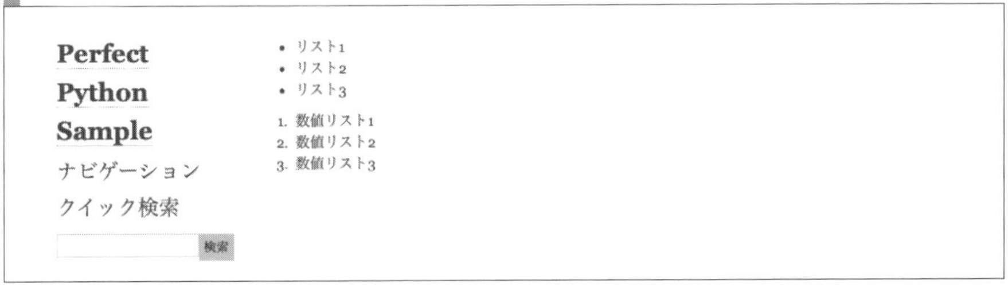

■ テーブル

表を作ります。

● 柔軟なテーブル

```
+--------+------------+
| 見出し | 見出し     |
+========+============+
| 要素   | 値とか     |
+--------+------------+
| 要素   | 値とか     |
+--------+ 値とか     |
| 要素   | 値とか     |
+--------+------------+
```

● **簡単なテーブル**

```
====== =======
見出し 見出し2
------ -------
値1     値2
値3     値4
値5     値6
====== =======
```

● **sphinx 拡張**

```
.. list-table::
   :header-rows: 1

   - * 見出し1
     * 見出し2
   - * 内容1
     * 内容2
   - * 内容3
     * 縦長

       複数行
```

これをビルドすると**図21.4**のようになります。

図21.4　テーブルの表示例

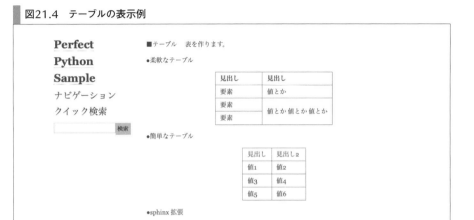

　1つ目および2つ目の記述例は、パディングをする必要があるなどとても冗長です。ソース上の見た目がテーブルではなくなってしまいますが、記述するのであれば3つ目のlist-tableを用いるのが簡単です。

■ リンク

　ハイパーリンクを張ります。外部へのリンクや同一Sphinxドキュメント内の別のドキュメントへのリンクなどさまざまな記述方法があります。

● 通常のリンク

```
'gihyo.jp <http://gihyo.jp/>'_
```

● 参照リンク

```
'Python'_
```

● Sphinx 内の別のドキュメントへの参照

```
:doc:'別ページ <other>'

.. other というドキュメントへのリンク
```

●参照の指定

```
.. _Python: http://python.org
```

　以上のように簡単にreStructuredTextについて説明しましたが、reStructuredTextでできることはこれだけではありません。詳しくはreStructuredTextについて解説したサイト[注4]を見てみるとよいでしょう。

21-3-5　さまざまな拡張機能

　Sphinxのドキュメント記述で使っているreStructuredTextはdocutilsというモジュールで処理されます。このdocutilsは非常に拡張性が高く、利用者が独自の機能を追加するといったことがとてもやりやすくなっています。

　そのような拡張機能はSphinxからも当然使えるので、今ではさまざまな拡張機能が作られています。ここでは存在する拡張機能をいくつか紹介します。

■ autodoc

　autodocはSphinxが標準でもつ拡張機能で、自動でドキュメントを作成するためのものです。

　autodocを使うと、その名のとおりPythonのモジュールからクラス・関数・変数などの情報を自動で読み取り、適切にドキュメントを生成してくれます。autodocを使用するためには、conf.pyのextensionsの配列に'sphinx.ext.autodoc'を追加します。

　たとえば、次のようなsampleというモジュールが存在するとします。

```
'''
sample モジュールの docstring
'''

class InModuleClass():
    '''
    クラスの docstring

    :param int arg1: \:param 型情報 引数名\: 引数の説明、と書く
    :param str arg1: こちらも同様

    '''

    def __init__(self, arg1, arg2):
```

（注4）　早わかり reStructuredText : https://quick-restructuredtext.readthedocs.io/en/latest/index.html

```
        '''
        __init__() の docstring
        '''


    def some_method(self, arg):
        '''
        メソッドのdocstring

        :param arg: 引数情報と型情報を分けて書く場合
        :type arg:  float or int
        :return: 返値
        :rtype: int or float
        '''


def func_with_docstring(left, right):
    '''
    docstringを持った関数

    :param str left: 左辺値
    :param str right: 右辺値
    :return: 返値
    :rtype: 返値の型

    '''

# docstringを持たない関数
def func_without_docstring(arg1, arg2):
    pass
```

　このモジュールからautodocを使用してsphinxのドキュメントを生成するには次のようにします。この場合、sampleモジュールにパスが通っている必要があるので注意が必要です。

```
.. automodule:: sample
  :members:
```

　autodocのオプションであるmembersには、ドキュメントを生成する関数やクラス名をカンマ区切りで渡せます。渡さない場合はdocstringをもつ関数やクラスのみがドキュメント生成の対象になります。docstringを持たないオブジェクトもドキュメントに含めたい場合は、

```
.. automodule:: sample
  :members: InModuleClass, func_with_docstring, func_without_docstring
```

というように列挙して書くか、次のようにundoc-membersオプションを指定します。

```
.. automodule:: sample
  :members:
  :undoc-members:
```

autodocで作られたドキュメントは**図21.5**のように整形され、出力されます。

図21.5　autodocでのドキュメント生成例

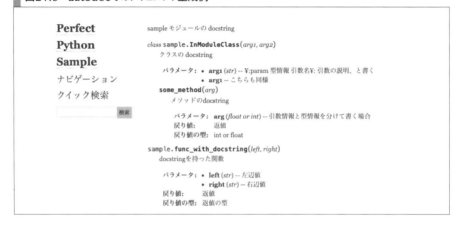

関数やメソッドのdocstringからparam, return, typeなどのキーワードを抜き出し、引数情報や返値の情報などを自動的に生成してくれます。

このようにソースコード中に関数やクラスの情報を書いておくだけできれいにドキュメント化できるため、docstringを書くモチベーションも上がるでしょう。

また、ドキュメントをソースコード中に記述して、その情報を元に自動生成することで、実装とドキュメントの記述が食い違うといったことが少なくなります。

■ ドメインによる言語のサポート

Sphinxでは、Pythonのソースコードのドキュメントを記述する際に便利な機能があります。

たとえば、クラスや関数についての説明を次のようにclassやfuncディレクティブを用いて書いておくと、定義した関数の説明に対して別の場所から簡単に参照できるようになります。

```
.. class:: SomeClass(arg)

  :param object arg: コンストラクタの第一引数


  .. function:: somefunc(arg, optarg=None)

    :param object arg: 対象引数
```

```
  :param object optarg: オプション引数
  :return: 処理結果

  somefunc は引数に対して何らかの処理を加える関数です。
  返値は処理結果です。


.. code-block:: py

  print('Hello, world')


.. code-block:: cpp

  #include <iostream>

  int main(const int argc, const char* const args[])
  {
      std::cout << "Hello, world" << std::endl;

      return 0;
  }

.. code-block:: erlang

  io:fwrite("hello, world\n").

.. code-block:: scala

  println("Hello, world")
```

`:class:'SomeClass'` はこれらの処理を行うためのメソッドを定義しています。この処理では `:func:'SomeClass.somefunc'` を用いて処理を行います。

　前節で扱ったautodoc拡張はこれらの定義を自動生成しているため、ソースから取り込んだそれぞれのモジュール／クラス／メソッドなどについて他の箇所から参照リンクを簡単に張れるようになっています。

　Sphinxは元々Pythonのプロジェクトのために作られたシステムなので、functionディレクティブはPythonの関数を表すようになっています。しかしこれではPython以外のドキュメントを記述するために不便なので、ドメインという概念が追加されました。

■ ドメインの使用例

　ドメインは、ドキュメント中に定義された関数、参照しているクラスなどがデフォルトでどの言語をのものであるかを定義するものです。たとえば前述のfunctionやclassといったディレク

499

ティブは、py:functionやpy:classの省略形なのですが、SphinxにおけるデフォルトのドメインはPythonのドメインであるために py: の部分を省略して記述できます。

このドメインは、Sphinx標準でPython以外にもC, C++, JavaScript, reStructuredTextなどが存在します。

もちろんこれらの言語のドメインを省略せずに記述することで複数の言語が混在したドキュメントを記述できます。

Pythonの関数のドキュメントにCの関数への参照を記述する例を次に示します。

```
.. class:: list(iterable)

   :param object iterable: イテレート可能なオブジェクト

   イテレート可能なオブジェクトを受け取り、リストオブジェクトを返す Python の標準関数。


   .. function:: append(obj)

      :param object obj: リストに追加するオブジェクト

      リストにオブジェクトを1つ追加する。
      C 実装は :c:func:'PyList_Append'
```

Cの関数のドキュメントにPythonの関数への参照を記述する例の場合は次のようになります。

```
.. c:function:: int PyList_Append(PyObject *op, PyObject *newitem)

   リストにオブジェクトを追加する :py:func:'list.append' の C 実装本体
```

■ デフォルトドメインの指定

SphinxはPythonのプロジェクトのために開発されたものであるため、デフォルトのドメインはPython (py) になっています。プロジェクト全体で使われるデフォルトドメインを指定するにはconf.pyで次のように指定します。

```
# プロジェクト全体のドメインを C++ に設定する
primary_domain = 'cpp'
```

また、プロジェクト全体ではなくファイル単位での指定も可能です。ファイル単位でドメインを指定する場合は次のように指定します。

```
.. 対象ファイルの中で使われるデフォルトドメインを  JavaScript に設定する

.. default-domain:: js
```

```
.. JavaScript ドメインの alert 関数を定義
.. .. js:function:: alert(msg) として扱われる

.. function:: alert(msg)
```

blockdiagシリーズについて

　Sphinxで有名な拡張機能の一例としてsphinxcontrib-blockdiagにはじまるdiagシリーズがあります。これらは、blockdiagやseqdiagなどの単体ツールをsphinxから使いやすくしたものです。
　blockdiagやseqdiagなどはブロック図やシーケンス図をテキストベースで簡単に記述するためのツールです。これらを使うことでExcelなどで作っていたような図をかなり簡単に記述できるため、とても重宝します。
blockdiagシリーズについてはWebで試せるアプリケーションやドキュメント（http://blockdiag.com/en/）が存在します。興味のある方は見てみるとよいのではないでしょうか。

21-3-6　テーマ

　SphinxではreStructuredTextでドキュメントの中身を記述してHTMLなどをビルドしますが、最終的な見た目を決定するのがテーマです。Sphinxのプロジェクトを作ったときに使われているテーマがdefaultテーマです。
　これ以外にも標準で、

- agogo
- basic
- haiku
- nature
- pyramid
- scrolls
- sphinxdoc
- traditional

といったようなテーマが用意されています。

501

■ テーマの変更

テーマを変更するにはconf.pyを書き換える必要があります。conf.pyに、

```
html_theme = 'alabaster'
```

という行があるので、この 'alabaster' の文字列を上記で列挙したテーマの名前に置き換えます。この状態でドキュメントをビルドすると、テーマが適用されたHTMLが生成されます（**図21.6**〜**図21.8**）。

　テーマを変えるとドキュメントの見た目が変わり、印象が変わります。お好みのテーマを選ぶのも楽しいのではないでしょうか。

図21.6　スッキリとしたデザインのhaiku

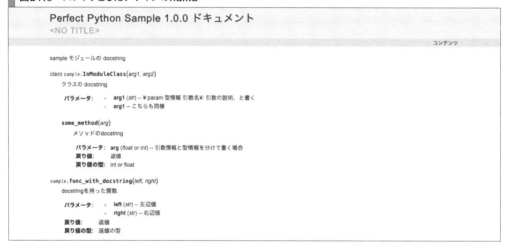

図21.7　以前のPythonのドキュメントで使われていたものと似たtraditional

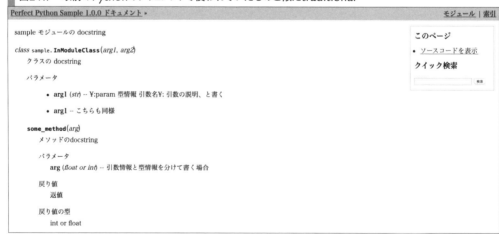

図21.8　清潔感のあるbizstyle

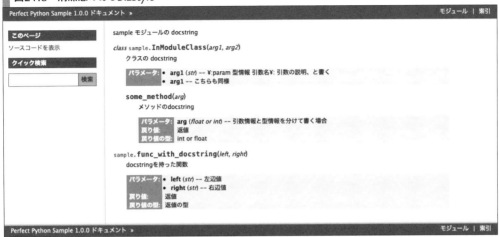

■ テーマの追加

テーマは、上記の標準テーマ以外にWeb上で配布されているテーマも使えます。たとえば、flaskのドキュメントで使われているsphinx-flask-themeがgithub上で公開されています[注5]。
ここではこのテーマを先ほどのドキュメントに適用してみます。
まず、githubリポジトリからテーマをcloneします。

```
$ git clone https://github.com/mitsuhiko/flask-sphinx-themes
```

cloneしたフォルダに移動して、python setup.py installを実行すると、テーマがインストールされて利用できるようになります。
最後に、先ほどと同様にhtml_themeのテーマ名を変更してドキュメントをビルドします。

■ テーマを作る

前述のようにSphinxはテーマを使うことでドキュメントの見た目をさまざまに切り替えられるようになっています。これらのテーマはダウンロードしてきて使うだけでなく、自分で一から作ったり既存のテーマをカスタマイズして使うなどできるようになっています。
Sphinxにおけるテーマの作成に関しては、Sphinx-Users.jpにとてもよいリファレンスがありますので参考にするとよいでしょう[注6]。

（注5）　https://github.com/mitsuhiko/flask-sphinx-themes
（注6）　Webサイトを作ろう　https://sphinx-users.jp/cookbook/makingwebsite/index.html

21-3-7　まとめ

　簡単ではありますが、Sphinxを使ったドキュメント作成について扱いました。Sphinxについてのより詳しい説明はSphinx-Users.jp[注7]などのサイトを参照すると各種日本語のドキュメントや解説があるので、見てみるとよいでしょう。

（注7）　https://sphinx-users.jp/

Appendix

Appendix Aでは基本的な環境の整備や本書に登場するライブラリのインストール方法を紹介します。Appendix BではPython自体の動作に関わる標準ライブラリのうち10章からもれたものを紹介します。

Appendix A 環境構築

本書に登場するライブラリなどのインストールについて、一例を記載します。Windows10 Home エディション バージョン1909、macOS 10.15、Ubuntu 18.04を想定しています。OSに依存した内容については各々差分を記載します。

A-1 Python 3

まずはPython 3のインストールと仮想環境の準備、pipのインストール例を記載します。pipはPythonのパッケージ管理ツールです。仮想環境について詳しくは「**10章　標準ライブラリ**」を参照してください。

ライブラリのインストールに関しては、このあと触れる「仮想環境」が有効化されていることを前提に記載しています。Python 3のインストールに続けて下準備として行っておいてください。各OS用のインストーラーやソースコードはPythonのサイト[(注1)]からダウンロードします。

A-1-1　Windows

Pythonのサイトにインストーラーが用意されています。

Windows用インストーラーには、あらかじめ32bitCPU用のx86をターゲットにビルドされたものと、64bitCPU用のx86_64をターゲットにビルドされたものがあります。お使いのコンピューターのCPUに合わせてダウンロードしてインストールしてください。

■使用方法

スタートメニューでコマンドプロンプトかWindows PowerShellというプログラムを検索して開きます。

コマンドプロンプトかWindows PowerShellで以下のように入力してエンターキーを押すとPythonのインタラクティブシェルが起動します。

```
> py
```

(注1)　https://www.python.org/download/

Windows の Python インストーラーは py.exe という Python ランチャーをインストールします。この py.exe はインストールされている最新の Python を実行します。

インタラクティブシェルは、スタートメニューから Python 3.8 (64bit) を選択しても起動できます。3.8 などの数字はインストールしたバージョンなどによって変わります。

Python インストール時にインストール先をカスタマイズしなかった場合には、%HOMEPATH%¥AppData¥Local¥Programs¥Python¥Python38 のようなディレクトリーにインストールされます。

■Build Tools for Visual Studio (コンパイラー) のインストール

Build Tools for Visual Studio をインストールします。拡張モジュールなど C-API を使ったプログラムのビルドに必要なコンパイラーが含まれています。拡張モジュールのビルド以外にも実践データ収集・分析で利用する Scrapy が内部で使っている Twisted というモジュールをインストールする際にも必要です。

以下の URL を入力するか Build Tools for Visual Studio を検索してダウンロードサイトをブラウザーで開きます (URL は変わることがあります)。

https://visualstudio.microsoft.com/ja/downloads/

Build Tools for Visual Studio 2019 を探してダウンロードします。本書執筆時点では 2019 という数字でしたが数字は変わっているかもしれません。Build Tools for Visual Studio 2019 のインストーラーを実行し、インストールする対象として Visual C++ Build Toosl にチェックを入れてインストールします。

引き続き仮想環境の準備を行います。

A-1-2 macOS

■Python 3 のインストール

Python のサイトにインストーラーが用意されています。32bit 用と 64bit 用のインストーラーがありますのでお使いのコンピューターの CPU に合わせてダウンロードしてください。

ダウンロードしたインストーラーを起動してインストールします。もし「開発元が未確認のため開けません」と表示された場合にはシステム環境設定のセキュリティに関する項目で、ダウンロードしたアプリケーションの実行許可を一時的に緩める必要があります。

■Command Line Tools のインストール

各種ヘッダーファイルや、gcc といった Unix 系の開発に必要となる Command Line Tools をインストールします。C-API を使っていない Pure Python のライブラリのみを使う場合には無くても構いません。

AppStoreからXcodeをインストールしてXcode経由でインストールする方法と、Command Line Toolsだけインストールする方法の2通りがあります。

Xcode経由でインストールする場合は、Xcodeを起動してメニューの「Xcode → Preferences → Downloads」からCommand Line Toolsを選択してinstallボタンを押します。あとは指示に従って進めばインストール完了です。

XcodeはインストールせずにCommand Line Toolsだけインストールする場合にはAppleのDeveloperサイトからダウンロードしてインストールします。Developerサイトは登録が必要です。または、ターミナルからgccなどのコマンドを使おうとするとインストールのフローへ入れます。Scrapyなどコンパイラーを必要とするパッケージをインストールしようとしてもインストールのフローへ入りますので、必要になってからインストールしても構わないでしょう。

引き続き仮想環境の準備を行います。

ネットワーク通信の際にSSLCertVerificationErrorが発生したら以下の操作をしてからプログラムの実行をやり直してみてください。数字は利用しているPythonのバージョンによって変わります。

```
$ cd /Applications/Python\ 3.8/
$ ./Install\ Certificates.command
```

A-1-3 Ubuntu

Consoleからパッケージマネージャーで入手可能なPythonのバージョンを確認します。

```
$ apt-cache show python3 | grep 'Version'
Version: 3.6.7-1~18.04
Version: 3.6.5-3
```

求めるバージョンよりも低い場合にはパッケージ情報を更新したり対象のバージョンがないか直接確認したりすると良いでしょう。

```
$ sudo apt-get update
```

```
# マイナーバージョンまで指定して入手可能なPythonのバージョンを確認
$ apt-cache show python3.8 | grep 'Version'
Version: 3.8.0-3~18.04
```

Python 3.8をインストールします。ubuntuのパッケージでインストールする場合にはvenvモジュールがpython3.8と別になっていますので少し余分にパッケージをインストールします。合わせてコンパイルが必要なライブラリなどを利用するとき用にdevパッケージもインストールしています。

```
# apt-getによる新しいPythonのインストール
$ sudo apt-get install python3.8 python3-venv python3.8-venv python3.8-dev
```

　もし、Python 3.6以上がない場合には、ソースコードからビルドします。事前に、少なくとも zlib1g-dev、libssl-dev、libreadline-dev、libsqlite3-dev、tk-dev、libbz2-dev、libgdbm-dev、tcl-dev、libffi-devがインストールされている事を確認してください。本稿執筆時の最新版が3.8.2 ですので、3.8.2のインストールを例示します。

　ここでは、システムに影響が及ぼされないよう、ユーザーのホームディレクトリーの下へ入れてみます。

　様々なconfigureオプションがありますので、詳細はhelpを参照してください。

```
# Pythonをソースコードからインストールする
$ sudo apt-get install zlib1g-dev libssl-dev libreadline-dev libsqlite3-dev tk-dev libbz2-dev
libgdbm-dev tcl-dev libffi-dev                                            実際は一行
$ wget https://www.python.org/ftp/python/3.8.2/Python-3.8.2.tar.xz
$ tar Jxfv Python-3.8.2.tar.xz
$ cd Python-3.8.2
$ ./configure --prefix=$HOME/python3.8 --enable-optimizations
$ make && make install
```

　インストールしたPythonが最初に見つかるようにPATHを通します。

```
$ export PATH=~/python3.8/bin:$PATH
```

■コンパイラーのインストール

　コンパイルが必要なライブラリを利用する際に必要なパッケージをインストールしておきます。

```
$ sudo apt-get install python3.8-dev build-essential libssl-dev libffi-dev libxml2-dev libxslt1-
dev zlib1g-dev                                                           実際は一行
```

　引き続き仮想環境の準備を行います。

A-2　仮想環境の準備

　Pythonのインストールが終わったら、Pythonの仮想環境を準備します。

　ユーザーのホームディレクトリーの下に、projectsというディレクトリーを作って、その中に環境を作ることとします。projectsというディレクトリー名に特に意味はありませんので、邪魔にならない名前を付けても構いません。

Windowsの場合はコマンドプロンプト、macOSやUbuntuの場合には、ターミナルを開き、ディレクトリーを作ります。

```
$ mkdir projects
```

仮想環境をしまっておく場所として作成したprojectsの下にdefaultという仮想環境を作り、有効化します。Pythonのバージョンやプロジェクト名などなんのための仮想環境かわかりやすい名前でもよいです。本付録ではdefaultという仮想環境を表現として便利に使いますので、注意してください。

▐ A-2-1　仮想環境の作成

各OSでdefaultという名前の仮想環境を有効に、ホームディレクトリー直下に作成したprojectsディレクトリーに移動しておきます。

```
$ cd projects
```

■Windows（コマンドプロンプト）の場合
Pythonランチャーでvenvモジュールを実行します。

```
> py -3.8 -m venv default
```

インストールされている最新版で良い場合には-3.8の指定は不要です。
作成したdefaultという仮想環境の有効化は次のようにします（コマンドプロンプトから抜けると無効になります）。

```
> default\Scripts\activate
```

venvで作成した仮想環境はpipがインストールされているため、すぐにpipを利用できます。

■Windows（Windows PowerShell）の場合
Pythonランチャーでvenvモジュールを実行します。

```
> py -3.8 -m venv default
```

インストールされている最新版で良い場合には-3.8の指定は不要です。
Windows PowerShellは、標準ではスクリプトの実行が無効になっているため、次のコマンドを実行して信頼された発行元によって署名されているスクリプトを実行できるようにします。

```
> Set-ExecutionPolicy RemoteSigned -Scope CurrentUser
```

実行ポリシーの変更についての確認が表示されます。「はい」を選ぶと操作しているユーザーについての実行ポリシーを変更します。

作成したdefaultという仮想環境の有効化のために次のようにスクリプトを実行します（PowerShellから抜けると無効になります）。

```
> .\default\Scripts\Activate.ps1
```

venvで作成した仮想環境はpipがインストールされているため、すぐにpipを利用できます。

■macOSの場合

インストールされているpythonインタプリタでvenvモジュールを実行します（Pythonは3.8より桁の小さな数字は複数共存しないのが標準ですので、python3.8まででどのPythonインストールなのかが決まります）。

```
$ python3.8 -m venv default
$ source default/bin/activate
```

venvで作成した仮想環境はpipがインストールされているため、すぐにpipを利用できます。

■Ubuntuの場合

インストールされているpythonインタプリタでvenvモジュールを実行します（Pythonは3.8より桁の小さな数字は複数共存しないのが標準ですので、python3.8まででどのPythonインストールなのかが決まります）。

```
$ python3.8 -m venv default
$ source default/bin/activate
```

venvで作成した仮想環境はpipがインストールされているため、すぐにpipを利用できます。

■Wheelのインストール

続いて仮想環境にwheelというライブラリをインストールしておきます。

```
$ pip install wheel
```

A-3　IPython

ここからはライブラリのインストールについて見ていきます。Pythonを対話的に実行するために IPython のインストール方法を示します。IPython は pip にてインストール可能です。

```
$ pip install ipython
```

IPython はコマンドプロンプトやターミナルで ipython と打って実行します。インストールでエラーが出なかったにもかかわらずコマンドが見つからない場合には、一度ターミナルを開き直して仮想環境を有効にしてから再度実行してみてください。

A-4　Scrapy

Scrapy は Twisted というライブラリを利用しています。Twisted は本稿執筆時点ではコンパイルが必要なため、各 OS でコンパイラーをインストールしておく必要があります。Windows の場合は、Python3 のインストールに関する項目にある「Build Tools for Visual Studio（コンパイラー）のインストール」を済ませておきます。macOS の場合は Scrapy のインストール時にコンパイラーのインストールができますのでそのままインストールへ進んでも構いません（**図A.1**）。

図A.1　デベロッパー・ツールのインストール

A-4-1　Scrapyのインストール

コンパイル環境の準備ができたら pip でインストールします。

```
$ pip install scrapy
```

pipでインストール可能なライブラリ

　本書に登場するライブラリのうち、pipでインストールが可能な一覧を表A.1に示します。必要に応じてインストールコマンドを実行してください。

表A.1　ライブラリ一覧

ライブラリ名	インストールコマンド
NumPy	pip install numpy
SciPy	pip install scipy
Matplotlib	pip install matplotlib
NetworkX	pip install networkx
pypng	pip install pypng
stagger	pip install stagger
PyGame	pip install pygame
requests	pip install requests
lxml	pip install lxml
Beautiful Soup 4	pip install beautifulsoup4
feedparser	pip install feedparser
slackclient	pip install slackclient
irc	pip install irc
python-memcached	pip install python-memcached
redis	pip install redis
Celery	pip install celery
msgpack	pip install msgpack
SQLAlchemy	pip install sqlalchemy
twine	pip install twine
invoke	pip install invoke
fabric	pip install fabric
PySNMP	pip install pysnmp
Sphinx	pip install sphinx
erlang domain (Sphinx)	pip install sphinxcontrib-erlangdomain

Appendix
B

標準ライブラリ

膨大な標準ライブラリのうち、基本となるライブラリを紹介します。「10章　標準ライブラリ」と併せて読み進めてください。

B-1 sys

Pythonのインタプリタ自体の情報や、インタプリタが動作しているシステムの情報を扱うモジュールです。

B-1-1　インタプリタのバージョンを知る

● **sys.version**

インタラクティブシェルを起動した際に表示されるバージョン番号です。表示用なので、ここから情報を抜き出すべきではありません。

```
>>> print(sys.version)
3.8.2 (v3.8.2:7b3ab5921f, Feb 24 2020, 17:52:18)
[Clang 6.0 (clang-600.0.57)]
```

● **sys.version_info**

バージョン情報の名前付きタプルです。major、minor、micro、releaselevel、serialで構成されます。releaselevelのみ文字列で、'alpha','beta','candidate','final'のいずれかです。

```
>>> sys.version_info
sys.version_info(major=3, minor=8, micro=2, releaselevel='final', serial=0)
```

● **sys.hexversion**

intで表現したバージョン情報です。32bitの整数で、メジャーバージョン（1-8bit）、マイナーバージョン（9-16bit）、マイクロバージョン（17-24bit）、リリースレベル（25-28bit）、リリースシリアル（29-32bit）で表されます。

リリースレベルは、アルファ（0xA）、ベータ（0xB）、リリース候補（0xC）、ファイナル（0xF）です。リリースシリアル（3.8b2の2の部分）は、ファイナルの場合には0です。

```
>>> sys.hexversion
50856688
>>> hex(sys.hexversion)
'0x30802f0'
```

1つのintですので、あるバージョン以降かどうかを判定する際に便利で高速です。

```
if sys.hexversion > 0x30700b1:
    #3.7b1 より大きなバージョンの場合の処理
```

ただし、視認性はsys.version_infoで比較をしたほうが良いかもしれません。

```
if sys.version_info >= (3,7):
    #3.7以降のバージョンの場合の処理
```

●sys.implementation（3.3以降）

Pythonの実装情報についての構造体を返します。例えば、筆者執筆時のCPython 3.8.2(macOS)の場合は以下のような情報が返ります。

```
namespace(
  multiarch='darwin', cache_tag='cpython-38', hexversion=50856688, name='cpython',
  version=sys.version_info(
    major=3, minor=8, micro=2,
    releaselevel='final', serial=0
  )
)
```

B-1-2　動作している環境を知る

CPUやOSと行った環境で変わる値を確認します。

●sys.byteorder

バイトオーダーの種別を返します。システムがビッグエンディアンの場合にはbigを、リトルエンディアンの場合にはlittleを返します。

●sys.getfilesystemencoding()

ユニコードのファイル名をファイルシステムのファイル名へ変換する際に、どのエンコーディングを用いるかを返します。

- **sys.maxsize**

  Integerの最大値を返します。

- **sys.maxunicode**

  Unicodeコードポイントの最大値を返します。

- **sys.thread_info（3.3以降）**

  スレッドの実装情報を名前付きタプルです。

```
>>> sys.thread_info
sys.thread_info(name='pthread', lock='mutex+cond', version=None)
```

- name

  Windowsスレッドはnt、OS2はos2、POSIXスレッドはpthread、Solarisスレッドはsolaris
  です。

- lock

  semaphoreかmutex+condか不明な場合はNoneです。

- version

  バージョンの文字列です。不明な場合はNoneです。

- **sys.platform**

  Pythonがビルドされた時点のプラットフォーム名を返します。一覧を表B.1に示します。

  表B.1　プラットフォーム一覧

OS	platform
Linux	linux
FreeBSD	freebsd
OSX	darwin
Windows	win32
Cygwin	cygwin
OS/2	os2
OS/2 EMS	os2emx

  Linuxプラットフォームの場合、Python 3.2まではlinux2やlinux3といったようにLinux
  kernelのバージョンが含まれていましたが、3.3からはlinuxだけを返すようになりました。
  freebsd8やsunos5のようにバージョンを含むplatformを返すものもありますので、上記一覧の
  文字列を前方一致で参照して判別したほうが良いでしょう。

- **sys.getwindowsversion()**

  Windowsのバージョンを名前付きタプルで返します（Windowsのみの機能）。名前はmajor,mi
  nor,build,platform,service_pack,service_pack_minor,service_pack_major,suite_mask,product_

typeがあり、service_pack_minor以降は3.2から追加されました。また互換性のため、service_packまでは0〜4までの添字でも取得できます。

```
>>> sys.getwindowsversion()
sys.getwindowsversion(major=10, minor=0, build=18363, platform=2, service_pack='')
```

B-1-3　Pythonのビルド設定情報を知る

● **sys.builtin_module_names**
ビルトインモジュールの名前一覧です。

● **sys.abiflags**
ビルド時のオプションフラグに応じてフラグが設定されます。imp.get_tag( )と併せて、cpython-33mのような文字列を作る目的です。詳しくはPEP3149とPEP3147を参照してください。

● **sys.int_info**
intに関する情報の名前付きタプルです。

```
>>> sys.int_info
sys.int_info(bits_per_digit=30, sizeof_digit=4)
```

● **sys.float_info**
floatに関する情報の名前付きタプルです。

```
sys.float_info(
  max=1.7976931348623157e+308, max_exp=1024, max_10_exp=308,
  min=2.2250738585072014e-308, min_exp=-1021, min_10_exp=-307,
  dig=15, mant_dig=53, epsilon=2.220446049250313e-16, radix=2,
  rounds=1
)
```

B-1-4　Pythonの設定情報を知る

● **sys.prefix**
サイト固有のPythonファイルのうち、プラットフォームに依存しないものが保存されるディレクトリーのプリフィックスです。
この値が/usr/localだとした場合、{prefix}/lib/pythonX.YにPythonライブラリが、{prefix}/include/pythonX.Yにヘッダーファイルが格納されます（X.Yはそれぞれ、メジャー、マイナーバージョン）。

Pythonビルド時にオプション（-prefix）を設定すると変更できます。

仮想環境（venv）で実行されている場合には、siteモジュールの自動import時に仮想環境の起点ディレクトリーが設定されます[注1]。

● **sys.base_prefix**

仮想環境で実行されている場合、prefixが仮想環境用のものに設定されてしまい、元々のprefixが消えてしまうため、base_prefixに元々のprefixが残るようになっています。

● **sys.exec_prefix**

プラットフォームに依存するPythonファイルが保存されるディレクトリーのプリフィックスです。

この値が/usr/localだった場合、{exec_prefix}/lib/pythonX.Y/configにコンフィギュレーションファイルが、{exec_prefix}/lib/pythonX.Y/lib-dynloadにシェアードライブラリが格納されます。

Pythonビルド時にオプション（-exec-prefix）を設定すると変更できます。

仮想環境にいる場合、この値はsiteモジュールの自動import時に仮想環境に設定されます[注2]。

● **sys.base_exec_prefix**

仮想環境で実行されている場合、仮想環境の元になったexec_prefixが残るようになっています。

● **sys.executable**

Pythonインタプリタのフルパスを返します。取得できない場合にはNoneを返します。

仮想環境の場合、仮想環境のインタプリタパスを返します。

● **sys.getdefaultencoding( )**

Unicodeをエンコーディングする現在のデフォルトエンコーディングを返します。

● **sys.path**

モジュール探索パスのリストです。

● **sys.flags**

起動時のオプションを格納した読み出し専用の名前付きタプルです。表B.2に起動オプションとの対応表を示します。

（注1） インタプリタ起動時に -Sオプションをつけた場合、siteモジュールのサイト固有設定が無効になり、prefixはvenv環境の値になりません。

（注2） インタプリタ起動時に -Sオプションをつけた場合、siteモジュールのサイト固有設定が無効になり、exec_prefixは仮想環境の値になりません。

```
>>> import sys
>>> sys.flags
sys.flags(debug=0, inspect=0, interactive=0, optimize=1, dont_write_bytecode=0,
  no_user_site=0, no_site=0, ignore_environment=0, verbose=1, bytes_warning=0,
  quiet=0, hash_randomization=1)
```

表B.2　起動オプションとの対応

起動オプション	flagsのアトリビュート	意味
-d	debug	パーサーのデバッグ出力を有効にします
-i	inspect	スクリプトを実行した後、インタラクティブモードに入ります
-i	interactive	inspectと同様です
-O -OO	optimize	-Oの場合はoptimizeに1が設定されます。効果としてassert文の無視、__debug__の値が静的に0になり、バイトコードのファイルが.pycではなく、.pyoとして保存・読み込まれます。-OOの場合はoptimizeに2が設定されます。効果として1に設定された場合の効果に加え、docstringが削られます（docstringを必要としているコードが有った場合には困った事になります）。Python 3.5以降は.pyoではなく、optimizeレベルによって.opt-1.pycと.opt-2.pycとなります
-B	dont_write_bytecode	.pycや.pyoのファイルを書き出さなくなります
-s	no_user_site	ユーザーのサイト固有パッケージを使いません
-S	no_site	サイト固有パッケージを使いません
-E	ignore_environment	PYTHONで始まる環境変数を無視します
-v	verbose	冗長に情報を出力します。-vvと重ねるとより冗長になります。主にimportで何が起きているのかが出力されます
-b	bytes_warning	バイト列と文字列に関してWarningを出します。-bbと重ねるとエラーにします
-q	quiet	インタラクティブシェル起動時に、バージョンとコピーライトを出力しません（3.2以降）
-R	hash_randomization	hash値のseedにランダム要素を使います（3.2.3以降、ただし、3.3以降はデフォルトでonになっており、起動時のオプションは不要。オフにする場合にはPYTHONHASHSEEDを0に設定します）

B-1-5　Pythonの現在の状態を知る

● sys.exc_info()

現在扱っている例外に関する情報を取得します。例外クラス、例外のインスタンス、tracebackの順で格納されています。

● sys.last_type ／ sys.last_value ／ sys.last_traceback

最後に発生した例外の例外クラス、例外のインスタンス、例外のtracebackが設定されています。例外が発生していない場合にはNoneです。

● sys.getrefcount(object)

引数のオブジェクトの参照カウントを返します。カウントにはgetrefcount自体からの参照数も含まれることに注意してください。

● **sys.getsizeof(object[,default])**

オブジェクトのサイズをbyteで返します。ただし、ビルトイン型以外のオブジェクトのサイズが正しいとは限りません。

● **sys.hash_info**

数値のhash化に関する情報を返します。

```
>>> sys.hash_info
sys.hash_info(width=64, modulus=2305843009213693951, inf=314159, nan=0, imag=1000003,
algorithm='siphash24', hash_bits=64, seed_bits=128, cutoff=0)          実際は一行
```

● **sys.modules**

ロード済みであるモジュール名とモジュールの辞書を返します。

B-1-6　起動オプションを受け取る

● **sys.argv**

インタプリタ実行時の引数が格納されたリストを返します。

```
$ python -i arg_sample.py spam egg -a ham
>>> import sys
>>> sys.argv
['arg_sample.py', 'spam', 'egg', '-a', 'ham']
```

　最初の要素は実行対象のスクリプトファイルが格納されます。shebangを記述したスクリプトファイルをじかに実行した場合にもスクリプトファイル自体が最初の要素に格納されます。

● **sys._xoptions（CPythonのみ）**

-Xオプションを取り出します。-Xオプションは実装依存のオプションです。

```
$ python -Xa=b -Xc
>>> import sys
>>> sys._xoptions
{'a': 'b', 'c': True}
```

B-1-7　標準入出力、エラー出力

● **sys.stdin／sys.stdout／sys.stderr**

標準入力、標準出力、エラー出力です。

●**sys.__stdin__ ／ sys.__stdout__ ／ sys.__stderr__**

デフォルトの標準入力、標準出力、エラー出力です。sys.stdin,sys.stdout,sys.stderrが別のものになっていても、元のものにアクセスできます。

B-2　sysconfig

3.2から利用できます。名前の通り、システムの構成情報を参照するためのモジュールです。

B-2-1　Pythonのバージョンやプラットフォームを取得する

●**sysconfig.get_python_version()**

sys.versionからメジャー.マイナーマージョンを取り出して返します。sysconfigの情報はライブラリのインストール時に利用されます。

Pythonはバグフィックスリリースでマイクロバージョンが変わってもライブラリの互換性が失われないことになっているため、この関数はメジャー.マイナーバージョンのみを返します。

●**sysconfig.is_python_build()**

ソースコードからビルド・インストールされた場合にTrueを返します。

●**sysconfig.get_platform()**

プラットフォーム依存のライブラリのビルドに利用されます。そのため、大抵はOSの名前とアーキテクチャが含まれた文字列です。

POSIX以外のプラットフォームの場合、sys.platformと同じ値を返します。

B-2-2　Pythonの設定を取得する

●**sysconfig.get_config_vars(*args) ／ sysconfig.get_config_var(name)**

コンフィギュレーションの設定を取り出します。get_config_vars は複数のキーを受け取り、値のリストを返します。get_config_varはキーを1つ取って、値を1つ返します。

ともに、キーに対応する値がない場合にはNoneを返します。get_config_varsにキーを渡さずに呼び出すと、すべてのキーと値の設定された辞書を返します。

●**sysconfig.get_path_names()**

distutilsがライブラリをインストールする際に利用する、8種類のディレクトリーの名前を返します（表B.3）。sysconfig.get_scheme_namesで得られるスキーマ名とあわせて、sysconfig.get_pathで実際のパスの生成に利用します。

表B.3　ディレクトリー一覧

名前	対象となるもの
stdlib	プラットフォームに依存しない標準ライブラリ
platstdlib	プラットフォーム固有の標準ライブラリ
platlib	プラットフォーム固有でかつサイト固有のファイル
purelib	プラットフォームには依存しないサイト固有のファイル
include	プラットフォームに依存しないヘッダーファイル
platinclude	プラットフォーム固有のヘッダーファイル
scripts	スクリプトファイル
data	データファイル。Windows の場合はユーザーごとのアプリケーションデータを扱う隠しディレクトリーです（%APPDATA%）

● sysconfig.get_scheme_names()

スキーマ名の一覧を返します。sysconfig.get_path_namesで得られる名前とあわせて、sysconfig.get_pathで実際のパスの生成に利用します（表B.4）。

表B.4　スキーマ一覧

スキーマ名	対象のプラットフォーム
posix_prefix	Linux や OSX といった POSIX プラットフォームのスキーマです。Python やコンポーネントをインストールする際のデフォルトです
posix_home	POSIX プラットフォームで home オプションをつけたインストールの際に使われるスキーマです。特定の home プリフィックスで Distutils でコンポーネントをインストールする際に利用されます
posix_user	POSIX プラットフォームで user オプションをつけて Distutils でコンポーネントをインストールさする際に使われます。ユーザーのホームディレクトリーの下を指し示します
nt	NT プラットフォームを示します（Windows）
nt_user	NT プラットフォームで user オプションをつけて Distutils でコンポーネントをインストールさする際に使われます。ユーザーのホームディレクトリーの下を指し示します
osx_framework_user	usersitepackage が通常の POSIX ユーザーと違います。sys.platform が darwin で PYTHONFRAMEWORK に値がセットされている場合に利用されます。PYTHON FRAMEWORK は {platstdlib}/_sysconfigdata.py に Python のビルド時の情報として格納されています。ビルド時の情報は、sysconfig.get_makefile_filename() で取得できる Makefile から抽出されます

● sysconfig.get_path(name[, scheme[, vars[, expand]]]) ／ sysconfig.get_paths([scheme[, vars[, expand]]])

sysconfig.get_path_namesで得られる8種類のディレクトリーの名前のうちの1つをnameに指定して、ディレクトリーパスを取得します。name引数のないsysconfig.get_pathsは8種類すべてを返します。

schemeはsysconfig.get_scheme_namesが返すスキーマのいずれかを指定します。指定しなかった場合には現在の環境のものが利用されます。

varsとexpandは、nameとschemeの組み合わせごとに定義されている文字列に関係します。varsは文字列に含まれる変数を展開する際に利用する辞書を渡せます。expandは変数展開をするか否かを指定できます。

実際にどのような動きをするのか見てみましょう。expandにFalseを渡していますので、文

字列が変数展開せずに返ります。

```
>>> sysconfig.get_path('platstdlib', 'osx_framework_user', {}, False)
'{userbase}/lib/python'
```

　変数を上書きする辞書に 'userbase' というキーがあり、expandにFalseを渡さなければ、辞書の値に変数展開されます。

```
>>> sysconfig.get_path('platstdlib', 'osx_framework_user', {'userbase': '/spam/egg'})
'/spam/egg/lib/python'
```

　varsを省略すると、各変数はsysconfig.get_config_varsから同名のキーで取得できる値に展開されます。文字列に設定されている変数はschemeとnameの組み合わせで異なります。

```
>>> sysconfig.get_path('platstdlib', 'osx_framework_user', {}, False)
'{userbase}/lib/python'
>>> sysconfig.get_path('platstdlib', 'nt', {}, False)
'{base}/Lib'
```

　Pythonはこの機構を利用してライブラリインストール時にディレクトリーを決定します。

- **sysconfig.get_makefile_filename()**
  Pythonをビルドした時のMakefileのパスを返します。

- **sysconfig.get_config_h_filename()**
  Pythonをビルドした時のconfig.hのパスを返します。

- **sysconfig.parse_config_h(fp[, vars])**
  config.h形式のファイルポインターを渡すとパースします。

B-2-3　Pythonの設定をすばやく知る

　Pythonのコンフィギュレーションをすばやく知りたい場合には、sysconfigモジュールを実行します。
　get_platform()、get_python_version()、get_path()、get_config_vars()の結果をすべて出力します。

```
python -m sysconfig
```

B-3 | os

macOSやWindows NT、他のPOSIXシステムの差異を吸収するモジュールです。

B-3-1 パスの操作 (os.path)

ファイルパスのセパレーターはOSによって違うため、ファイルパスの操作はos.pathモジュールを使います。

os.pathモジュールは、動作している環境に適したモジュールをラップしています。実際に利用されるモジュールはOSによって異なります (表B.5)。Python 3.4以降にはpathlibというオブジェクト指向的にファイルパスを操作できるモジュールも追加されています。

表B.5 OSによるモジュール一覧

OS	実際のモジュール
Unix系 (POSIX)	posixpath
Windows	ntpath

__file__がスクリプトの書かれているファイル自身を指すことを利用して、探索パスに実行ファイルの置かれているディレクトリーを追加する場合に、次のように記述することがよくあります。

```
import os
sys.path.insert(0, os.path.dirname(os.path.abspath(__file__)))
```

● os.path.abspath(path)
完全パスを返します。

```
>>> os.path.abspath(os.path.curdir)
'/usr/local/bin'
>>> os.path.abspath(os.path.pardir)
'/usr/local/bin'
```

● os.path.basename(path)
渡されたパスの最後のパス部分を返します。末尾にパスセパレーターがあると思わぬ動作をしますので、abspathと組み合わせると良いでしょう。

```
>>> os.path.basename('/usr/local/lib/python3.8')
'python3.8'
```

```
>>> os.path.basename('/usr/local/lib/python3.8/')
''
>>> os.path.basename(os.path.abspath('/usr/local/lib/python3.8/'))
'python3.8'
```

● **os.path.commonprefix(m)**

パスのリストから、前方一致で最長の共通パスを返します。

```
>>> os.path.commonprefix(['/usr/local/lib', '/usr/local/include'])
'/usr/local/'
```

● **os.path.dirname(path)**

ディレクトリーパスを返します。

```
>>> os.path.dirname('/usr/local/lib/python3.8')
'/usr/local/lib'
>>> os.path.dirname('/usr/local/lib/python3.8/')
'/usr/local/lib/python3.8'
>>> os.path.dirname('usr/local/lib/python3.8')
'usr/local/lib'
```

● **os.path.exists(path)**

パスが存在しているかどうかを返します。シンボリックリンクが存在していてもシンボリックリンク先がない場合にはFalseを返します。

● **os.path.expanduser(path)**

「~」をユーザーのホームディレクトリーに展開します。$HOMEがない場合やユーザーが不明な場合には展開されません。

```
>>> os.path.expanduser('~')
'/Users/makoto'
>>> os.path.expanduser('~/site-packages')
'/Users/makoto/site-packages'
```

● **os.path.expandvars(path)**

$varか ${var}で記述された部分をシェルの変数に展開します。変数が見つからない場合には何もしません。

```
>>> os.path.expandvars('${TMPDIR}spam')
'/var/folders/yr/_bq5q6c90118ysf4mr2l6yn80000gn/T/spam'
```

- **os.path.getatime(filename) / os.path.getctime(filename) / os.path.getmtime(filename)**

  ファイルの最終アクセス時間（atime）、最終メタデータ変更時間（ctime）、最終変更時間（mtime）を返します。

- **os.path.getsize(filename)**

  指定したサイズのファイルサイズを返します。

- **os.path.isabs(s) / os.path.isdir(s) / os.path.isfile(path) / os.path.islink(path) / os.path.ismount(path)**

  パスがディレクトリーかどうか（isdir）、ファイルかどうか（isfile）、シンボリックリンクかどうか（islink）、マウントポイントかどうか（ismount）を返します。

- **os.path.join(a, *p)**

  複数のパスをパスセパレーターでつなぎます。

```
>>> os.path.join('spam', 'egg', 'ham')
'spam/egg/ham'
```

途中に完全パスが現れた場合、そこまでのパスは捨てられます。

```
>>> os.path.join('usr', '/local', 'lib')
'/local/lib'
```

- **os.path.lexists(path)**

  指定されたパスが存在するか確認します。シンボリックリンクが壊れているかどうかは気にしません。

- **os.path.normpath(path)**

  パスをノーマライズします。2つ重なってしまったパスセパレーターを正常にしたりします。

```
>>> os.path.expandvars('${TMPDIR}/spam')
'/var/folders/yr/_bq5q6c90118ysf4mr2l6yn80000gn/T//spam'
>>> os.path.normpath(os.path.expandvars('${TMPDIR}/spam'))
'/var/folders/yr/_bq5q6c90118ysf4mr2l6yn80000gn/T/spam'
```

- **os.path.realpath(filename)**

  指定したファイル名の実際のファイルパスを返します。相対パスを渡した場合には現在のパス

から対象のファイルを探します。探し当てたファイルがシンボリックリンクだった場合には、リンク先のファイルパスを返します。ファイルが見つからない場合、指定したファイルのabspathを返します。

- **os.path.relpath(path, start=None)**

  カレントないしは、startのパスからpathへの相対パスを返します。

- **os.path.samefile(f1, f2)**

  f1とf2の実体が同じか否かを返します。

- **os.path.sameopenfile(fp1, fp2)**

  fp1とfp2が同じファイルを参照しているかを返します。

- **os.path.samestat(s1, s2)**

  s1とs2が同じデバイスの同じinodeを持つファイルかを返します。

- **os.path.split(p)**

  最後のパスセパレーターまでと、その後ろの部分をタプルで返します。

- **os.path.splitdrive(p)**

  ドライブ文字とそれ以降の部分をタプルで返します。

- **os.path.splitext(p)**

  ファイルのエクステンションより前と、エクステンション部分をタプルで返します。エクステンション部分は、最後のドット以降です(ドットを含みます)。

```
>>> os.path.splitext('/usr/local/etc/httpd.conf')
('/usr/local/etc/httpd', '.conf')
```

索引

G

H

I

逆引きリファレンス

おわりに

　本書の最初の版が、つまり第1版の初版のですが、この「終わりに」を書いたのが2013年の2月。そこに「今年からは新しく始めるプロジェクトはPython 3で開発をすることがPythonの常識となってゆくことでしょう」と期待をのせた言葉を書きました。それからしばらくは新しくプロジェクトを始めると様々なOSSプロジェクトにPull Requestを送る状態が続いたと記憶しています。あれから7年以上が経ち、その間にディープラーニング・AIブームが到来し、Python 2はEnd Of Lifeを迎え、少し時間はかかりましたが期待通りにPython 3が使われるようになりました。

　そんななか、Pythonは期待を大きく超える成長をしました。長い間繰り返し口にしてきた「Pythonは日本ではメジャーなスクリプト言語の中でマイナーですが」という口上が不要になる日が訪れたのは、感慨深いものがあります。2020年の人気プログラミング言語ランキングで、Pythonは軒並み上位に食い込んでいますし、Pythonをうたった勉強会も日本各地で多数開催されるようになっています。そうです、Pythonを使う人々の中でPython 3が使われるようになったのに加え、世の中のかなり多くの人がPythonを使うようになったのです。

　これはずっとPythonを使い続けて来た世界中のユーザーが自分の関わる領域で必要なライブラリーを作り、Pythonの提供領域を広げ続けてきた結果だと思っています。右を見ても左を見てもPythonで開発できる領域に溢れています。私が住んでいる鎌倉で開催されているIoTのモクモク会でもPythonでロボットを作ろうという人たちが週末にプログラミングを楽しんでいます。そこには私のようなWeb系のエンジニアの他、組み込み系のエンジニア、エンジニアのお子さんや、エンジニアではない職種の人もいて、それぞれの楽しみ方をしています。本書を手に取ってくださったあなたももちろんこのPythonの輪の一員です。本書が少しでもあなたの領域の広さ・深さを広げる一助となれば幸いです。

春の海風を感じる鎌倉より
2020年4月吉日　露木 誠

著者略歴

露木 誠（Makoto Tsuyuki）

@everes

Python、Java、Perl、Rubyなどのプログラミング言語を用いてB向けC向けを問わずさまざまな開発に従事、現在は株式会社ディー・エヌ・エーに勤務。

著書に「開発のプロが教える標準Django完全解説（アスキー・メディアワークス）」「Django × Python（LLフレームワークBOOKS）（技術評論社）」などがある。鎌倉在住。

新しい設計の優れたプログラミング言語が時折現れます。そういったプログラミング言語を触った後にPythonへ戻ってくると、Pythonの良さを再認識することがあります。Pythonが最初に世に出てからあと少しで30年、それでも古臭さを感じさせないのはPython自体も進化し続けているからでしょうか。私自身も学び続け世の役に立つべく進化を続けていきたいと思います。

最後に、またも2年間以上という期間週末毎に勉強や執筆で家にこもらざるを得ない日々を強いたにもかかわらず笑顔で見守ってくれた妻と娘、レビューのお付き合いをいただいた @blaue_fuchs, @heavenshell, @hirokinko, @usaturn の諸氏に感謝の言葉を贈ります。

もちろん、本書を手に取ってくださったあなたには、もう一度最大の感謝を。

小田切篤（Atsushi Odagiri）

株式会社ビープラウドを経て2016年に株式会社オープンコレクターに転職。

主にPythonを利用したWebアプリケーション開発に携わる。

利用フレームワークはDjango, Pyramidなど。

Pythonを知ったのはEric S.Raymodの "How To Become A Hacker"（邦訳：ハッカーになろう）で紹介されていたことから。そのころWebアプリケーションといえばJava,PHP,CGIでやるものであって、PythonでWebアプリケーションを仕事でできるようになるとは考えていませんでした。Pythonはデータやソースを生成したり、テキストを成型したりと、ツールボックスに隠された秘密兵器として使っていました。

その後、Webアプリケーション開発でPythonを仕事で使うようになり、Pythonが徐々に広がっていく様子を見ることができました。DjangoのようなWebフレームワークやPandasなどに代表されるデータ処理など、Pythonは様々な分野で多くの人に利用されるようになりました。

パーフェクトPythonの第一版当時はPython3への移行が大きな課題でしたが、2020年にPython2がEOL(End of Life)を迎え、新規でPython2を選ぶことはほとんどなくなったことでしょう。Python3もasync/await構文やtypingなど新たな要素が追加され、jediのようなコード補完ツールやPyCharmなどのIDEが広く使われるようになり、開発方法も驚くような進化を遂げています。

これからPythonを始める人や、すでにPython3を使っている人にも、多くの人にとって本書が役立つことを祈っています。

大谷 弘喜 (Hiroki Ohtani)

2001年、アリエル・ネットワーク株式会社設立に参加し、P2P技術に携わる。その後、ユーザが独自に機能拡張可能なグループウェアの設計・開発を主導する。2017年株式会社ビズリーチに入社。

僕がPythonを本格的に使い始めたのは、ちょうど2001年の会社の創業時期でした。しかし、初めてPythonに触れたのはそれより数年前のことで、インデントを教養する奇妙な言語という印象が強かったです。当時はPythonよりRubyのほうが好みでしたが、インデントに無頓着なコードを書く開発者を目にするにつれて、言語仕様としてインデントで制御するPythonへの評価がかわっていきました。

パーフェクトPythonの第一版当時は、有名なライブラリでさえ、Python3に対応していないものもありました。Python2とPython3、両方で動作するライブラリを提供することは大変な作業でした。2020年、Python2のEOL(End of Life)で過去の呪縛から解き放たれたPythonは、今後、ますます進化していくでしょう。

今後も言語の進化やその文化を楽しみながら、Pythonに触れていきたいです。

イラスト● ダバカン
装丁● 安達恵美子
本文デザイン・DTP● 技術評論社　制作業務部
編集● 原田崇靖

サポートページ● https://book.gihyo.jp/116

パーフェクト Python　[改訂2版]

2013年 4 月 5 日　初　版　第 1 刷発行
2020年 5 月29日　第 2 版　第 1 刷発行

著　者	露木 誠／小田切 篤／大谷 弘喜
発行者	片岡 巌
発行所	株式会社技術評論社
	東京都新宿区市谷左内町21-13
	電話　03-3513-6150　販売促進部
	03-3513-6160　書籍編集部
印刷／製本	昭和情報プロセス株式会社

定価はカバーに表示してあります。

造本には細心の注意を払っておりますが、万一、乱丁（ページの乱れ）や落丁（ページの抜け）がございましたら、小社販売促進部までお送りください。送料小社負担にてお取り替えいたします。

本書の一部または全部を著作権法の定める範囲を超え、無断で複写、複製、転載、あるいはファイルに落とすことを禁じます。

Ⓒ2020　露木 誠／小田切 篤／大谷 弘喜

ISBN 978-4-297-11223-3　C3055
Printed in Japan

本書の内容に関するご質問は、下記の宛先までFAXまたは書面にてお送りください。お電話によるご質問、および本書に記載されている内容以外のご質問には、一切お答えできません。あらかじめご了承ください。

〒162-0846
東京都新宿区市谷左内町21-13
株式会社技術評論社
「パーフェクト Python [改訂2版]」質問係
FAX：03-3513-6167

なお、ご質問の際に記載いただいた個人情報は質問の返答以外の目的には使用いたしません。また、質問の返答後は速やかに破棄させていただきます。